深入浅出 CryptoPP 密码学库

韩露露　杨　波　编著

西安电子科技大学出版社

内 容 简 介

本书向读者介绍了 CryptoPP 密码学库(简称 CryptoPP 库)的使用方法和设计原理。CryptoPP 库广泛应用于学术界、开源项目、非商业项目以及商业项目,它几乎包括了目前已经公开的所有密码算法,支持当前主流的多种系统平台,并且具有良好的设计结构和较高的执行效率。

全书共 15 章,主要内容包括绪论、安装和配置 CryptoPP 库、程序设计基础、初识 CryptoPP 库、随机数发生器、Hash 函数、流密码、分组密码、消息认证码、密钥派生和基于口令的密码、公钥密码数学基础、公钥加密、数字签名、密钥协商、建立安全信道等。本书涵盖了 C++程序设计、设计模式、数论和密码学等知识。

本书最大的特点就是以应用为导向,以解决实际工程问题为目标,理论结合实践,将抽象的密码学变成保障信息安全的实际工具。

本书可以作为密码学、网络安全等专业在校学生的上机实验教材,也可以作为信息安全产品开发者、科研人员、密码算法实现者的参考手册。

图书在版编目(CIP)数据

深入浅出 CryptoPP 密码学库 / 韩露露,杨波编著. —西安:西安电子科技大学出版社,2020.6
ISBN 978-7-5606-5468-3

Ⅰ. ① 深…   Ⅱ. ①韩…   ②杨…   Ⅲ. ① 加密软件   Ⅳ. ① TP311.564

中国版本图书馆 CIP 数据核字(2019)第 292962 号

策划编辑   陈 婷
责任编辑   王 斌 陈 婷
出版发行   西安电子科技大学出版社 (西安市太白南路 2 号)
电　　话   (029)88242885 88201467   邮　　编   710071
网　　址   www.xduph.com   电子邮箱   xdupfxb001@163.com
经　　销   新华书店
印刷单位   陕西天意印务有限责任公司
版　　次   2020 年 6 月第 1 版   2020 年 6 月第 1 次印刷
开　　本   787 毫米×1092 毫米   1/16   印张 20.5
字　　数   487 千字
印　　数   1～3000 册
定　　价   46.00 元
ISBN　 978-7-5606-5468-3 / TP

XDUP 5770001-1

前　言

当今，我们处于网络信息科技飞速发展的时代。网络不仅深刻影响着人类的生活，还改变着人类的生产方式。现在网络的"触角"已经伸向各个方面，如电子支付、即时通信、电子政务、电子商务、物联网、自动驾驶等。与此同时，它也引发了各种各样的安全问题。Gemalto 发布的《数据泄漏平均指数》显示，仅 2018 年上半年，全球共计发生 945 起大型数据泄漏事件，累计导致 45 亿条数据泄漏。随着大数据、云计算、物联网的发展，网络安全问题更加突出。

近年来，个人信息安全问题日益严重，身份信息泄漏、信用卡被盗刷事件频发。网络安全问题不仅关乎个人隐私，而且也涉及国家利益。欧美发达国家被频频爆出在高科技产品中设置"后门"。自 2013 年发生斯诺登事件后，世界各国更加重视网络安全问题，有的国家甚至将网络安全提升到国家战略层面。

从本质上来讲，信息安全是实现网络安全的前提和保障，而密码技术是实现信息安全的重要手段。信息安全主要涉及机密性、完整性、可鉴别性、不可抵赖性以及访问控制等，它们均可采用相应的密码技术来实现。本书从工程的角度向读者介绍了如何使用这些技术来保障信息安全。

本书内容包括 CryptoPP 库的使用方法和设计原理，具体内容安排如下：

第 1 章简要介绍了 CryptoPP 库的发展历史及内容简介。

第 2 章详细讲解了 CryptoPP 在 Windows 系统和 Linux 系统下的安装和配置方法。

第 3 章复习回顾了 C++ 程序设计方面的基础知识，为学习和使用 CryptoPP 库奠定基础。

第 4 章演示了一些工具的使用方法，带领读者初步认识 CryptoPP 库，学习帮助文档的使用方法，了解一些源代码文件的作用，并掌握 CryptoPP 库数据处理的核心技术——Pipeling 范式数据处理技术。

第 5 章至第 10 章主要介绍了对称密码算法，它们依次是随机数发生器、Hash 函数、流密码、分组密码、消息认证码、密钥派生和基于口令的密码。在每个章节中，首先向读者介绍相关的基本概念，然后讲解 CryptoPP 库中相应算法的使用方法，最后给出对应的示例程序。

第 11 章主要介绍了公钥密码系统的基本知识和算法。首先向读者介绍 CryptoPP 库的大整数以及建立在此基础上的数论算法，然后介绍 CryptoPP 库提供的一些常用代数结构。

第 12 章至第 14 章主要介绍了公钥密码算法，包括公钥加密、数字签名、密钥协商。与对称密码算法章节类似，在每个章节向读者介绍了相关的基本概念以及 CryptoPP 库中相应算法的使用方法，并给出对应的示例程序。

第 15 章在实际的网络环境下，以建立安全信道为导向，综合介绍了 CryptoPP 库中密码学原语的使用方法，并给出完整的示例程序。

本书在编写的过程中，不仅参考了国内外有关的著作和文献，还参考了大量的网络资源，在此对相关作者表示感谢。同时感谢刘琦、亓统帅以及实验室同仁给予的鼓励和帮助。特别感谢刘琦，她以一名读者的身份仔细阅读了本书的所有章节，并指出了本书的不足之处。

由于作者水平有限，书中难免存在不足之处，恳请广大读者批评指正。

感谢国家重点研发计划——新型数据保护密码算法研究（项目编号：2017YFB0802000）对本书的资助，也对西安电子科技大学出版社陈婷和王斌编辑为本书所付出的辛勤劳动表示感谢。

编　者

2019 年 10 月

目　录

第1章　绪论 1
1.1　CryptoPP 库简介 1
1.2　CryptoPP 库作者简介 1
  1.2.1　Wei Dai 简介 1
  1.2.2　Jeffrey Walton 简介 2
1.3　CryptoPP 库内容简介 3
1.4　CryptoPP 库的历史版本 5
1.5　其他的密码程序库 6
1.6　小结 6

第2章　安装和配置 CryptoPP 库 7
2.1　下载 CryptoPP 库 7
2.2　在 Windows 系统下安装 CryptoPP 库 7
2.3　在 Linux 系统下安装 CryptoPP 库 14
2.4　小结 15

第3章　程序设计基础 16
3.1　C/C++ 基础知识 16
  3.1.1　面向对象程序设计的常用概念 ... 17
  3.1.2　类(Class)和对象(Object) 18
  3.1.3　类的数据成员(Data Member)和
    成员函数(Member Function) 18
  3.1.4　继承(Inheritance) 20
  3.1.5　类成员的访问属性(Access
    Property) 21
  3.1.6　重载(Overloading) 22
  3.1.7　构造函数(Constructor)和
    析构函数(Destructor) 24
  3.1.8　类型转换(Type Cast) 25
  3.1.9　多态性(Polymorphism)和
    虚函数(Virtual Function) 27
  3.1.10　纯虚函数(Pure Virtual Function)和
    抽象类(Abstract Class) 32
  3.1.11　传引用(By Reference)、传值
    (By Value)和传指针(By Pointer) ... 35
  3.1.12　友元函数(Friend Function)和
    友元类(Friend Class) 36

  3.1.13　内存分配(Allocate)和释放(Free) 37
  3.1.14　模板(Template) 38
  3.1.15　异常处理(Exception Handling) 40
  3.1.16　命名空间(Namespace) 43
3.2　数据结构和算法 44
3.3　面向对象的程序设计原则和设计模式 51
  3.3.1　创建型模式(Creational Pattern) 52
  3.3.2　结构型模式(Structural Pattern) 53
  3.3.3　行为型模式(Behavioral Pattern) 54
  3.3.4　其他模式(Other Pattern) 55
3.4　小结 56

第4章　初识 CryptoPP 库 57
4.1　使用帮助文档 57
4.2　CryptoPP 库的源代码文件 59
4.3　数据编码 67
  4.3.1　整数的 b 进制表示 67
  4.3.2　Base 系列编码 68
  4.3.3　ASN.1 编码标准 73
  4.3.4　编码与加密的区别 77
4.4　Pipeling 范式数据处理技术 77
  4.4.1　Pipeling 范式数据处理技术的
    概念 77
  4.4.2　Pipeling 范式数据处理技术的
    原理 79
  4.4.3　使用 Pipeling 范式数据处理技术 83
  4.4.4　以自动方式使用 Pipeling 范式
    技术 85
  4.4.5　以手动方式使用 Pipeling 范式
    技术 89
  4.4.6　以半手动或半自动方式使用
    Pipeling 范式技术 92
  4.4.7　一个特殊的 BufferedTransformation
    类——ByteQueue 95
  4.4.8　单链型与多分支型 Pipeling 范式
    数据链 97

4.5　计时器工具 100

4.6　秘密分割门限工具 102

4.7　Socket 网络工具 107

4.8　压缩工具 112

4.9　小结 114

第 5 章　随机数发生器 115

5.1　基础知识 115

5.2　CryptoPP 库中的随机数发生器算法 116

5.3　使用 CryptoPP 库中的随机数发生器

　　　算法 119

　　5.3.1　示例一：使用 LC_RNG 算法 123

　　5.3.2　示例二：使用 AutoSeededX917RNG

　　　　　 算法 124

　　5.3.3　示例三：以 Pipeling 范式技术方式

　　　　　 使用 AutoSeededX917RNG 算法 ... 127

5.4　小结 130

第 6 章　Hash 函数 131

6.1　基础知识 131

6.2　CryptoPP 库中的 Hash 函数算法 132

6.3　使用 CryptoPP 库中的 Hash 函数

　　　算法 134

　　6.3.1　示例一：计算字符串的 Hash 值 139

　　6.3.2　示例二：计算文件的 Hash 值 141

　　6.3.3　示例三：以 Pipeling 范式技术方式

　　　　　 使用 Hash 函数 143

6.4　小结 145

第 7 章　流密码 146

7.1　基础知识 146

7.2　CryptoPP 库中的流密码算法 147

7.3　使用 CryptoPP 库中的流密码算法 150

　　7.3.1　示例一：使用 XSalsa20 算法

　　　　　 加、解密字符串 153

　　7.3.2　示例二：使用 ChaCha20 算法

　　　　　 加、解密文件 155

　　7.3.3　示例三：以 Pipeling 范式技术方式

　　　　　 使用 ChaCha12 算法 157

7.4　小结 159

第 8 章　分组密码 160

8.1　基础知识 160

8.2　CryptoPP 库中的分组密码算法和

　　　操作模式 162

8.3　使用 CryptoPP 库中的分组密码算法 167

　　8.3.1　示例一：以 CBC 模式运行分组

　　　　　 密码 Camellia 170

　　8.3.2　示例二：以 EAX 模式运行分组

　　　　　 密码 Camellia 175

8.4　小结 178

第 9 章　消息认证码 179

9.1　基础知识 179

9.2　CryptoPP 库中的消息认证码算法 182

9.3　使用 CryptoPP 库中的消息认证码算法 .. 183

　　9.3.1　示例一：使用 HMAC 算法 183

　　9.3.2　示例二：利用 Hash 函数自定义

　　　　　 消息认证码算法 186

9.4　小结 188

第 10 章　密钥派生和基于口令的密码 190

10.1　基础知识 190

　　10.1.1　密钥派生函数的其他参数 191

　　10.1.2　使用派生函数实现数据保护的

　　　　　　模型 192

10.2　CryptoPP 库中的密钥派生和基于

　　　　口令的密码算法 193

10.3　使用 CryptoPP 库中的密钥派生和

　　　　基于口令的密码算法 194

　　10.3.1　示例一：使用密钥派生函数

　　　　　　HKDF 196

　　10.3.2　示例二：利用基于口令的

　　　　　　密钥派生函数实现数据保护 198

10.4　小结 204

第 11 章　公钥密码数学基础 205

11.1　C/C++系统预定义的整数范围 205

11.2　CryptoPP 库中大整数的构造 206

11.3　使用 CryptoPP 库的大整数 209

11.4　CryptoPP 库中的数论算法 213

　　11.4.1　素性检测 213

　　11.4.2　数论常用算法 215

　　11.4.3　其他算法 217

　　11.4.4　产生素数有关的类 217

11.4.5　算法综合使用示例及习题............219
11.5　CryptoPP 库中的代数结构............222
11.5.1　群、环、域的定义............222
11.5.2　CryptoPP 库中的代数结构............223
11.5.3　使用 CryptoPP 库中的代数结构............224
11.6　密码学中的困难问题............229
11.7　小结............230

第 12 章　公钥加密............231
12.1　基础知识............231
12.2　CryptoPP 库中的公钥加密算法............232
12.3　使用 CryptoPP 库中的公钥加密算法 234
12.3.1　示例一：使用非集成公钥加密
　　　　算法 RSAES............235
12.3.2　示例二：使用集成公钥加密
　　　　算法 ECIES............243
12.4　小结............249

第 13 章　数字签名............250
13.1　基础知识............250
13.2　CryptoPP 库中的数字签名算法............251
13.3　使用 CryptoPP 库中的数字签名算法....253
13.3.1　示例一：使用 RWSS 数字
　　　　签名算法............253
13.3.2　示例二：使用 ECNR 数字
　　　　签名算法............260
13.4　小结............261

第 14 章　密钥协商............262
14.1　基础知识............262
14.2　CryptoPP 库中的密钥协商算法............264
14.3　使用 CryptoPP 库中的密钥协商算法....265
14.3.1　示例一：使用经典的 DH 密钥
　　　　协商算法............265
14.3.2　示例二：使用具有认证功能的
　　　　ECMQV 密钥协商算法............270
14.4　小结............275

第 15 章　建立安全信道............276
15.1　基础知识............276
15.2　产生共享信息............277
15.2.1　方案分析............277

15.2.2　算法和参数的选取............278
15.2.3　方案执行流程图............280
15.3　完成文件的加密和认证............281
15.3.1　方案分析............281
15.3.2　算法和参数的选取............281
15.3.3　方案执行流程图............282
15.4　示例代码............282
15.4.1　服务端示例代码............283
15.4.2　客户端示例代码............289
15.4.3　程序运行结果说明............295
15.5　方案总结............297
15.6　小结............299

附录............300
附录 A　示例程序的 GUI 版............300
A.1 "文件分割"程序............300
A.2 "文件守卫"程序使用说明............302
附录 B　基于 CryptoPP(Crypto++)库的
　　　　软件产品............305
B.1 Sampson Multimedia Crypto++ SDK .. 305
B.2 USBCrypt............306
B.3 其他软件产品............306
附录 C　CryptoPP 库算法索引............307
C.1 随机数发生器算法............307
C.2 Hash 函数算法............308
C.3 流密码算法............310
C.4 分组密码算法............310
C.5 消息认证码算法............313
C.6 密钥派生和基于口令的密码算法............314
C.7 公钥加密算法............314
C.8 数字签名算法............315
C.9 密钥协商算法............316
附录 D　PKCS 标准............316
附录 E　网络资源及书籍推荐............317
E.1 Crypto++(CryptoPP)库相关的网址 317
E.2 及时关注 Crypto++ 库的相关消息....317
E.3 获取本书资源............318
E.4 推荐书籍............318

参考文献............320

第 1 章 绪 论

1.1 CryptoPP 库简介

CryptoPP 是一个用 C++ 语言编写的、开源的、免费的密码程序库，它也被称为 Crypto++，或 libcrypto++，或 libCryptoPP。它最初由 Wei Dai[①](戴伟，美籍华裔)编写，后来由 Jeffrey Walton[②]维护，现在由开源社区维护。实际上，许多的开源爱好者(截至目前共有 48 人)对库的发展都做过贡献。

CryptoPP 库被广泛应用于学术界、开源项目、非商业项目以及商业项目。它的第一个版本发布于 1995 年，至今仍在不断地发布新的版本。目前，最新的版本是 8.2，发布于 2019 年 4 月 24 日。

CryptoPP库完全支持当前主流的32位和64位操作系统和平台,其主要包括Android、Apple (Mac OS X 和 iOS)、BSD、Cygwin、IBM AIX 和 S/390、Linux、MinGW、Solaris、Windows、Windows Phone 和 Windows RT。CryptoPP 库允许在用 C++03、C++11、C++14 和 C++17 运行时对库进行编译，它支持许多的编译器和 IDE。当前版本支持的编译器平台主要包括 Microsoft Visual Studio、GCC、Apple Clang、LLVM Clang、C++ Builder、Intel C++ Compiler、Sun Studio 和 IBM XL C/C++。

1.2 CryptoPP 库作者简介

1.2.1 Wei Dai 简介

Wei Dai 以 CryptoPP 库的开发者和比特币(Bitcoin)前身"B-money"数字货币的提出者而闻名，他是一名非常专业的计算机工程师。他毕业于华盛顿大学，在大学期间，他主修计算机科学并同时辅修数学。

Wei Dai 曾是马萨诸塞州阿克顿市(Acton, Massachusetts)TerraSciences 公司的一名程序员，后加入微软公司。Wei Dai 在位于华盛顿雷德蒙德(Redmond, Washington)的微软公司密码学研究小组工作。在微软工作期间，他参与研究、设计和实现一些特殊的专用密码系统。

除了创建 CryptoPP 库外，Wei Dai 还在密码学领域做过一些其他的重要贡献：

---

① 见 http://www.weidai.com/。

② 见 https://stackoverflow.com/users/608639/jww/。

(1) 他发现了 SSH2 中的密码块链接(CBC)漏洞和针对 SSL/TLS 的浏览器漏洞 (Browser Exploit Against SSL/TLS，BEAST)。

(2) Wei Dai 和 Ted Krovetz 于 2007 年提出了一个利用通用的 Hash 函数构造基于分组密码的消息认证码算法(VMAC)，该算法具有较高的性能。CryptoPP 库对该算法有具体的实现(见第 9 章的内容)。

(3) 1998 年，Wei Dai 发表了一篇名为《B-Money①: an anonymons,distributed electronic cash system》的文章，从而引发了人们对加密货币的兴趣。在该文中，它首先概述了现代所有加密货币系统应有的基本特性。例如，他提出了"允许人们通过无法追踪的数字假名来互相付钱"的思想。又例如，他还提出了"在没有外界帮助的情况下，即便人们使用假名但仍会按照规定来执行合约"的理念。他提出了数字货币的核心概念，后来的比特币和其他数字货币都实现并利用了这些概念。

1.2.2　Jeffrey Walton 简介

Jeffrey Walton 是一名安全工程师和移动程序开发员。他拥有丰富的程序开发经验，他的开发工作涉及集成和实现高速加密算法、安全程序库、安全设备存储、安全云存储、安全通信、用户管理函数库、用户程序库和用户应用程序。他曾担任安全架构师，设计过一些安全问题的解决方案，他还担任培训机构的授课教练。他首选的编程语言是 C 和 C++。他的开发平台经验主要包括 Android、BSD、iOS、Linux、OS X、Solaris、Windows 和 Unix。

Jeffrey Walton 是一名狂热的程序开发者，也是 CryptoPP 社区最为活跃的成员之一。他积极参与程序库的维护、更新和 Bug 修复，连续十几年来从未间断。他经常通过论坛回复库的使用者提出的各种问题。图 1.1 显示了他在 2007 年 6 月 5 日通过 Google 论坛向 Wei Dai 报告 CryptoPP 可能存在的问题，图 1.2 显示了他在 2018 年 4 月 8 日通过 Google 论坛向 CryptoPP 库的使用者通告更新消息。

Crypto++ Users ›
Fwd: Context Menu Extension DLLs Are Mutually Exclusive Under Vista
1 名作者发布了 2 个帖子 ⊙

Jeffrey Walton

将帖子翻译为中文

Hi Wei,

Do you have any thoughts on incorrect usage? I'm not convinced it is Crypto++. Attached is the relevant code of InvokeCommand() and CalculateHashes(). InvokeCommand() has parallel arrays (vectors of strings) to keep the logic simple.

Jeff

HRESULT CCreateHash::InvokeCommand (
　　　　　　　　LPCMINVOKECOMMANDINFO

图 1.1　Jeffrey Walton 通过 Google 论坛向 Wei Dai 报告 CryptoPP 可能存在的问题

---

① http://www.weidai.com/bmoney.txt。

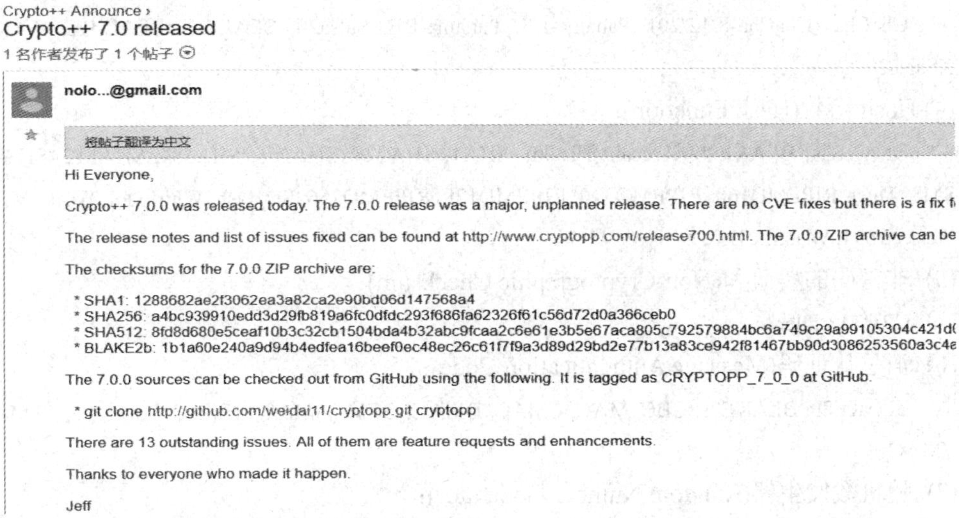
Crypto++ Announce ›
Crypto++ 7.0 released
1 名作者发布了 1 个帖子

nolo...@gmail.com

将帖子翻译为中文

Hi Everyone,

Crypto++ 7.0.0 was released today. The 7.0.0 release was a major, unplanned release. There are no CVE fixes but there is a fix f

The release notes and list of issues fixed can be found at http://www.cryptopp.com/release700.html. The 7.0.0 ZIP archive can be

The checksums for the 7.0.0 ZIP archive are:

* SHA1: 1288682ae2f3062ea3a82ca2e90bd06d147568a4
* SHA256: a4bc939910edd3d29fb819a6fc0dfdc293f686fa62326f61c56d72d0a366ceb0
* SHA512: 8fd8d680e5ceaf10b3c32cb1504bda4b32abc9fcaa2c6e61e3b5e67aca805c792579884bc6a749c29a99105304c421d
* BLAKE2b: 1b1a60e240a9d94b4edfea16beef0ec48ec26c61f7f9a3d89d29bd2e77b13a83ce942f81467bb90d3086253560a3c4

The 7.0.0 sources can be checked out from GitHub using the following. It is tagged as CRYPTOPP_7_0_0 at GitHub.

* git clone http://github.com/weidai11/cryptopp.git cryptopp

There are 13 outstanding issues. All of them are feature requests and enhancements.

Thanks to everyone who made it happen.

Jeff

图 1.2　Jeffrey Walton 通过 Google 论坛向 CryptoPP 库的使用者通告更新消息

Jeffrey Walton 为 CryptoPP 库的发展做出了重要的贡献，他曾形象地称 CryptoPP 是底层密码程序库的“瑞士军刀”。

1.3　CryptoPP 库内容简介

CryptoPP 库包含大部分目前已经公开的密码学算法，主要有随机数发生器、Hash 函数、流密码、分组密码、消息认证码、密钥派生和基于口令的密码、公钥加密(或公钥密码)、数字签名、密钥协商等算法。除此以外，该库还包含一些其他的非密码算法和工具类算法。非密码算法如常用的解压缩、非密码的校验和等，工具类算法如计时器、Socket 网络等。

从 CryptoPP 库的官方网站[①]可以下载到各个版本的源代码和最新版本的帮助文档。截至 2018 年 6 月 3 日，CryptoPP 库包含的相关内容如下(不同版本所包含的内容会有略微差别)。

(1) 认证加密模式(Authenticated Encryption Mode)：

CCM, EAX, GCM (2K tables), GCM (64K tables)

(2) 分组密码(Block Cipher)：

AES, ARIA, Weak::ARC4, Blowfish, BTEA, Camellia, CAST128, CAST256, DES, 2-key Triple-DES, 3-key Triple-DES, DESX, GOST, IDEA, Luby-Rackoff, Kalyna (128/256/512), MARS, RC2, RC5, RC6, SAFER-K, SAFER-SK, SEED, Serpent, SHACAL-2, SHARK, SKIPJACK, SM4, Square, TEA, 3-Way, Threefish (256/512/1024), Twofish, XTEA

① 见 https://www.cryptopp.com/。

(3) 流密码(Stream Ciphers)：

ChaCha (ChaCha-8/12/20), Panama-LE, Panama-BE, Salsa20, SEAL-LE, SEAL-BE, WAKE, XSalsa20

(4) Hash 函数(Hash Function)：

BLAKE2s, BLAKE2b, Keccak (F1600), SHA1, SHA224, SHA256, SHA384, SHA512, SHA-3, SM3, Tiger, RIPEMD160, RIPEMD320, RIPEMD128, RIPEMD256, SipHash, Whirlpool, Weak::MD2, Weak::MD4, Weak::MD5

(5) 非密码的校验和(Non-Cryptographic Checksum)：

CRC32, Adler32

(6) 消息认证码(Message Authentication Code)：

BLAKE2b, BLAKE2s, CBC-MAC, CMAC, DMAC, GCM (GMAC), HMAC, Poly1305, TTMAC, VMAC

(7) 随机数发生器(Random Number Generator)：

NullRNG(), LC_RNG, RandomPool, BlockingRng, NonblockingRng, AutoSeededRandomPool, AutoSeededX917RNG, Hash_DRBG and HMAC_DRBG, Mersenne Twister (MT19937 and MT19937-AR), RDRAND, RDSEED

(8) 密钥派生和基于口令的密码(Key Derivation and Password-based Cryptography)：

HKDF, PBKDF (PKCS #12), PBKDF-1 (PKCS #5), PBKDF-2/HMAC (PKCS #5)

(9) 公钥加密系统(Public Key Encryption System)：

DLIES, ECIES, LUCES, RSAES, RabinES, LUC_IES

(10) 数字签名方案(Digital Signature Scheme)：

DSA2, GDSA, ECDSA, NR, ECNR, LUCSS, RSASS, RSASS_ISO, RabinSS, RWSS, ESIGN

(11) 密钥协商(Key Agreement)：

DH, DH2, MQV, HMQV, FHMQV, ECDH, ECMQV, ECHMQV, ECFHMQV, XTR_DH

(12) 代数结构(Algebraic Structure)：

Integer, PolynomialMod2, PolynomialOver, RingOfPolynomialsOver, ModularArithmetic, MontgomeryRepresentation, GFP2_ONB, GF2NP, GF256, GF2_32, EC2N, ECP

(13) 秘密共享与信息传播(Secret Sharing and Information Dispersal)：

SecretSharing, SecretRecovery, InformationDispersal, InformationRecovery

(14) 压缩(Compression)：

Deflator, Inflator, Gzip, Gunzip, ZlibCompressor, ZlibDecompressor

(15) 输入源类(Input Source Class)：

StringSource, Array Source, FileSource, SocketSource, WindowsPipeSource, RandomNumberSource

(16) 输出槽类(Output Sink Class)：

StringSinkTemplate, StringSink, ArraySink, FileSink, SocketSink, WindowsPipeSink, Random NumberSink

(17) 过滤器的封装(Filter Wrapper)：

StreamTransformationFilter, AuthenticatedEncryptionFilter, AuthenticatedDecryptionFilter, HashFilter,

HashVerificationFilter, SignerFilter, SignatureVerificationFilter

(18) 二进制到文本的编码与解码(Binary to Text Encoder and Decoder):

HexEncoder, HexDecoder, Base64Encoder, Base64Decoder, Base64URLEncoder, Base64URLDecoder, Base32Encoder, Base32Decoder.

(19) 对操作系统特性的封装(Wrappers for OS feature):

Timer, Socket, WindowsHandle, ThreadLocalStorage, ThreadUserTimer

以上每个英文名称代表一个类或算法,例如,AES 类是对 1997 年美国 ANSI 发起征集的 AES(Advanced Encryption Standard)算法的封装。为保持内容清晰且不引起歧义,文中涉及的一些关键字、专业术语和缩写均用原英文词汇表示。需要注意的是,Weak::MD4 表示 MD4 算法,其中,"Weak" 是 CryptoPP 库的一个命名空间,"::" 在 C++ 中表示作用域运算符。

以上列出的内容来源于 CryptoPP 库帮助文档的主页。实际上,CryptoPP 库包含的算法远不止这些,在后面学习的过程中会逐一向读者介绍其他的算法。

1.4 CryptoPP 库的历史版本

(1) 1.X 版本。该版本下有 2 次更新,它们分别是 1.0 和 1.1。CryptoPP 库的 1.0 版本发布于 1995 年 6 月。由于涉及 RSA 算法版权问题,该版本被撤销。目前,无法获取到 1.0 版本及其子版本的源代码。

(2) 2.X 版本。该版本下有 4 次更新,它们分别是 2.0 至 2.3。目前,只能够获取到 2.3 版本的源代码,它发布于 1998 年 1 月 17 日。

(3) 3.X 版本。该版本下有 4 次更新,它们分别是 3.0 至 3.3。CryptoPP 库的 3.0 版本发布于 1999 年 1 月 1 日。目前,除 3.3 版本外,可获取到其他版本的源代码。

(4) 4.X 版本。该版本下有 3 次更新,它们分别是 4.0 至 4.2。CryptoPP 库的 4.0 版本发布于 2001 年 11 月 3 日。目前,所有版本的源代码均可使用。

(5) 5.X 版本。该版本下有 21 次更新,它们分别是 5.0.1 至 5.0.4、5.1、5.2、5.2.1 至 5.2.3、5.3、5.4、5.5、5.5.1、5.5.2、5.6.0 至 5.6.5。其中,5.0 版本发布于 2002 年 9 月 30 日,5.6.5 版本发布于 2016 年 10 月 11 日。目前,大部分版本的源代码可以使用(详见 CryptoPP 库的官网)。

2015 年 6 月,Wei Dai 将 CryptoPP 库转交给开源社区来维护。他个人不再参与 CryptoPP 库的日常开发工作,但是他仍关注 CryptoPP 库的发展并给开源社区提供技术指导。5.6.3 版本是开源社区发布的第一个版本。

(6) 6.X 版本。该版本下有 2 次更新,分别是 6.0.0 和 6.0.1。其中,6.0.0 版本发布于 2018 年 1 月 22 日,6.0.1 版本发布于 2018 年 2 月 22 日。目前,所有版本的源代码均可使用。

(7) 7.X 版本。该版本下有 1 次更新,即 7.00。它发布于 2018 年 4 月 8 日,是 CryptoPP 库当前可用的最高版本。

(8) 8.X 版本。该版本是目前最新的版本。

1.5 其他的密码程序库

在构建具体的密码学方案时，CryptoPP 库不是唯一的选择。也可以选择其他的密码程序库，如 OpenSSL、Botan 等。这些库在某些方面甚至比 CryptoPP 库更优秀。表 1.1 列出了几种常见的密码程序库。

表 1.1　常见的密码程序库

库　名	开发语言	是否开源	FIPS 140 验证	FIPS 140 模式
Crypto++	C++	是	否	否
ACE	C	否	是	是
Botan	C++	是	否	否
Bouncy Castle	Java、C#	是	是	是
CryptoComply	Java、C	否	是	是
cryptlib	C	是	否	是
GnuTLS	C	是	是	是
Libgcrypt	C	是	是	是
libsodium	C	是	否	否
libtomcrypt	C	是	否	是
NaCL	C	是	否	否
Nettle	C	是	否	否
OpenSSL	C	是	是	是
wolfCrypt	C	是	是	是

1.6 小　　结

本章依次向读者介绍了 CryptoPP 库的由来、作者、历史及其包含的算法等。由此，读者可以了解 CryptoPP 库的大致用途，同时本章还列举了一些其他的密码程序库，读者也可以考虑尝试使用它们。

第 2 章　安装和配置 CryptoPP 库

  CryptoPP 库适用于多种操作系统平台，目前支持的平台有 Unix (AIX、OpenBSD、Linux、MacOS, Solaris 等)、Win32、Win64、Android、iOS、ARM 等。本章分别介绍 CryptoPP 库在 Windows 系统和 Linux 系统下的安装方法。考虑到大多数读者接触的操作是 Windows 系统，限于篇幅，本书后续章节中范例程序默认的实验环境均为 Windows 系统。由于 CryptoPP 库是跨平台的，所以读者也可以将范例程序移植到 Linux 等其他系统下。

2.1　下载 CryptoPP 库

  下载 CryptoPP 库的途径有很多，我们可以在 CryptoPP 库的官方网站或者 GitHub[①]上下载，也可以在一些第三方网站下载。读者可以通过本书附录部分所给的链接找到 CryptoPP 库的源代码和帮助文档。需要声明的是，本书所有的范例程序使用的源代码包版本是 7.0。如果读者在运行本书的示例程序时，发现运行结果不一致或其他问题，就要考虑是否为使用的版本不一致造成的。表 2.1 列出了 CryptoPP 库支持的一些编译器平台，在安装使用该库前，请确保你用的编译器为 CryptoPP 库所支持。

表 2.1　CryptoPP 库支持的编译器平台

编译器平台	支持的版本	编译器平台	支持的版本
Visual Studio	2003 至 2017	C++ Builder	2010
GCC	3.3 至 8.0	Intel C++ Compiler	9 至 16.0
Apple Clang	4.3 至 8.3	Sun Studio	12.1 至 12.5
LLVM Clang	2.9 至 5.0	IBM XL C/C++	10.0 至 13.1

2.2　在 Windows 系统下安装 CryptoPP 库

  在 Windows 系统下，建议读者使用微软公司提供的 Visual Studio 系列集成开发环境来学习和使用 CryptoPP 库，其他开发环境的配置过程和原理基本上与此类似。本书使用的集成开发环境是 Visual Studio 2015 简体中文版(如图 2.1(a)所示)，CryptoPP 库的具体

---

① https://github.com/weidai11/cryptopp。

安装过程如下：

(1) 下载 CryptoPP 库源代码压缩文件包(如图 2.1(b)所示)，并解压缩。

(a) 图标   (b) 压缩文件包

图 2.1   本书所使用的开发环境图标和 CryptoPP 压缩文件包

(2) 进入解压后的文件夹，在根目录下找到 cryptest.sln 文件(如图 2.2 所示)，直接双击，在默认情况下，系统会用已经安装的 Visual Studio(VS)打开相应的解决方案。

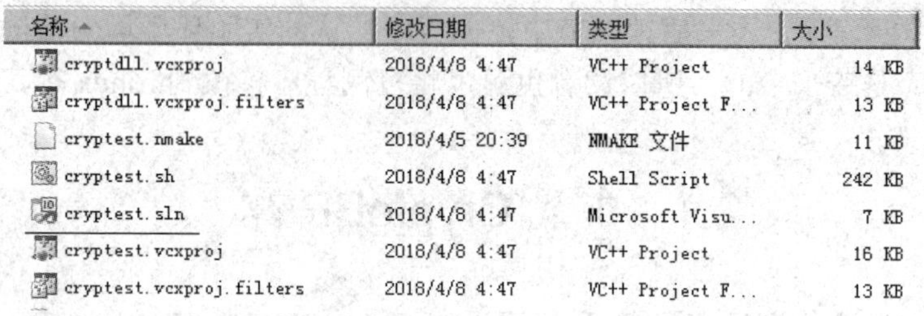

名称 ▲	修改日期	类型	大小
cryptdll.vcxproj	2018/4/8 4:47	VC++ Project	14 KB
cryptdll.vcxproj.filters	2018/4/8 4:47	VC++ Project F...	13 KB
cryptest.nmake	2018/4/5 20:39	NMAKE 文件	11 KB
cryptest.sh	2018/4/8 4:47	Shell Script	242 KB
cryptest.sln	2018/4/8 4:47	Microsoft Visu...	7 KB
cryptest.vcxproj	2018/4/8 4:47	VC++ Project	16 KB
cryptest.vcxproj.filters	2018/4/8 4:47	VC++ Project F...	13 KB

图 2.2   双击 cryptest.sln 文件

后缀名为 .sln 的文件实际上是 Visual Studio 的解决方案资源管理器文件，每个解决方案下面可以有多个项目。

若用 VS 打开解决方案时，系统弹出一个对话框(两个版本分别如图 2.3 和图 2.4 所示)，询问用户是否将每个项目更新为当前所使用版本的编译器和库，选择"更新"或"确定"按钮。

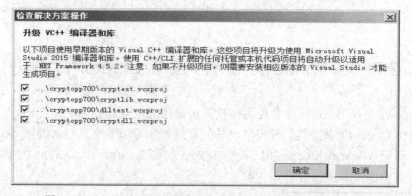

图 2.3   VS2012 询问是否更新 Visual C++ 编译器和库的对话框

图 2.4   VS2015 询问是否更新 Visual C++ 编译器和库的对话框

(3) 在解决方案资源管理器中，可以看到 cryptest 解决方案下面有 4 个子项目(如图 2.5 所示)。其中，cryptdll 项目可以把 CryptoPP 库的源代码编译成 Windows 下的动态链接库(.dll)文件；cryptest 项目负责对 CryptoPP 库的源代码做一些相关的测试；cryptlib 项目可以把 CryptoPP 库的源代码编译成静态链接库(.lib)文件；dlltest 项目负责对 cryptdll 项目生成的动态链接库文件做一些相关的测试。点击每个项目左侧的小三角箭头，即可展开项目，可以看到每个项目包含的头文件和源文件等信息。

图 2.5　cryptest 决方案包含的 4 个子项目

(4) 通过 Visual Studio 工具栏上的解决方案配置下拉列表框，选择要生成的动态链接库或静态链接库类型(Release 版本或 Debug 版本)，如图 2.6 所示。通过工具栏上的解决方案平台下拉列表框，选择生成的动态链接库或静态链接库所适用的平台(X86(Win32) 或 X64(Win64))。

图 2.6　选择要生成的静态链接库类型和适用的平台

(5) 右键点击 cryptlib 项目，选择"生成"按钮。在 Visual Studio 的输出窗口可以看到编译器正在编译 CryptoPP 库的源代码，稍等片刻，即可生成静态链接库文件。当在输出窗口看到提示信息 "========== 全部重新生成：成功 1 个，失败 0 个，最新 0 个，跳过 0 个 ==========" 时，表明已经成功将源代码生成静态链接库文件，如图 2.7 所示。

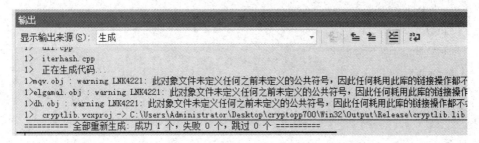

图 2.7　查看生成静态链接库文件的状态和位置

同时，输出窗口倒数第二行的提示信息告诉我们静态链接库所在的位置：

"cryptlib.vcxproj->C:\Users\Administrator\Desktop\CryptoPP700\Win32\Output\Release\ cryptlib.lib"，也如图 2.7 所示。

(6) 再次打开解压缩后的文件夹，依次打开文件夹 Win32→Output→Release，可以看到刚才生成的名字为 cryptlib.lib 的静态链接库文件，如图 2.8 所示。

图 2.8　生成的库文件位置、类型和其他信息

需要注意的是，本书在步骤(4)选择的解决方案配置为 Release，选择的解决方案平台为 X86。选择的配置不同，最终生成的静态链接库所在的目录会不同。例如，将解决方案配置更改为 Debug，那么生成的静态链接库所在的位置为 Win32→Output→Debug。

(7) 在磁盘上合适的位置(如 G 盘)新建一个名字为 CryptoPP 的文件夹。然后，在文件夹下面新建两个子文件夹，将其名字分别命名为 Include 和 Lib，如图 2.9 所示。将步骤(6)得到的静态链接库文件拷贝到新建的 Lib 文件夹内；将解压缩后的文件夹中所有.h 文件(C/C++头文件)拷贝至新建的 Include 文件夹内。

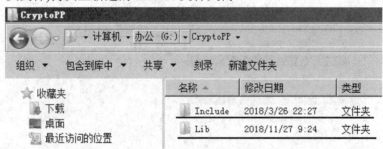

图 2.9　选择合适的位置以存放生成的库文件和库的所有头文件

(8) 打开 Visual Studio 新建一个 Visual C++ 类型的、空的控制台应用程序，并将该项目的名字命名为 test。为该项目添加一个 .cpp 类型的源文件，并在该文件中添加如下的测试代码：

```cpp
#include<cryptlib.h>
#include<iostream>
using namespace std;
using namespace CryptoPP;
int main()
{
    if (LibraryVersion() != HeaderVersion())
    {
        cout <<"Potential version mismatch."<< endl;
```

```
const int lmaj = (LibraryVersion() / 100U) % 10;
const int lmin = (LibraryVersion() / 10U) % 10;
const int hmaj = (HeaderVersion() / 100U) % 10;
const int hmin = (HeaderVersion() / 10U) % 10;
if(lmaj != hmaj)
    cout <<"Major version mismatch."<< endl;
else if(lmin != hmin)
    cout <<"Minor version mismatch."<< endl;
}
else
{
    cout << LibraryVersion() << endl;
    cout <<"Major and minor version    both match."<< endl;
}
return 0;
}
```

(9) 右键点击 test 项目，选择"属性"，在属性页依次做如下的设置：

① 依次选择：C/C++ →常规→附加包含目录，将步骤(7)新建的 G:\CryptoPP\ Include 目录设置为附加包含目录，如图 2.10 所示。设置完成后，点击属性页右下角的"应用"按钮。

图 2.10　设置附加包含目录

② 依次选择：C/C++ →代码生成→运行库，将该选项设置为多线程(/MT)，如图 2.11 所示。设置完成后，点击属性页右下角的"应用"按钮。

　　需要注意的是，本书让开发环境生成的静态链接库是 Release 版本的，所以需要将运行库设置为多线程(/MT)。如果读者让开发环境生成的静态链接库是 Debug 版本的，务必将运行库设置为多线程(/MT)。

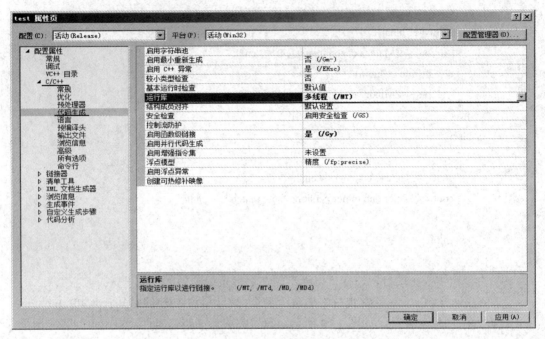

图 2.11　设置运行库

　　③ 依次选择：链接器→常规→附加库目录，将步骤(7)新建的 G:\CryptoPP\Lib 目录设置为附加库目录，如图 2.12 所示。设置完成后，点击属性页右下角的"应用"按钮。

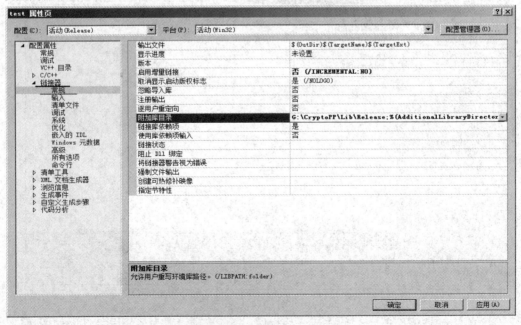

图 2.12　设置附加库目录

④ 依次选择：链接器→输入→附加依赖项，将 G:\CryptoPP\Lib 目录下的静态链接库文件的名字(cryptlib.lib)键入编辑框，点击"确定"按钮，如图 2.13 所示。在附加依赖项的编辑框输入完成后，点击该对话框右下角的"确定"按钮。之后，点击属性页右下角的"应用"按钮。

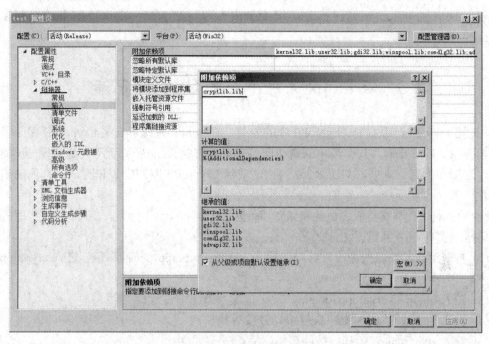

图 2.13　设置附加依赖项

(10) 点击属性页右下角的"确定"按钮。至此，我们就完成了所有的属性配置工作。

(11) 右键点击 test 项目，并将该项目设置为启动项。依次按下 Ctrl+F7 键和 Ctrl+F5 键，完成程序的编译、链接和执行。如果配置正确，那么程序会在控制台上输出两行文字，如图 2.14 所示。

图 2.14　测试程序在控制台的输出

至此，完成在 Windows 系统下以静态链接库的方式安装 CryptoPP 库，读者也可以尝试以动态链接库的方式安装该库。

本节讲述的这种安装配置 CryptoPP 库的方法——修改 Visual Studio 的属性配置，这种配置方法只对当前的项目有效。再次新建一个项目时，需要重复一遍步骤(9)的配置过程。读者也可以尝试通过修改环境变量或为项目添加属性页文件的方法来配置 CryptoPP 库。

2.3　在 Linux 系统下安装 CryptoPP 库

相较于 Windows 系统下 CryptoPP 库的安装，在 Linux 系统下安装 CryptoPP 库则显得比较容易。只需要输入几个简单的命令即可完成静态链接(.a)库或者动态链接库(.so)的编译、连接和配置。本书以 GCC8.2.0 为例，演示 CryptoPP 库的安装和测试。具体的安装过程如下：

(1) 在/tmp 目录(或其他合适的目录)下新建一个 cryptopp 文件夹，将 CryptoPP 库的源代码压缩文件包拷贝到该文件夹下。

(2) 打开 Linux 系统的命令行终端，输入 cd/tmp/cryptopp，按回车键，进入 cryptopp 文件夹。

(3) 输入 unzip –a cryptopp700.zip，按回车键，解压缩源代码文件。

(4) 输入 make，按回车键，执行编译链接等操作。

(5) 输入 sudo make install，按回车键，完成安装。

(6) 将 2.2 节的测试代码放入 Linux 系统，输入如下命令(如图 2.15 中的①)，依次完成代码的编译和链接。

g++ -static test.cpp -o test -lcryptopp -I /usr/local/include/cryptopp/

输入如下命令(如图 2.15 中的②)，运行生成的程序，执行结果如图 2.15 所示。

./test

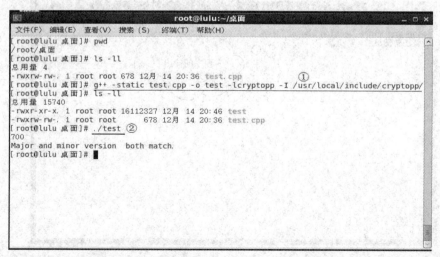

图 2.15　程序的编译和链接、执行及其运行结果

至此，完成了 CryptoPP 库在 Linux 系统下的安装。与在 Windows 系统下的安装方式类似，Linux 系统下的安装过程也是先将源代码文件编译链接成静态链接库或者动态链接库文件。然后，将源代码中的头文件和编译链接后生成的静态链接库或者动态链接库文件拷贝至相应的目录中。所不同的是，在 Linux 系统下，这些过程都是自动完成的。通过上述命令完成 CryptoPP 库安装后，在默认情况下，把源代码中的所有头文件拷贝至 Ls/usr/local/include 目录下(执行图 2.16 中命令①，即可验证)，将生成的静态链接库和动态链接库文件拷贝至 Ls/urs/local/lib/*cryptoPP* 目录下(执行图 2.16 中命令②，即可验证)。

当然，读者可以在编译安装前，按照自己的意愿设置相关的编译和安装选项，具体的参数设置可以参考源代码根目录下的 install.txt 文件。

图 2.16　CryptoPP 库安装完成后头文件和库文件所在的目录

2.4　小　　结

本章主要介绍了 CryptoPP 库在 Windows 系统和 Linux 系统下的安装配置方法，它们的安装过程和原理基本上类似。本章只讲解了一种简单的安装方法，读者可以尝试采用其他的方法安装 CryptoPP 库。

本章并没有大篇幅地讲解安装原理，想对此做深入了解的读者可以参考相关资料。通过本章的学习，读者不仅学会安装 CryptoPP 库，而且在今后的工作和学习中也会安装和配置其他的开源程序库。

第 3 章　程序设计基础

　　本章将介绍 C/C++编程语言、数据结构、设计模式等方面的基础知识和概念。本章不对这些知识深入讲解，只介绍那些有助于理解和灵活使用 CryptoPP 库所必需的知识和概念。本章对这些知识的细节不做深入讨论，并不意味着这些知识不重要。相反，如果想深刻地理解 CryptoPP 库的设计原理，那么应该熟悉数据结构和面向对象的设计模式，具有深厚的 C/C++编程功底，系统学习过密码学和数论，对计算机系统也应有所了解。

3.1　C/C++基础知识

　　C++是一门通用的程序设计语言，它支持基于过程、基于对象、面向对象和泛型的程序设计方法，还支持对底层内存的直接操作。

　　20 世纪 80 年代，人们为了解决软件设计危机，提出了面向对象的程序设计(Object Oriented Programming，OOP)思想。这就需要一门计算机程序设计语言，使其具备新的面向对象特性。长期的程序设计实践表明，C 语言被人们广泛使用，在软、硬件平台上都受到很好的支持，而且较其他语言具有更高的执行效率。因此，人们认为不必设计出一门新语言，而是在 C 语言的基础上对它进行改进，使它具备面向对象程序设计的各种特性。C++语言在这种背景下应运而生。

　　C++是由 AT&T Bell(贝尔)实验室的 Bjarne Stroustrup 及其同事于 1980 年开始在 C 语言的基础上进行设计开发的，从 1985 年开始在贝尔实验室以外开始流行。C++语言几乎保留了 C 语言的所有优点，增加了面向对象的机制。由于 C++对 C 的改进主要在增加了适用于面向对象程序设计的"类"(class)，因此最初人们称它为"带类的 C"。这门新语言的名字命名也曾有颇多争议。最终，C++社区采纳 Rick Mascitti 的建议，把这门新语言叫做"C++"，即 C Plus Plus。

　　1982 年春至 1983 年夏，Bjarne Stroustrup 实现了第一个 C++编译器，该编译器被称为"Cfront"。它本质上是一个预编译器，该编译器可以将 C++代码转化成 C 代码，然后再用 C 语言的编译系统，将 C 代码生成最终的目标代码。第一个真正的 C++编译系统诞生于 1988 年。1989 年 C++2.0 版本发布，它较 1.0 版本有重大改进，增加了多重继承、抽象类、静态成员函数等特性并对函数重载提出了更好的解决方案。1991 年 C++3.0 和 4.0 版本相继出现，在 3.0 版本中增加了模板(Template)机制，在 4.0 版本中引入异常处理、命名空间、运行时类型识别(Run-Time Type Identification，RTTI)等机制。1989 年 ANSI 和 ISO 联合在 4.0 版本的基础上制定 C++标准，并于 1994 年公布了非正式的草案。经过几次修订后，1998 年正式通过并发布了 C++的国际标准。

进入 21 世纪后，C++标准委员会继续致力于改进和完善 C++，相继推出了 C++03、C++11、C++14、C++17 等新的标准。C++语言吸取了许多其他程序设计语言的优点，如 Simula、C 语言等。C++语言也影响了新的程序设计语言的发展，如 Java、C#等。C++语言的发展历程如图 3.1 所示。

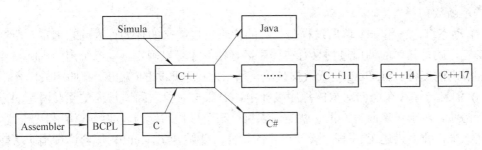

图 3.1　C++语言的发展历程

3.1.1　面向对象程序设计的常用概念

面向对象的程序设计语言通常具有抽象、封装、继承、多态等特点。在探讨这些具体的特点前必须了解以下几个概念：

(1) 对象：在面向对象的程序设计中，对象是程序执行期间的基本实体。它可以是任何具体事物的抽象表示，如公私钥，加、解密算法等。在面向对象的程序设计中，通常以对象与对象之间的自然联系为依据。

(2) 类：对象通常包含数据以及操作这些数据的方法的集合。在面向对象的程序设计中，用户可以用类来定义对象所包含的数据和操作这些数据的方法，使用用户自定义的这些类的类型声明的变量就称为对象。例如，用 RSAES::PrivateKey 类定义的对象称为 RSA 私钥对象。

(3) 数据抽象和封装：将数据和函数包装在一个单独的单元的方法叫做数据封装。类的重要作用就是数据封装。封装使得类中的数据不能被外界访问而只能被类中的函数访问，这些函数充当程序访问对象中数据的接口，从而避免程序对数据的直接访问。保护数据不被程序直接访问也被叫做"数据隐藏"。抽象是指只表现事物核心的属性而不显示其背后的具体细节，类就使用了抽象的概念。例如，使用线性同余随机数发生器 LC_RNG 时，只有通过成员函数 GetSeed()才能获取它所使用的种子。

(4) 封装：将数据和代码捆绑在一起，并且与外界隔离开来，从而避免外界的干扰和意外的访问带来的不确定性。一个对象实际上就是封装数据和操作这些数据的代码的实体。例如，将一组内部状态(数据)和操作这组内部状态的代码(函数)封装在一起形成 Hash 函数 SM3 类。

(5) 继承：继承可以把某个类型的对象的属性赋予另一个类型的对象。这样每一个子类都具有父类公共的特性。在面向对象的程序设计中，继承是实现代码重用的重要方式，它允许向已存在的类中添加新的特性而不必去改变这个类。在 CryptoPP 库中，类与类之间继承的例子随处可见。

(6) 多态：允许一类相似的事物在同一形式下表现不同的特性叫做多态。多态机制使具有不同内部结构的对象可以共享相同的外部接口。这样就可以通过相同的接口引发一组相关但不相同的动作，这种方式可以减少代码的复杂度。在 CryptoPP 库的 Pipeling 范式数据处理中，许多具体的密码算法对象之所以能以此方式处理数据流，是因为与它们对应的 Filter 类使用了多态技术。每个 Filter 都含有一个以本类密码算法接口基类为参数的构造函数。

(7) 动态绑定：将一个调用过程与相应的代码连接起来的行为称为动态绑定。所谓动态绑定，就是具体的调用过程只有在程序运行期间才可以确定。动态绑定的机制需要继承和多态的支持。Pipeling 范式数据链就是基于此原理形成的(见第 4 章的相关内容)。

(8) 消息传递：在面向对象的程序设计中，对象与对象之间通常通过互发消息的方式进行沟通。对于对象而言，消息就是请求执行某个过程的行为，即函数调用。

接下来，我们讲述 C++程序设计语言的特性，并结合 CryptoPP 库向读者阐明这些语言特性在程序设计中的具体使用。本节内容很少涉及 C++语言的语法等基础知识，因此对于基础知识缺乏的读者，建议先阅读相关的书籍。

3.1.2　类(Class)和对象(Object)

在 C++中，对象的类型被称为类。类代表某一批对象的共同特征。类是对象的抽象，对象是类的一个实例。例如，电脑和戴尔 N4050 笔记本就是类和对象的关系，电脑是一类抽象的事物名字，而戴尔 N4050 笔记本却是一台可以使用的电脑对象。在 C++中，用户可以使用关键字 class 声明一个类，可以用声明的类的类型定义一个对象(变量)。类是抽象的，不占用存储空间。对象是具体的，占用存储空间。下面定义了 3 个类对象：

```
SHA256      hash;              //定义一个 SHA256 算法的类对象
AES         aes;               //定义一个 AES 算法的类对象
LC_RNG      rng(123);          //定义一个 LC_RNG(线性同余发生器)算法的类对象
```

在 C++中，也可以用 C 语言传统的关键字 struct 声明类。不同的是，在关键字 class 声明的类中其数据成员和成员函数的访问权限默认是 private，而在关键字 struct 声明的类中则默认都是 public。尽管两者在声明类时可以相互替代，但是建议读者在 C++中尽量使用关键字 class。

3.1.3　类的数据成员(Data Member)和成员函数(Member Function)

在 C++的类中，用户可以根据需要在类内部定义一些数据成员和成员函数。类的数据成员用于表示类的状态和特征，当该类被实例化后，可以通过内部状态来标识此对象与彼对象的不同。类的成员函数相当于是该类对外部提供的访问其内部数据成员的接口。在 CryptoPP 库中有一些与计时器相关的类。其中，TimerBase 类是它们的共同基类，它的类摘要如下：

```
class    TimerBase
{
public:
```

```
        // ……
        void StartTimer();
        double ElapsedTimeAsDouble();
        unsigned long ElapsedTime();
    private:
        double ConvertTo(TimerWord t, Unit unit);
        Unit m_timerUnit;
        bool m_stuckAtZero, m_started;
        TimerWord m_start, m_last;
    };
```

　　TimerBase 类的数据成员负责时间统计等工作，其公有成员函数用于和外部进行信息交互。

　　类内定义的数据类型可以是系统预定义的，也可以是用户自定义的，同时还可以对这些数据类型加上其他的关键字进行修饰，如 const、static、constexpr 等。

　　同样的，也可以在定义类的成员函数时，对它们加上一些关键字进行修饰，表示该成员函数的特殊性，如 virtual、const、static、inline 等。

　　如果用关键字 class 声明一个类，而不声明成员函数，那么外部无法对该类进行访问。有时为了特殊的目的，故意不向类外提供可访问的接口。下面的类定义方式可以阻止 Usable 类派生子类：

```
    class Usable{};
    class Usable_lock
    {
        friend class Usable;
    private:
        Usable_lock(){}
        Usable_lock(const Usable_lock&){}
    };
    class Usable:public virtual Usable_lock
    {    // ……
    public:
        Usable();
        Usable(char*);
        // ……
    };
```

　　若用户新定义的类 DD 派生于 Usable 类，则无法定义类 DD 的对象：

```
    class DD:public Usable{};        //定义类 Usable 的派生类 DD
    DD dd;                           //错误，DD::DD()不能访问 Usable_lock::Usable_lock()的私有成员
```

　　上面的禁止从一个类产生派生类的方法过于繁琐，从 C++11 开始，可以在类声明中使用关键字 final 达到此目的。

3.1.4　继承(Inheritance)

继承就是以已经存在的类作为新创建类的类型，并在不修改已存在类的前提下将它的代码加入新创建的类中，这样定义的新类型不但包含原类型的属性和方法，而且也包含新添加的属性和方法。在 C++ 中，一个子类可以继承自一个类，也可以继承自多个类。前者称为单继承，后者称为多重继承。继承是面向对象程序设计的基石。在 CryptoPP 中，单继承和多重继承普遍存在。例如：

```
class Algorithm : public Clonable
{
    //单继承
};

class MessageAuthenticationCode : public SimpleKeyingInterface, public HashTransformation
{
    //多重继承
};
```

需要注意的是，多重继承可能会引发二义性。通常采用如下两种方法避免此问题：

(1) 派生类的两个直接基类中含有同名的数据成员和成员函数。在访问派生类中的成员时，加上作用域限定符可以避免二义性。例如，类 A 和类 B 中分别有成员函数 void f() 和数据成员 int a，类 C 通过多重继承的方式直接继承类 A 和类 B。

```
C   c;
c.A::f();        //调用对象 c 中属于基类 A 的成员函数 f()
c.B::a = 100;    //把 100 赋给对象 c 中属于基类 B 的数据成员 a
```

(2) 如果一个派生类有多个直接基类，而这些直接基类又有一个共同的基类，则在派生类中会同时保留该间接基类数据成员的多份同名成员。针对这种情况，C++ 提供虚基类(Virtual Base Class)的机制，当继承的类有共同的基类时，只保留一份共同的基类成员。例如，类 A 有成员函数 void f() 和数据成员 int a，现有两个类 B 和 C 均直接派生于类 A。类 D 通过多重继承的方式派生于类 B 和类 C，如图 3.2 所示。此时，D 中有两份类 A 的成员，为避免二义性，将类 A 声明为类 B 和类 C 的虚基类。

```
class A
{
public:
    void f();
    int a;
};
class B: virtual public A{};
class C: virtual public A{};
class D: public B, public C{};
```

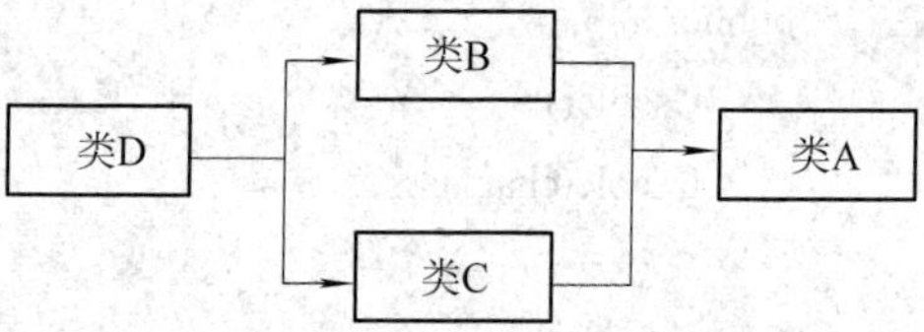

图 3.2　有间接共同基类的多重继承关系图

此时，类 D 自动只保留一份类 A 中的成员。

C++ 的重要特征之一就是代码重用。组合(Composition)和继承均可以实现代码重用，它们分别具有如下的特点：

(1) 组合：在新类中创建已存在类的对象，这样的新类就是由已存在类的对象组合而成，将这种代码复用方法称为组合。这种方式其实一直被使用着，在一个类中定义各种类型的对象就是组合。

(2) 继承：继承也是代码重用的另外一种重要方法。

组合和继承都是通过把子类型放在新类型之中实现代码的重用，它们都使用构造函数的初始化参数列表去构造子对象。那么当面临具体的问题时，选择组合还是继承呢？

如果想让新类的内部具有已存在类的功能，而且还不想使用任何已存在的类的接口，那么就选择组合。这样通常会将已存在的类作为新类的一个成员，并且把它的访问属性设置成 private。例如，链表和节点的关系就属于组合。CryptoPP 库的 queue.h 和 queue.cpp 头文件中定义了一种存储数据的链表，它们的关系就属于此。

如果想让新创建的类与已经存在的类具有一致的接口，而且还希望在用过这个类的任何地方都能够使用这个新创建的类，那么就必须使用继承。CryptoPP 库中的接口基类和一些具体类之间就含有这种关系。例如，随机数发生器接口基类与具体的线性同余发生器、Hash 函数接口基类与具体的 SHA512 之间的关系就属于继承。

3.1.5　类成员的访问属性(Access Property)

C++ 中定义了三种类成员访问属性，分别是 private、protected 和 public。这就把设置类成员的访问权限给予了程序设计者。如果想让类中的某些成员对外不可见，就把它的访问属性设置为 private 或 protected；反之，就设置为 public。如果想让类中的某些成员对外不可见，但是在其派生类中可见，则把它的访问属性设置为 protected。除了在设计类时可以指定类成员的访问权限外，在派生类时程序设计者也可指定子类成员对基类成员的访问权限，这些权限的设定还影响派生类成员从基类继承而来的成员的对外可见性。表 3.1 是不同属性的基类成员在不同的派生条件下在派生类中的访问属性。

表 3.1　不同属性的基类成员在不同的派生条件下在派生类中的访问属性

在基类中的访问属性	继承方式	在派生类中的访问属
private(私有)	private(私有)	不可访问
private(私有)	protected(保护)	不可访问
private(私有)	public(公有)	不可访问
protected(保护)	private(私有)	private(私有)
protected(保护)	protected(保护)	protected(保护)
protected(保护)	public(公有)	protected(保护)
public(公有)	private(私有)	private(私有)
public(公有)	protected(保护)	protected(保护)
public(公有)	public(公有)	public(公有)

由此可以发现，基类中的私有成员无论通过何种方式派生，它的成员在派生类中都是不可访问的。基类中的保护成员，以私有方式派生时基类成员在派生类中的访问属性

为私有，其他情况访问属性均为保护。基类中的公有成员在派生类中的访问属性取决于派生方式。

另外还可以发现，当派生方式为公有时，基类中各成员的访问属性在派生类中均保持原有的属性，此时派生类具有基类的全部功能，是基类的一个真正子类。因此，在设计派生类时，通常都是以公有方式派生子类的。如果想让本类中的成员在派生类可访问，那就把它的访问属性设置为 protected。否则，将访问属性设置为 private。如果想让本类中的成员可被外部访问，那么就声明它的访问属性为 public。例如：

```
class   Filter : public BufferedTransformation, public NotCopyable //公有派生
{   //......
private:
    member_ptr<BufferedTransformation> m_attachment; //私有数据成员
protected:
    size_t m_inputPosition;          //保护数据成员
    int m_continueAt;                //保护数据成员
};
```

3.1.6　重载(Overloading)

在 C++ 中，允许对函数和一些运算符进行重载。所谓重载，就是赋予函数或运算符新的含义，用一个名字表示多种意义。在实际编程中，有时候希望一个函数或运算符可以表示同一类功能而非单一的一种功能。

1. 函数重载

C++ 允许函数"同名"，但是这些函数必须保持语义不同。符合下列三个条件之一的函数定义形式即构成重载：

(1) 函数的参数个数不同：
```
    int max(int a,int c);            //求两个整数中的最大值
    int max(int a,int b,int c);      //求三个整数中的最大值
```
(2) 函数的参数类型不同：
```
    int max(int a,int b);            //求两个整形中的最大值
    int max(double a,int double b);  //求两个浮点数中的最大值
```
(3) 参数的顺序不同：
```
    int max(int a,float b);          //求一个整数和一个浮点数中的最大值
    int max(float a,int b);          //求一个浮点数和一个整数中的最大值
```
函数重载是 C++ 提供的一个重要语言特性。除上面列举的重载条件外，它还允许普通函数和函数模板构成重载。

2. 运算符重载

实际上，我们在刚开始学习 C++ 时就已经接触了运算符重载。例如，使用流插入符"<<"向标准输出设备上打印信息，流插入符之所以能够识别 int 和 float 类型的数据，是因为预先对 int 和 float 进行了重载。例如：

```
int i=10;
cout << i << endl;
float f=1.002;
cout << f << endl;
```

C++ 允许对运算符重载，但是对运算符重载进行了一些限制。例如，不允许用户对自定义运算符重载，运算符重载不改变操作数的个数、优先级、结合性以及不能有默认参数等。C++ 中的绝大多数运算符都允许重载，只有少数运算符不能重载，如表 3.2 所示。

表 3.2　C++ 中包含的一些运算符

是否允许重载	类　型	运　算　符
√	关系运算符	==、!=、<、>、<=、>=
√	双目算术运算符	+、−、*、/、%
√	逻辑运算符	||、&&、!
√	单目运算符	+(正)、−(负)、*(指针)、&(取地址)
√	自增自减运算符	++、−−
√	位运算符	|、&(按位与)、~、^、<<、>>
√	内存申请与释放	new、delete、new[]、delete[]
√	赋值运算符	=、+=、−=、*=、/=、%=、&=、|=、^=、<<=、>>=
√	其他运算符	(　)(函数调用)、->、->*、,(逗号)、[](下标)
×	——	.(成员访问)、*(成员指针访问)、::、sizeof、?:、typeid

重载方便了代码的编写，使程序具有更好的可读性。在 CryptoPP 库中，运算符重载和函数重载的例子随处可见。

通过重载运算符，使 CryptoPP 库中定义的大整数 Integer 类和 C++ 系统预定义的 int 类型具有很好的一致性。用户在使用 Integer 类时就像使用 int 类型一样，具体如下：

```
Integer &   operator = (const Integer &t) ;
Integer &   operator += (const Integer &t);
Integer &   operator -= (const Integer &t);
Integer &   operator *= (const Integer &t);
Integer &   operator /= (const Integer &t);
Integer &   operator %= (const Integer &t);
Integer &   operator /= (word t);
Integer &   operator %= (word t);
Integer &   operator <<= (size_t n);
Integer &   operator >>= (size_t n) ;
Integer &   operator &= (const Integer &t);
//......
```

例如，为流密码类 StreamTransformation 提供 2 个不同的重载函数，使它对同一种形式的输入数据有两种不同的处理方式，即：

```
class StreamTransformation : public Algorithm
{    //…..
    inline void ProcessString(byte *inoutString, size_t length);
    inline void ProcessString(byte *outString, const byte *inString, size_t length);
    //……

};
```

3.1.7　构造函数(Constructor)和析构函数(Destructor)

在定义类时，允许为类定义构造函数和析构函数。构造函数的作用是对类中的数据成员初始化，析构函数的作用是在类对象销毁时做一些清理工作。类的构造函数和析构函数也是类的成员函数，所不同的是，它们在类建立和销毁时被自动调用。构造函数和析构函数的名字不能随意设置，也不能有返回值。构造函数的名字与类名相同，可以有参数，允许重载。析构函数的名字由类名和"~"符号组成，析构函数是唯一的，不允许有参数，不允许重载。如果在定义类时，用户没有显式地为类定义构造函数和析构函数，那么系统会为类定义默认的构造函数和析构函数。

类对象的构造和析构顺序不是随意的，而是按照特定的顺序来执行构造和析构的。

(1) 在同一作用域中，根据类对象的定义顺序，它们的构造函数会被依次调用。当离开该作用域时，析构函数会被调用，析构函数的调用顺序与构造函数相反。例如：

    MD5 md1;   //先定义一个 MD5 算法的类对象

    SHA256 sha;   //再定义一个 SHA256 算法的类对象

其中，对象 md1 先被构造，对象 sha 先被析构。

(2) 在同一个继承结构中，当类对象构造时，先调用基类的构造函数，再调用派生类的构造函数。当类对象析构时，先调用派生类的析构函数，再调用基类的析构函数。

在 C++中，一个类可能有很多构造函数，一方面是因为构造函数允许重载；另一方面是还存在一些特殊的构造函数。具体如下：

(1) 复制构造函数(Copy Constructor)。当需要根据一个已存在的类对象去创建另一个新的类对象时，类的复制构造函数会被调用。例如：

    string str = "Hello World";

    string cpstr(str);   // string 类的复制构造函数被调用

(2) 赋值构造函数(Assignment Constructor)。当将一个已存在的对象赋给另外一个已存在的对象时，类的赋值构造函数会被调用。例如：

    string str1 = "Hello";

    string str2 = "World";

    str2 = str1;   //类的赋值构造函数被调用

(3) 转换构造函数(Conversion Constructor)。当将一个类型的对象转换成另一个类型的对象时，类的转换构造函数会被调用。例如：

    int a = 10;

    complex com = a;   //类的转换构造函数被调用

有时候为了防止对象之间隐式转换，在构造函数的声明中加上关键字 explicit，表明该构造函数必须被显式调用。

CryptoPP 库的 SecBlock 类摘要如下：

```
template <class T, class A = AllocatorWithCleanup<T>>
class SecBlock    {
public:
    //......
    //该构造函数必须被显式调用，不存 size_type 到 SecBlock 的隐式转换
    explicit SecBlock(size_type size=0);
    SecBlock(const SecBlock<T, A>&t);                //复制构造函数
    SecBlock(const T *ptr, size_type len);           //普通构造函数
    SecBlock<T, A>& operator=(const SecBlock<T, A>&t);   //赋值构造函数
    //......
};
```

3.1.8　类型转换(Type Cast)

在编程时，常常需要将一种数据类型转换成另一种类型，例如，可以将 char 类型的数据赋给 int 类型的变量。这种转换称为"赋值兼容"。具体代码如下：

```
char c = 'A';
int i = c;          //正确，赋值兼容
```

在 C++中，允许用户自定义的派生类向基类进行类型转换，这种转换可以自动完成。因此，这种类型转换方式也被称为自动类型转换(隐式类型转换)。

通常派生类对象可以自动向基类对象转换，反过来则不可以。这是因为派生对象包含基类部分，当发生转换时，派生类将含有的基类部分的数据成员赋给基类对应的数据成员，基类和派生类之间的关系如图 3.3 所示。向基类对象转换如图 3.3(a)所示。

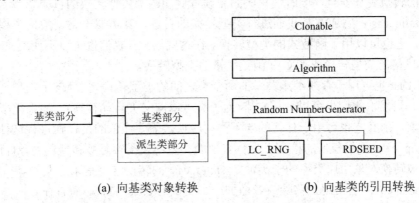

(a)　向基类对象转换　　　　　　　　　(b)　向基类的引用转换

图 3.3　基类和派生类之间的关系

派生类对象也可以自动向基类的引用转换，如图 3.3(b)所示。这常发生在以基类对象作为函数参数的情况下。但是，不允许派生类之间相互赋值。在图 3.3(b)中，LC_RNG

类和 RDSEED 类均为 RandomNumberGenerator 类的派生类，则这两种对象之间的相互
赋值是非法的，即：

　　　LC_RNG lc_rng;　　　　　　　　　//定义 LC_RNG 随机数发生器类对象

　　　RDSEED rd_rng;　　　　　　　　　//定义 RDSEED 随机数发生器类对象

　　　lc_rng = rd_rng;　　　　　　　　 //错误，派生类之间不允许相互赋值

　　我们也可以用指向基类对象的指针指向派生类对象。在图 3.3(b)中，LC_RNG 类是
RandomNumberGenerator 类的派生类，则下面的赋值是合法的：

　　　RandomNumberGenerator* rng;

　　　LC_RNG*　　lc_rng = new LC_RNG(123);

　　　rng = lc_rng;　　　　　　　　　//正确，赋值兼容

　　以上这两种方式的类型转换对 C++来讲非常重要，多态性就是建立在这样的前提条
件下。然而，自动类型转换(隐式类型转换)有时不能满足实际的编程需要，我们还需要
显式类型转换。C++不仅继承了 C 语言强制类型转换的语法规则，而且还给出了新式的
类型转换语法。

　　(1)　C 风格的类型转换：

　　　(type)object;　　　　　　　//将 object 表示的对象或变量转换成 type 类型的对象或变量

　　(2)　C++函数风格的类型转换：

　　　type(object);　　　　　　　//将 object 表示的对象或变量转换成 type 类型的对象或变量

　　虽然 (type)object 与 type(object)是等价的，但是后者在类型转换上是安全的，并且
它还能够确保构造函数被调用。例如：

　　　double d=99.99;

　　　int i=(int)d; // C 语言式传统的类型转换——将 double 型变量 d 中的数据转变成 int 的数据

　　　int ii=int(d); // C++语言函数风格的类型转换——将 double 型变量 d 中的数据转变成 int 的数据

　　除了上述风格的类型转换外，C++语言还向程序员提供了 4 种新的类型转换操作符，
它们分别是 static_cast、const_cast、reinterpret_cast、dynamic_cast。这些操作符使得不同
类型之间的转换更加安全，同时使程序的阅读者更加明确类型转换的目的。

　　(1)　static_cast：它通常是我们进行类型转换的首选。其类似于常用数据类型之间的
隐式转换，它也可以用于函数式的类型转换。在这些场合，我们也可以不使用 static_cast
而选择 C 风格的类型转换或者 C++函数风格的类型转换。

　　static_cast 也可用于存在继承关系的两个类之间的类型转换。任何向上类型转换都可
以使用它。当然，我们也可以使用它(因为子类可以向父类自动转换)。如果类型之间不
存在虚继承，那么它也可用于任何的向下类型转换。需要注意的是，在进行这种类型转
换时，static_cast 不做任何的检查。当待转换的类型不属于实际被转换的对象(待转换的
类型不是被转换对象所属类型的子类)时，static_cast 的转换结果是未定义的。

　　(2) const_cast：它常用于移除或者增加一个变量的 const 特性，而且在 C++中只有这
个类型转换操作符有这种能力。它与关键字 volatile 的功能有些类似。如果变量原来的值
是 const 类型，那么通过这种方式去修改它的值时，其结果是未定义的。然而，通过这
种方式去除一个非 const 类型的变量或者对象的引用时，它是安全的。

　　(3) dynamic_cast：它几乎是唯一一个被用于处理多态时的类型转换。我们可以使用

它来完成任何的向下类型转换。如果类型转换是可能的话，那么 dynamic_cast 会返回期望类型的对象。如果类型转换失败，那么它返回一个 nullptr(当期望的类型是指针时)或者抛出一个 std::bad_cast 类型的异常(当期望的类型是引用时)。当出现如下情况之一时，使用 dynamic_cast 向下转型会失败：

①　在一个继承结构中出现同一类型的多个对象且没有使用虚继承，这也被称为"钻石型"继承结构。

②　没有使用 public 继承方式而使用 private 或 protected 继承方式。

(4) reinterpret_cast：它是一种最危险的类型转换方式，使用时应该非常小心。它采用底层的按位操作模式实现两个类型数据之间的转换。它直接将一种类型转换成另外一种类型，例如，把一个 int 值转换成指针或者将指针存储在 int 变量中。由于它按照比特位来操作，因此它唯一能够保证的是，我们可以转换回原来类型的值。

3.1.9　多态性(Polymorphism)和虚函数(Virtual Function)

多态性是面向对象程序设计的一个重要特征。如果一种程序设计语言支持类而不支持多态，只能说该语言是基于对象的，而不能称为面向对象的。所谓的多态，是指在向不同的对象发送同一个消息时，不同的对象在接收到该消息后会做出不同的响应。这里的消息指的是函数调用，响应指的是函数的内部实现。在 C++ 中，多态性表现在不同功能的函数可以使用同一个函数名字，这样就可以通过一个函数名字调用不同内容的函数。在 C++ 中多态分为静态多态和动态多态。

(1) 静态多态又称为编译时多态，是指在程序编译时系统就能决定要调用哪个函数。运算符重载和函数重载就属于静态多态。

(2) 动态多态又称为运行时多态，是指在程序运行期间系统才动态地确定要调用哪个函数。在 C++ 中，动态多态是通过虚函数来实现的。所谓动态多态，就是在基类声明函数时给函数加上关键字 virtual 并不对函数做具体的实现，然后在派生类中对函数进行重写。在程序运行期间，就可以用基类的指针来指向某个派生类对象，这样使用指针调用虚函数时调用的是该指针所指向的派生类对应的函数，而不是其他派生类的函数或者基类的函数。

概括来说，虚函数的作用是允许在派生类中重新定义与基类同名的函数，并且可以通过基类指针或者引用来访问基类和派生类中的同名函数。下面给出一个虚函数引发的多态性的例子：

```
#include <iostream>              //使用 cin、cout
using namespace std;            //使用 C++标准命名空间 std
class CShape //基类
{
public:
    virtual void print()         //在基类中定义虚函数 print()
    {
        cout <<"CShape"<< endl;
    }
```

```
};
class CRectangle: public CShape          // CShape 类的派生类
{ public:
    virtual void print()                 //在派生类中重写虚函数 print()
    {
        cout <<"CRectangle."<< endl;
    }
};
class CCricle:public CShape              // CShape 类的派生类
{
public:
    virtual void print()                 //在派生类中重写虚函数 print()
    {
        cout <<"CCricle."<< endl;
    }
};
class CEllipse:public CShape             // CShape 类的派生类
{
public:
    virtual void print()                 //在派生类中重写虚函数 print()
    {
        cout <<"CEllipse."<< endl;
    }
};
void Cprint(CShape* p)                   //以指向基类的指针作为函数的参数
{
    p->print();                          //根据 p 的实际指向，执行对应的类的 print()函数
}
void CCprint(CShape& p)                  //以基类的引用作为函数参数
{
    p.print();
}
int main()
{
    CShape* pCircle = new CCricle();     //动态创建一个 CCricle 对象，并赋值给指向基类的指针
    CShape* pEllipse = new CEllipse();   //动态创建一个 CEllipse 对象，并赋值给指向基类的指针
    CRectangle Rectangle;                //创建一个 CRectangle 对象
    Cprint(pCircle);                     //输出"CCricle.", pCircle 实际指向的是 CCricle 对象
    Cprint(pEllipse);                    //输出"CEllipse.", pEllipse 实际指向的是 CEllipse 对象
```

```
    CCprint(Rectangle);      //输出"CRectangle."，Rectangle 实际是一个 CRectangle 对象
    delete pCircle;          //销毁动态创建的对象
    delete pEllipse;         //销毁动态创建的对象
    return 0;
}
```

执行程序，程序的输出结果如下：

CCricle.

CEllipse.

CRectangle.

在上面的例子中，CCricle 类、CEllipse 类和 CRectangle 类都是 CShape 类的派生类，它们之间的继承关系如图 3.4 所示。

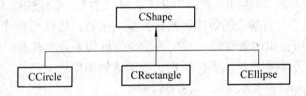

图 3.4　CCricle 类、CEllipse 类、CRectangle 类和 CShape 类之间的继承关系

从上面的例子可以看出，虽然全局函数 Cprint()分别以基类指针 pCircle 和 pEllipse 作为实参，但是程序在执行的过程中分别调用的是 CCricle 和 CEllipse 的 print()方法，而不是调用基类 CShape 的 print()方法。

同样的，从全局函数 CCprint()的执行结果可以发现，以基类的引用为函数参数同样也引发多态性。

虚函数对 C++来说非常重要，在引入虚函数并支持多态性后，C++才真正成为面向对象的程序设计语言。为了使编写的程序易使用、易扩展，各种利用 C++实现的程序库无一不使用这一技术，CryptoPP 库当然也不例外。在 CryptoPP 库的头文件 cryptilib.h 中定义了大量其他模块的基类，它们的类内部几乎都有虚函数。例如，负责分组密码数据处理的类——BlockTransformation 类，它的类定义摘要如下：

```
class BlockTransformation
{
public:
    //......
    virtual unsigned int   OptimalDataAlignment () const;
    virtual bool   IsPermutation () const ;
    virtual unsigned int   OptimalNumberOfParallelBlocks () const;
    virtual size_t   AdvancedProcessBlocks (const byte *inBlocks, const byte *xorBlocks,
        byte *outBlocks, size_t length, word32 flags) const ;
    //......
};
```

如果一个函数是虚函数，那么只要在基类的声明中加上关键字 virtual，在派生类中

无论是否加关键字 virtual，这个函数均为虚函数。例如，下面的这个类声明：

```
class CShape
{
public:
    virtual void print();                    //定义虚函数 print()
};
class CRectangle: public CShape
{
public:
    void print();                            // print()仍然是虚函数
};
```

虚函数引发的多态性，即通过基类的指针去调用派生类时会优先调用派生类的实现，这使得程序设计者通常会将基类的析构函数定义成虚函数。这样当通过基类的指针去释放(调用析构函数)它所占用的资源时，会使派生类的析构函数也被调用，这避免了内存的泄漏。下面以一个示例程序来演示虚析构函数的这种作用：

```
#include<iostream>                //使用 cin、cout
using namespace std;             //使用 C++ 标准命名空间 std
class Cshape                      //基类
{
public:
    ~CShape()                     //非虚的析构函数
    {
        cout <<"CShape 析构函数被调用"<< endl;
    }
};
class CCircle:public Cshape                   //派生类
{
public:
    ~CCircle()
    {
        cout <<"CCircle 的析构函数被调用"<< endl;
    }
};
int main()
{
    CShape* pCShape = new CCircle();          //动态创建的 CCircle 对象
    delete pCShape;                           //通过指针删除动态创建的 CCircle 对象
    return 0;
}
```

执行上面的程序，输出如下结果：

　　CShape 析构函数被调用

　　请按任意键继续...

从程序的执行结果可以发现，通过基类的指针去释放动态创建的派生类对象时，只有基类的析构函数被调用，而派生类的析构函数并没有被调用。

当把基类 CShape 的析构函数声明为虚函数时，再次执行程序，它的输出结果如下：

　　CCircle 的析构函数被调用

　　CShape 析构函数被调用

　　请按任意键继续...

由此可以看到，基类和派生类的析构函数都被调用。这就是虚析构函数的作用，它可以保证派生类的资源被正确释放。

理解了这一点，我们就明白了为什么 CryptoPP 库中许多类的析构函数前面都被加上关键字 virtual。

```
class   Exception : public std::exception      // CryptoPP 库中所有异常类的基类
{
public:
    //......
    virtual ~Exception() throw() {}            //虚析构函数
};
class   Clonable          //在 CryptoPP 库中所有继承自该类的类对象之间允许拷贝
{
public:
    //......
    virtual ~Clonable() {}                     //虚析构函数
};
class   Algorithm : public Clonable            // CryptoPP 库中所有算法的基类
{
public:
    //......
    virtual ~Algorithm() {}                    //虚析构函数
};
class   StreamTransformation : public Algorithm      // CryptoPP 库中所有流密码的基类
{
public:
    //......
    virtual ~StreamTransformation() {}         //虚析构函数
};
```

以上的代码片段均取自 CryptoPP 库的头文件 cryptlib.h。在上面的类声明中，即使 Algorithm 类和 StreamTransformation 类的析构函数不显式地声明为虚函数，系统也会因其基类 Clonable 的析构函数为虚函数而将其隐式地声明为虚函数。建议读者在以后的编程中，将那些作为基类的类的析构函数声明成虚函数，这是一个好的编程习惯。但是，永远不要把构造函数声明为虚函数。

有些 C++的初学者常常搞不清楚重写(Override)、重载(Overloading)以及隐藏(Hiding)之间的区别和联系。

(1) 重写也称为覆盖，即在子类中对继承自父类的方法进行重写，以实现不同于父类的功能。实现重写需要满足以下条件：

① 被重写的函数是虚函数。

② 被重写的函数必须与父类中的定义相同，即有相同的类型、名称和参数列表。

在本小节演示的多态性示例程序中，CCricle 类和 CRectangle 类等对 CShape 类中 print()函数的重定义就属于重写。

(2) 对于一个类而言，重载就是用同一个名字表示若干不同功能的方法，这些方法的参数形式必须不同。实现重载需要满足以下条件：

① 这些同名的方法必须位于同一个类中。

② 函数名字相同而参数的形式不同。

(3) 隐藏也称为重定义，在派生类中定义一个与父类相同的非虚成员函数，则在派生类中，基类中该名字的函数都会被自动隐藏，包括同名的虚函数。实现隐藏需要满足以下条件：

① 不在同一个作用域(分别位于基类、派生类)。

② 函数的名字必须相同，而对函数的返回值、形参列表无要求。

也就是说，重写(覆盖)作用的对象是虚函数，而重载和隐藏作用的对象是非虚函数。重载发生在一个类内的作用域中，而隐藏出现在有继承关系的基类和派生类之间。

3.1.10　纯虚函数(Pure Virtual Function)和抽象类(Abstract Class)

通常在基类中将某一成员函数定义为虚函数，并不是基类本身的要求，而是考虑到派生类的需要。常在基类中预留一个函数名字，同时不对它做具体的实现，在派生类中根据具体的需要实现它。在虚函数的声明后面加上"=0"修饰，则表明该函数是纯虚函数。CryptoPP 库的 SimpleKeyingInterface 类摘要如下：

```
class   SimpleKeyingInterface
{
public:
    //......
    virtual size_t MinKeyLength() const =0;                      //纯虚函数
    virtual size_t MaxKeyLength() const =0;                      //纯虚函数
    virtual size_t DefaultKeyLength() const =0;                  //纯虚函数
    virtual size_t GetValidKeyLength(size_t keylength) const =0; //纯虚函数
    //......
};
```

像 SimpleKeyingInterface 类这样的类，在 CryptoPP 库中还有很多。通常定义这些类的目的是用它们作为基类去建立派生类，而这些基类常常被作为接口基类。

在 C++ 中含有纯虚函数的类是不能用来定义类对象的。像这种不用来定义对象而是专门作为基类去派生子类的类被称为抽象类。在 C++ 中，凡是含有纯虚函数的类都是抽象类，把那些作为基类的抽象类也叫做抽象基类。如果一个类派生于抽象类而没有实现它的所有纯虚函数，那么该类仍然是抽象类。虽然抽象类不能用来定义对象，但是却可以用它定义指针变量，并且可以用该指针变量指向该基类派生的具体类对象，通过该指针调用虚函数，实现多态性操作。

在 CryptoPP 库中，BufferedTransformation 类就是一个抽象类。虽然不能用它来定义对象，但是却可以使用它来定义指针变量。CryptoPP 库中所有的 Input Source 类型的类、Filter 类型的类以及 Output Sink 类型的类都直接或间接地派生自 BufferedTransformation 类。这些类几乎都含有一个接受 BufferedTransformation* 类型参数的构造函数。例如，CryptoPP 库的 RandomNumberSource 类，该类定义于头文件 filters.h 中，它完整的类定义如下：

```
class   RandomNumberSource : public SourceTemplate<RandomNumberStore>
{
public:
    RandomNumberSource(RandomNumberGenerator &rng, int length, bool pumpAll,
        BufferedTransformation *attachment = NULLPTR)
        : SourceTemplate<RandomNumberStore>(attachment)
    {
    SourceInitialize(pumpAll,
        MakeParameters("RandomNumberGeneratorPointer",
        &rng)("RandomNumberStoreSize", length));
    }
};
```

在上面的类中，attachment 可以指向任何由 BufferedTransformation 类派生的子类对象。因此，遇到 BufferedTransformation * 或 BufferedTransformation& 类型的参数可用上面的子类派生的具体类对象去替换。在 CryptoPP 库中，Source 类、Filter 类及 Sink 类之间的简化继承关系如图 3.5 所示。

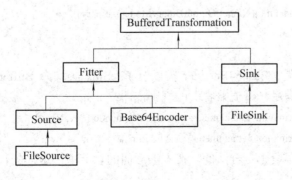

图 3.5　Source 类、Filter 类及 Sink 类之间的简化继承关系

FileSource 类、Base64Encoder 类以及 FileSink 类之间的实际关系比上述继承关系图中描述的要复杂一些，这里为了说明问题，将它们做了简化。这三种类在 CryptoPP 库中的类摘要分别如下：

```
class FileSource : public SourceTemplate<FileStore>
{
public:
    //......
    FileSource(std::istream &in, bool pumpAll, BufferedTransformation *attachment = NULLPTR)
        : SourceTemplate<FileStore>(attachment)
    {
        SourceInitialize(pumpAll, MakeParameters(Name::InputStreamPointer(), &in));
    }
};
class Base64Decoder : public BaseN_Decoder
{
public:
    //......
    Base64Decoder(BufferedTransformation *attachment = NULLPTR)
        : BaseN_Decoder(GetDecodingLookupArray(), 6, attachment)
    {
    }
};
class   FileSink : public Sink, public NotCopyable
{
public:
    //......
    FileSink(const char *filename, bool binary=true)
    {
        IsolatedInitialize(MakeParameters(Name::OutputFileName(),
                filename)(Name::OutputBinaryMode(), binary));
    }
};
```

由于 FileSource 类、Base64Encoder 类以及 FileSink 类均为 BufferedTransformation 类的派生类。因此，满足"赋值兼容"的规则，即：

```
BufferedTransformation *attachment= new Base64Encoder(/*...*/);          //正确
BufferedTransformation *attachment= new FileSink(/*...*/);               //正确
```

因此，下面的代码段也是合法的。在本书后面的章节中，这样的代码书写方式会经常出现在示例程序中：

```
FileSource fsrc("rng.cpp",true,new Base64Encoder(new FileSink(cout))); //正确，赋值兼容
```

　　以上这段代码的功能是："先将 rng.cpp 文件中的所有内容读出，并且用 Base64 编码规则进行编码。然后，把编码的结果显示在标准输出设备上"。读者此时可能会"惊叹"这段代码的神奇功能，这就是 CryptoPP 库提供的 Pipeling 范式数据处理技术。随着深入地学习 CryptoPP 库，我们会发现它强大的地方远不止于此。

3.1.11　传引用(By Reference)、传值(By Value)和传指针(By Pointer)

　　无论是用 C 语言还是 C++语言，程序设计者都不可避免地要用到函数。C 语言被认为是面向函数的语言，函数在 C++基于过程的程序设计方式中也极其重要。函数通常有参数列表，参数列表中的参数可以有多种声明形式，例如，下面的函数声明：

```
void func(string str);        //传值
void func(string& str);       //传引用，&在变量声明中表示引用
void func(string* pstr);      //传指针
```

　　在第一种形式中，形参变量对实参变量的数据传递方式是值传递。当函数被调用时，形参会复制一个实参的副本。当实参是一个较大的对象时，实参和形参之间的数据拷贝代价不容忽视，致使程序效率降低。

　　第二种形式是传引用。所谓变量的引用，就是对已存在的变量起一个别名。引用本身不占内存，和原有变量共享同一块内存。当函数被调用时，不必进行实参到形参的内容拷贝，形参变量直接指向实参所占的内存。特别是，当实参是一个大对象时，如它存储了一个大文件的内容，这种方式的参数传递效率极高：

```
string str1="Hello World"; //声明一个 string 对象 str1，str1 占用内存单元
string& str2=str1; //str2 是变量 str1 的引用，str2 不占用内存单元，str2 和 str1 共享同一内存单元
```

　　第三种形式是传指针。所谓指针，就是一个变量的地址。当发生函数调用时，实参会把自己所在内存单元的首地址传递给形参。当以这种形式进行参数传递时，只存在指针的复制而不会发生内容的拷贝。因此，参数的传递效率也很高。

　　在上面的三种函数参数传递形式中，传值和传指针本质上都是"值传递"，前者在传递的过程中会发生变量内容的拷贝，后者则发生变量地址信息的拷贝，都会引起临时变量的产生。采用传值的方式不会改变实参的值，它改变的只是实参的副本。采用传指针的方式则不能改变实参指针指向的地址，但是可以改变实参指向的内容。例如，希望通过函数(merge_list)将链表 a 和 c 合并，并在函数内部产生一个新的链表，函数返回后由最后一个参数 c 取回新产生的链表的首地址。函数 merge_list 的错误与正确的声明形式分别如下：

```
void merge_list(Lnode *a, Lnode* b, Lnode* c);        //错误
void merge_list(Lnode *a, Lnode* b, Lnode** c);       //正确
```

　　传引用不会导致临时变量的产生，也不会引起内存之间的拷贝，两者共享同一块内存空间，使用形参就像直接使用实参一样，形参的改变会引起实参的改变。例如：

```
void merge_list(Lnode *a, Lnode* b, Lnode* &c);       //正确
```

　　传引用和传指针在 C++中会被经常用到。有时会在它们前面加上关键字 const 做一些限制，const 表示常量。常量，即其值不允许被改变。这两种函数参数的 const 修饰

形式分别如下：

- void func(string& str);和 void func(const string& str);

以上如果希望函数在调用的过程中改变实参的值，则使用第一种形式，即变量的引用。如果不希望在函数调用过程中改变实参的值，而仅仅希望参数的传递不影响程序的效率，那么可以显式地在形参的声明前加上 const 限制，即使用第二种形式：

- void func(int* const p);和 void func(const int *p);

以上前者表示指向的整型常量指针，指针 p 是常量，不允许改变指针 p 的值。后者表示指向整型常量的指针，指针指向的是 const 变量，不允许通过指针 p 改变其指向的对象，但是可以改变指针变量 p 的指向。void func(int const* p)的这种声明形式与此类似。

如果希望在函数调用过程中，指针 p 和其指向的对象均不能被改变，那么可以这样声明函数：

```
void func(const int * const p);
```

3.1.12　友元函数(Friend Function)和友元类(Friend Class)

在面向对象的程序设计中，类通常起数据封装和信息隐藏的作用。类是一个独立的作用域。通常类外部的函数无法访问类内部的私有和保护成员。但是，在实际的程序设计中，有时需要突破这种限制。举例如下：

```
class CCircle
{
public:
    void print();
private:
    int x;
    int y;
    int radius;
};
void Draw(const CCircle& c)
{
    cout <<"x="<< x << endl;        //错误，试图在类外部访问类的私有数据成员
    //......
}
```

C++提供了关键字 friend，用于声明友元函数和友元类。如果一个函数或者类被声明为另一个类的友元函数或者类，那么这个函数或者类则有权访问另一个类中的私有或者保护成员。在函数或者类的声明前面加上关键字 friend，并且把声明部分放在要访问的类内部，即完成友元的声明。CryptoPP 库的 Integer 类摘要如下：

```
class   Integer : private InitializeInteger, public ASN1Object
{
public:
```

```
//......
// a_times_b_mod_c 是 Integer 类的友元函数
friend Integer   a_times_b_mod_c(const Integer &x, const Integer& y, const Integer& m);
// a_exp_b_mod_c 是 Integer 类的友元函数
friend Integer   a_exp_b_mod_c(const Integer &x, const Integer& e, const Integer& m);
friend class MontgomeryRepresentation;
// MontgomeryRepresentation 类是 Integer 类的友元类
friend class HalfMontgomeryRepresentation;
//HalfMontgomeryRepresentation 是 Integer 类的友元类
};
```

　　使用友元函数和友元类有助于进行数据共享，而且还能够提高程序运行的效率。有时候，声明为类的友元函数还是必需的。例如，对于流插入和流提取运算符的重载，只能声明为类的友元函数：

```
class   Integer : private InitializeInteger, public ASN1Object
{
public:
    //......
    //不能重载为成员函数，只能声明为类的友元函数
    friend   std::istream&   operator>>(std::istream& in, Integer &a);
    friend   std::ostream&   operator<<(std::ostream& out, const Integer &a);
};
```

　　友元在一定程度上破坏了封装性和信息隐蔽性。因此，在程序不必要的地方不使用友元。此外需要注意的是，友元的关系是单向的而不是双向的。例如，在前面的例子中，MontgomeryRepresentation 类是 Integer 类的友元，反过来则不成立。友元的关系是不能传递的，例如，类 A 是类 B 的友元，类 C 是类 B 的友元，则不能说类 A 是类 C 的友元。友元关系还不能继承，3.1.3 小节中的禁止一个类派生子类的例子就用到了友元的这一特性。

3.1.13　内存分配(Allocate)和释放(Free)

　　在程序运行过程中，几乎时时刻刻都发生着内存的分配和释放。在 C++ 中，当对象初始化时会给对象分配内存空间，在对象销毁时回收为其分配的内存空间。C++ 中对象的初始化可能发生于静态存储区、栈或堆。它们的特点如下：

　　(1) 静态存储区：在编译时为对象分配的存储空间，该存储空间在整个程序运行期间都存在。它主要存放静态数据和全局变量等，这些存储单元的分配和释放都由系统来决定。

　　(2) 栈：该区域内存空间的分配和回收都由编译器决定，在写程序的时候需要由程序设计者指定分配的空间大小。例如，函数内的局部变量就存储于栈上，这些存储单元自动被分配和释放。

　　(3) 堆：在程序运行期间的任何时候，根据需要来决定分配多少内存，在不需要的

时候释放掉该内存空间，这就是动态内存分配(Dynamic Memory Allocation)。这些存储空间何时分配和释放都由程序员来决定。

关于动态内存分配，在 C++ 中，我们应该总是使用 new 和 delete 运算符来分配和释放内存，而尽量避免使用 C 语言的 malloc()、calloc()和 free()等函数来分配和释放内存。两者的主要区别在于：

(1)　C 语言的 malloc()等函数只做简单的内存分配，而不会自动地对所分配的存储单元进行初始化——对象的构造函数没有被调用。同样的，使用 free()函数仅仅释放对象占用的存储空间，不会调用对象的析构函数。

(2)　C++ 的 new 运算符不仅会动态地分配对象所需的内存空间，而且还会自动调用对象对应的构造函数。同样的，在使用 delete 运算符释放对象所占的存储空间时，会首先调用对象的析构函数，然后释放它所占用的内存空间。在 C++ 中使用 new 和 delete 运算符动态创建和销毁对象非常简单。

① 使用 new 和 delete 运算符动态创建和撤销单个对象：

RandomNumberGenerator* prng = new LC_RNG(123456);　　　//创建一个 LC_RNG 对象

delete prng;　　　　　//销毁 prng 对象并释放占用的内存

② 使用 new 和 delete 运算符动态创建和销毁对象数组：

SecByteBlock* pByte = new SecByteBlock[256];　　　　　　//创建 SecByteBlock 对象数组

delete []pByte;　　　//销毁 pByte 数组对象并释放占用的内存

需要注意的是，创建单个对象和数组对象有所不同，创建和删除对象数组时要用到一对方括号"[]"。

3.1.14　模板(Template)

模板是泛型编程的基础，泛型编程是指以一种独立于特定数据类型的方式编写代码。C++ 的模板机制允许创建泛型的类或函数，标准库(Standard Template Library，STL)就是使用模板技术来实现的。在 C++ 中，模板机制允许用户创建函数模板(Function Template)和类模板(Class Template)。

1. 函数模板

所谓函数模板，实际上就是建立一个通用的函数，函数的返回值和函数的参数都不具体指定，用一个虚拟的类型来表示。它是对一组具有相似功能的函数的抽象。例如，定义一个求两个数最大值的函数模板：

```
template<typename T>              // typename 表示参数 T 是一个类型而非变量
T max(T a,T b)                     //求 a 和 b 之间的最大值
{
    if(a > b)
        return a;
    else
        return b;
}
```

上面的代码段完成了函数模板的定义，下面的代码会引发函数模板自动实例化：

```
float fmax = max(7.6, 8.0);        //实例化一个 float max(float a,float b);类型的函数
int imax = max(78, 90);            //实例化一个 int max(int a,int b);类型的函数
```

一个函数模板代表的是一组函数而不是一个函数，它可以根据需要产生对应的函数实例。例如，若自定义的 Point 类重载了"operator >"运算符，则下面的代码段也是正确的：

```
Point a,b;
//……
Point pmax = max(a,b);            //实例化一个 Point max(Point a,Point b);类型的函数
```

由此可以看到，定义一个函数模板类似于定义了一簇重载的函数，然而函数模板使用起来比函数重载更加方便。需要注意的是，函数模板实例化引发的重载只适用于函数体和函数参数个数相同而函数参数类型不同的情形。

在使用函数模板时，用户可以显式地指定函数被实例化的类型，例如：

```
int imax = max<int>(78,90);       //要求实例化一个 int max(int a,int b);类型的函数
```

用户也可指定一个函数模板有多个类型参数，例如：

```
template<typename T1 , typename T2>
T1 max(T1 a,T2 b);                //在此不考虑不同类型之间求最大值的逻辑合理性
```

在 C++14 中，还可以将函数模板的返回值设置成 auto，即不声明任何类型的返回值：

```
template<typename T1 , typename T2>
auto max(T1 a,T2 b);             //函数的返回值类型为 auto
```

当然，允许函数模板有默认的参数，也允许函数模板与普通的函数重载，还允许函数模板有非类型的参数、缺省参数、对函数模板进行局部特化和全局特化，从 C++11 开始，甚至还允许函数模板具有变长的模板参数。

2. 类模板

与函数模板类似，在类声明前加上关键字 template<...>，就可以声明一个类模板。如果说类是对象的抽象，对象是类的实例，那么类模板则是类的抽象，类是类模板的实例。例如，定义了一个栈结构的类模板：

```
template< typename T>
class Stack
{
public:
    void push(T const& elem);
    void pop();
private:
    std::vector<T> elems;
    //......
};
```

利用上面的类模板定义一个存储 int 类型数据的栈对象。

```
Stack<int> ss;            //实例化一个 int 类型的 Stack，并使用该类型定义一个对象
```

从 C++17 开始，在用类模板定义对象时，也可以不显式地指定模板参数的类型。下面的定义是允许的，并且与上面的定义等价：

```
Stack<int> s1;
//……
Stack s2=s1;        //正确
```

与函数模板类似，类模板也允许有多个类型参数，也允许有非类型的参数、缺省的参数、对类模板进行局部特化和全局特化的参数，甚至还允许有变长的模板参数。

C++的模板机制非常复杂，这种机制给 C++带来了强大的功能，产生了新的编程范式。现在，几乎所有的程序库都用到 C++的模板技术，甚至有的程序库全部是用模板来实现的。CryptoPP 库也大量用到函数模板和类模板。例如，头文件 misc.h 和源文件 misc.cpp 中用函数模板定义了许多有用的函数。类模板的使用在 CryptoPP 库中随处可见，它还常常用来实现一些框架。例如，采用类模板的方式实现美国国家标准与技术研究所 (National Institute of Standards and Technology，NIST) 提出的随机数发生器框架 Hash_DRBG 和 HMAC_DRBG，用类模板的方式实现分组密码的各种分组模式框架，这些模板的使用不仅让 CryptoPP 库的维护和扩展变得更加容易，也给 CryptoPP 库的使用者带来了很多便利。

3.1.15　异常处理(Exception Handling)

在编写程序的过程中，不出现错误似乎是不可能，无论我们的经验多么丰富，总会有考虑不到的情况出现，好的程序不是没有错误，而是在程序出错时能够被及时发现。程序中的错误可以分为两类：编译错误和运行错误。编译错误通常又称为语法错误，这种错误通常在编译阶段会由编译器给出报告，对于有一些编译经验的人，就能够很快发现出错的位置以及原因。运行错误是指程序可以通过编译，并且可以正常运行，但是，在有些情况下，程序不能够给出正确的运行结果，甚至不能够正常运行。

为了能够对程序运行时出现的错误以及其他的意外情况进行处理，C++引入了异常处理机制。

C++中的异常机制由三部分组成，即异常的抛出、检查以及处理，其分别由 throw、try 和 catch 这三个语句来完成。throw 语句用来在异常出现时抛出一个异常信息。try 语句用来检查是否有异常的抛出，通常把待检查的语句放在 try 语句块内。catch 语句通常用来捕捉异常信息，如果捕捉到对应的异常信息，那么就在相应的 catch 语句块内对它进行处理。例如：

```
try
{
    //可能抛出异常的代码块
    // throw type1"validate argument";
}
catch(type1 t1)
{
```

```
    //处理 type1 类型的异常
    }
catch(type2 t2)
    {
    //处理 type2 类型的异常
    }
catch(...)
    {
    //处理任何类型的异常
    }
```

在上面的异常处理代码片段中，程序运行后，会先执行 try 语句块内的代码。

如果程序在执行过程中，try 块内的语句始终没有出现异常，那么与它相关的 catch 语句也不会起作用，程序流程直接跳转至 catch 语句后面，继续执行。

如果程序在执行过程中，try 块内的语句发生异常，那么它内部的 throw 语句会抛出一个异常信息。此后，程序流程跳转出 try 语句块而进入与 catch 语句匹配的语句块内，继而进行异常的处理工作。需要注意的是，如果 catch 语句块内没有与之匹配的异常类型，那么该异常则会继续向上层函数抛出。

当 catch 语句块被执行后，程序并不会立即停止，而是继续执行 try-catch 语句块后面的语句。

上面所说的异常信息，既可以是 C++系统预定义的异常信息类型(std::exception)，也可以是用户自定义的类型。只要 throw 语句抛出的信息类型与 catch 语句的类型相匹配，catch 语句就可以捕获并处理异常信息。

在 CryptoPP 库中，所有的异常信息类型均派生于 Exception 类，而 Exception 类又派生于标准的异常信息类型 std::exception，如图 3.6 所示。Exception 类在头文件 cryptlib.h 中的完整定义如下：

```
class    Exception : public std::exception
    {
public:
    enum ErrorType {
        NOT_IMPLEMENTED,
        INVALID_ARGUMENT,
        CANNOT_FLUSH,
        DATA_INTEGRITY_CHECK_FAILED,
        INVALID_DATA_FORMAT,
        IO_ERROR,
        OTHER_ERROR
    };
```

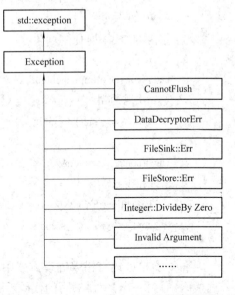

图 3.6　CryptoPP 库中部分异常类型的继承关系

```
        virtual ~Exception() throw() {}
        explicit Exception(ErrorType errorType, const std::string &s) : m_errorType(errorType), m_what(s) {}
        const char *what() const throw() {return (m_what.c_str());}
        const std::string &GetWhat() const {return m_what;}
        void SetWhat(const std::string &s) {m_what = s;}
        ErrorType GetErrorType() const {return m_errorType;}
        void SetErrorType(ErrorType errorType) {m_errorType = errorType;}
    private:
        ErrorType m_errorType;
        std::string m_what;
    };
```

在程序中，对于发生异常的地方，可以使用 throw 语句抛出一个与出错原因相关的异常类型，同时可以在构造异常类型对象时设置错误的类型与异常信息的相关描述。在捕获异常的地方，可以通过调用 GetErrorType()函数、what()函数(或 GetWhat()函数)查看错误类型与异常的相关描述。例如：

```
    try
    {   if(/*...*/)                          //设置抛出异常的原因(描述信息)
            throw Integer::DivideByZero( INVALID_ARGUMENT,"除数不能是 0");
        if(/*...*/)                          //设置抛出异常的原因(描述信息)
            throw NotImplemented(NOT_IMPLEMENTED,"该方法没有具体实现");
        //......
    }
    catch(const Integer::DivideByZero & e)
    {   //出现异常
        cout << e.what() << endl;            //查看异常原因
    }
    catch(const NotImplemented& e)
    {   //出现异常
        cout << e.what() << endl;            //查看异常原因
    }
    catch(const Exception& e)
    {   //出现异常
        Exception::ErrorType err = e.GetErrorType();
        cout << e.what() << endl;            //查看异常原因
    }
```

在传统的 C 语言错误处理方式中，函数的使用者必须在靠近出错的地方编写错误处理代码。这种方式使得书写的代码看来杂乱，甚至还会出现代码膨胀。有时还可能会出现忽略错误处理的情形，致使调试程序和寻找错误花费的时间远多于书写代码的时间。为帮助程序设计者方便地进行程序设计和调试工作，在 C++ 的发展过程中，异常处理被作为工具而由 ANSI C++标准引入。C++的异常处理具有如下的特征：

(1) 错误处理的代码与程序正常执行的代码不再混在一起。在 try 语句块内专门书写程序正常执行的代码。在 catch 语句块内主要书写错误处理代码。

(2) 不会出现错误被忽略的情况。如果程序在执行过程中出现异常，它会向上一层抛出相应的异常信息。如果该层还无法处理此异常，那么这个异常会被再次抛出，直到该异常被处理。如果程序不能捕获该异常，那么将导致程序终止。

因此，建议读者在编写程序时养成使用异常处理的好习惯。在 CryptoPP 库中，有些认证算法、加/解密算法都是通过抛出异常的方法来告知用户算法验证失败或解密失败的。

3.1.16　命名空间(Namespace)

为了使一个大型的项目顺利完成，可能需要使用由多个软件公司或组织提供的程序库组件。在这种情况下，经常会出现命名冲突的现象，这是因为不同的模块和程序库可能针对不同的对象使用相同的标识符。例如，A 和 B 公司提供的程序库中都定义了全局标识符 max_value，那么在一个项目中同时使用 A 和 B 公司的程序库就会出现问题。为了解决这个问题，ANSI C++引入了可以由用户命名的作用域，即命名空间。所谓命名空间，是指标识符的某种可见范围，它具有扩展性、开放性，可以出现在任何源代码文件中。因此，可以用命名空间来定义一些组件，并让它可散布于多个实质模块中。C++的标准程序库就是一个典型例子。C++标准程序库的所有标识符都被定义于一个名为 std 的命名空间中。CryptoPP 库中有多个命名空间，其名字和作用如表 3.3 所示。

表 3.3　CryptoPP 库中的命名空间

命名空间的名字	作　　用
Name	包含了一些数值的定义
NaCl	一个函数库，包含了一些函数的定义
Test	包含测试 CryptoPP 库的一些类
Weak	包含了一些有安全问题的算法，如 MD5
CryptoPP	CryptoPP 库的所有标识符均定义于此命名空间，包括前 4 个命名空间

在定义有名字的命名空间时，用关键字 namespace 来声明。命名空间的定义如下：

```
namespace CryptoPP
{
    //定义各种标识符
}
```

我们还可以嵌套定义命名空间。CryptoPP 库中的命名空间就是嵌套定义的。例如：

```
namespace CryptoPP
{
    namespace NaCI
    {
        //定义各种标识符
```

```
        }

    namespace Weak

    {

        //定义各种标识符

    }

}
```

上面的示例是有名字的命名空间的定义，在 C++中还可以定义无名字(或称为匿名)的命名空间。匿名空间的定义如下：

```
namespace

{

    //定义各种标识符

}
```

匿名空间中定义的变量和函数与 C 语言的 static 标识符修饰的变量和函数具有类似的作用，即在它内部定义的标识符只在本编译单元内有效。在 CryptoPP 库的有些源代码中会看到命名空间的这种用法。通常有以下三种使用命名空间中定义的标识符的方法：

(1) 直接指定标识符：

```
std::fstream infile;              //定义命名空间 std 中的 fstream 类对象

CryptoPP::Integer big_num;        //定义命名空间 CryptoPP 中的 Integer 类对象
```

(2) 使用 using declaration。例如，在以下程序片段中，先进行 using declaration 的使用声明，在后续的使用中不必再写出域修饰符号 std，而是直接使用 cout 和 endl。

```
using std::cout;                  //仅仅声明标识符 cout 对程序可见

using std::endl;                  //仅仅声明标识符 endl 对程序可见
```

于是，先前的例子可以更改如下：

```
cout << hex << 3.4 << endl;       // cout 和 cin 已经对程序可见
```

(3) 使用 using directive。如果采用 using directive 的方式使用命名空间 std，则命名空间 std 内定义的所有标识符在该声明之后都可见，就好像它们被声明为全局标识符一样。这种用法比较常见。

```
using namespace std;              //使用 C++ 标准命名空间

ostringstream ostr;               //定义 ostringstream 类对象
```

又如：

```
using namespace CryptoPP;         //使用 CryptoPP 库的命名空间

AES aes;                          //定义 AES 算法对象
```

3.2　数据结构和算法

计算机技术发展至今，其加工和处理的对象已经由纯粹的数值字符发展到图像和视频等各种具有一定结构关系的数据。在这种情形下，想要编写出出色的程序，就要科学地分析出待处理对象的特性以及它们之间的关系。数据结构就是为解决此问题而产生的一门科学，它主要研究计算机存储和组织数据的方式，灵活地掌握它是写出优秀程序的基础。数据结构不仅是一般程序的基础，而且是设计和实现编译程序、操作系统、数据库系统及其他系统程序和大型应用程序的重要基础。

通常在用计算机去解决一个具体的问题时，大致需要经过的步骤是：首先需要从具体的问题抽象出一个数学模型，然后设计一系列解决此数学模型的算法，接着根据先前的分析写出程序，最后依照抽象出来的数学模型对编写的程序进行测试直至得到理想的解决方案。这里的寻找数学模型，就是所说的数据结构。从前面描述的解决问题的思路可以得出：程序＝数据结构＋算法。这里的算法是指根据抽象出来的数据结构而设计的解决实际问题的方法步骤，可见数据结构也直接影响着后续算法的设计。

如果将程序本身比做一个人，那么数据结构就相当于这个人的骨骼和肉体，而算法则是他的思想和灵魂。人与人之间的区别本质上在于思想灵魂的不同，程序与程序之间的优劣在于它所使用的算法。优秀的算法在解决问题的时候会同时考虑时间复杂度和空间复杂度，通常根据实际的问题在两者之间做出权衡。

数据结构常常在程序设计中扮演着重要的角色。精心选择的数据结构可以带来更高的存储或者运行效率。选择了错误或不合理的数据结构不仅会降低程序执行的效率，而且还给程序的算法设计带来巨大的难度。例如，通过对问题的分析发现，需要经常插入或者删除序列中的元素，程序设计者却使用顺序存储结构的线性表来存放这些元素。又例如，在某个应用场景下，数据元素具备"先进先出"的特点，程序的开发者却选择栈结构来处理这些元素。

在 CryptoPP 库中，常用顺序存储结构的线性表(数组)来向算法输送数据或者从算法取回数据。例如，使用用户自定义的固定长度数组或动态变长数组。在 C++ 中动态申请的内存空间需要用户选择合适的时机去释放。然而，这一点却常被忽略，进而引发内存的误操作。为了解决这一问题，CryptoPP 库利用 C++ 的模板技术设计了一个专门进行动态内存管理的类模板 SecBlock，当使用它存储密钥、初始向量等信息时，用户不必考虑内存泄漏的问题。SecBlock 类模板定义于头文件 secblock.h 中，它的类摘要如下：

```cpp
template <class T, class A = AllocatorWithCleanup<T>>
class SecBlock
{
public:
    //......
    explicit SecBlock(size_type size=0): m_mark(ELEMS_MAX), m_size(size),
        m_ptr(m_alloc.allocate(size, NULLPTR)) { }
    ~SecBlock()
    {
        m_alloc.deallocate(m_ptr, STDMIN(m_size, m_mark));
    }
#ifdef __BORLANDC__
    operator T *() const
    {
```

```
                return (T*)m_ptr;
            }
        #else
            operator const void *() const
            {
                return m_ptr;
            }
            operator void *()
            {
                return m_ptr;
            }
            operator const T *() const
            {
                return m_ptr;
            }
            operator T *()
            {
                return m_ptr;
            }
        #endif
        SecBlock<T, A>& operator=(const SecBlock<T, A>&t)
        {
            Assign(t);
            return *this;
        }
        bool operator!=(const SecBlock<T, A>&t) const
        {
            return !operator==(t);
        }
        //......
    protected:
        A m_alloc;
        size_type m_mark, m_size;
        T *m_ptr;
    };
```

SecBlock 类模板给动态的、安全的内存管理提供了一种解决方案，在类对象构造时用户可以指定要分配的内存空间大小，当它的生命周期结束时，类的析构函数会自动销毁掉所分配的内存空间。由于它对多种运算符进行了重载，因此使用起来非常方便。例如，它的类对象可以自动转换为 void* 类型、T* 类型。

下面以 SecBlock 类模板最常用的 SecByteBlock 类为例，演示它的使用方法：

```cpp
#include<iostream>                    //使用 cout、cin
#include<secblock.h>                  //使用 SecByteBlock
using namespace std;                  // std 是 C++ 的命名空间
using namespace CryptoPP;             // CryptoPP 是 CryptoPP 库的命名空间
//作用：打印缓冲区 str 中的值
//参数 str：待打印输出的缓冲区首地址
//参数 length：缓冲区的长度
void Print(byte* str, size_t length);
int main()
{    SecByteBlock buf1(100);   //定义一个 SecByteBlock 对象，并分配 100 个字节的存储空间
     //将字符串"I like Cryptography"拷贝至 buf1 对象
     //SecByteBlock 对象可以向 void*自动转换：operator void *()
     memcpy(buf1,"I like Cryptography",strlen("I like Cryptography"));
     //调用 resize()函数重新分配内存大小
     buf1.resize(strlen("I like Cryptography")); //内存长度由 100 个字节变为 19 个字节
     cout <<"buf1=" ;
     //SecByteBlock 对象可以向 byte*自动转换：operator T *()
     Print(buf1,buf1.size());              //打印 buf1
     //调用拷贝构造函数，完成对象之间数据的拷贝
     SecByteBlock buf2(buf1);   //定义一个 SecByteBlock 对象，并将 buf1 对象的内容复制至 buf2
     cout <<"buf2=" ;
     Print(buf2,buf2.size());              //打印 buf2
     if(buf1 == buf2)
     {   //重载运算符==：bool operator==(const SecBlock<T, A>&t) const
         cout <<"buf1 == buf2"<< endl;
     }
     SecByteBlock buf3;                    //定义一个 SecByteBlock 对象
     buf3=buf2;        //重载运算符=：SecBlock<T, A>& operator=(const SecBlock<T, A>&t)
     cout <<"buf3=" ;
     Print(buf3,buf3.size());              //打印 buf3
     SecByteBlock buf4;                    //定义一个 SecByteBlock 对象
     buf4 = buf1+buf2+buf3;    //重载运算符+：SecBlock<T, A> operator+(const SecBlock<T, A>&t)
     cout <<"buf4=" ;
     Print(buf4,buf4.size());              //打印 buf4
     SecByteBlock buf5;                    //定义一个 SecByteBlock 对象
     buf5.Assign(10,'V');     //给 buf5 分配 10 个字节的存储空间，每个存储单元的值均为'V'
     cout <<"buf5=" ;
     Print(buf5,buf5.size());              //打印 buf5
```

```
        return 0;
    }
    void Print(byte* str,size_t length)
    {   //将缓冲区 str 指向的长度为 length 的数据以字符的形式输出
        for(size_t i=0;i < length;++i)
        {
            cout << (char)str[i];                    //强制类型转换后打印输出
        }
        cout << endl;
    }
```

执行程序，程序的输出结果如下：

buf1=I like Cryptography

buf2=I like Cryptography

buf1 == buf2

buf3=I like Cryptography

buf4=I like CryptographyI like CryptographyI like Cryptography

buf5=VVVVVVVVV

请按任意键继续...

SecByteBlock 类实现了安全的内存分配和回收。但是，它以 byte(字节)类型数据作为内存管理的单位。读者还可以使用 SecWordBlock 类，实现 word 类型数据的自动内存管理。SecByteBlock 类和 SecWordBlock 类实际上分别是 SecBlock 类模板的 byte 和 word 类型数据实例的别名，它在头文件 secblock.h 中的定义如下：

```
        typedef SecBlock<byte> SecByteBlock;
        typedef SecBlock<word> SecWordBlock;
```

SecBlock 类模板的出现解决了固定内存分配对内存的浪费和动态内存分配可能导致的内存泄漏问题。然而，在使用 Pipeling 范式技术进行数据处理时，可能需要一个较大的内存空间，如存储一个文件中的数据。为了更高效地使用系统有限的存储空间，CryptoPP 库构造了一种特殊的数据存储结构 ByteQueue 类，它和 ByteQueueNode 类共同协作完成了数据的存储。前者作为数据的"拥有者"，后者则充当数据的"真实"存储者。在程序中，一个 ByteQueue 对象可能由多个 ByteQueueNode 对象组成。当程序直接从 ByteQueue 对象存取数据时，ByteQueue 对象则依次从它拥有的 ByteQueueNode 对象中存取数据。ByteQueue 对象不能够存储数据，但是它可以"管理和操作"若干个能够存储数据的 ByteQueueNode 对象。当用户使用 ByteQueue 对象操作数据时，它会将数据存取任务委托给 ByteQueueNode 对象，进而实现应用程序存取数据的功能。这两个类分别定义于头文件 queue.h 和 queue.cpp 中。

ByteQueueNode 的类摘要如下：

```
        class ByteQueueNode
        {
        public:
```

```
    ByteQueueNode(size_t maxSize) : buf(maxSize)
    {
        m_head = m_tail = 0;
        next = NULLPTR;
    }
    size_t MaxSize() const {return buf.size();}
    size_t CurrentSize() const ;
    bool UsedUp() const ;
    //......
    size_t TransferTo(BufferedTransformation &target, lword transferMax, const std::string
&channel = DEFAULT_CHANNEL);
    size_t Skip(size_t skipMax);
    byte operator[](size_t i) const ;
    SecByteBlock buf;
    ByteQueueNode *next;
    size_t m_head, m_tail;
};
```

对上述类摘要做进一步的简化，如下所示：

```
    class ByteQueueNode
    {
    public:
    //......
    SecByteBlock buf;
    ByteQueueNode *next;
    size_t m_head, m_tail;
};
```

由此可以看出，ByteQueueNode 类实质上就是一个链表节点的定义，由它组成的单链表如图 3.7 所示。ByteQueueNode 类摘要的最后三行表示该节点的当前状态。节点中的 buf 数据域是数据的存储区，它本质上是一个可变长度的线性表。节点中的 next 数据域是一个指向下一个节点的指针。节点中的 m_head 和 m_tail 变量表示当前节点 buf 数据域中数据的使用情况。

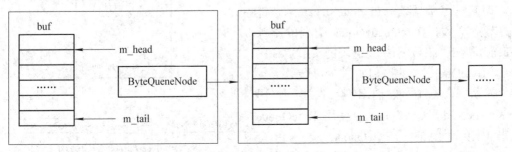

图 3.7　以 ByteQueueNode 类为节点的单链表

　　因为链表中的数据域是一个 SecByteBlock 类对象(buf 数据域)，所以由 ByteQueueNode 节点组成的链表中的每个节点又是一个具有可变长度的、顺序存储结构的线性表，由此可见，这种链表的数据存储方式非常灵活。ByteQueue 类的摘要如下：

```
class ByteQueue : public Bufferless<BufferedTransformation>
{
public:
    ByteQueue(size_t nodeSize = 0);
    ByteQueue(const ByteQueue &copy);
    ~ByteQueue();
    //......
    //......
private:
    void CleanupUsedNodes();
    void CopyFrom(const ByteQueue &copy);
    void Destroy();
    bool m_autoNodeSize;
    size_t m_nodeSize;
    ByteQueueNode *m_head, *m_tail;
    byte *m_lazyString;
    size_t m_lazyLength;
    bool m_lazyStringModifiable;
};
```

对上述类摘要做进一步的简化，如下所示：

```
class ByteQueue
{   //......
private:
    size_t m_nodeSize;
    ByteQueueNode *m_head, *m_tail;
};
```

　　由此可以看出，ByteQueue 类实际上就是一个单链表，其数据成员 m_nodeSize 表示该链表的节点个数，ByteQueueNode 类型的指针 m_head 和 m_tail 分别指向链表的头节点和尾节点。ByteQueue 类的结构如图 3.8 所示。

　　在程序中，我们不会直接使用 ByteQueueNode 类，而是通过使用 ByteQueue 类来间接使用它。ByteQueue 类继承自 BufferedTransformation 类，关于该类的使用方

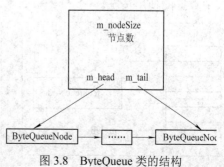

图 3.8　ByteQueue 类的结构

法，详见第 4 章 4.4 节的相关内容。

CryptoPP 库中含有大量的算法，这些算法涉及数论、密码学、数据编码、数据压缩以及常用的代数结构等。CryptoPP 库作为一个开源的、广泛被学术界以及商业项目和非商业项目使用的程序库，其中包含的算法公认是较好的，数据存储结构的设计也被认为是恰当的。读者在使用 CryptoPP 库时，若发现某个算法设计得不够好，则可以向库的维护者报告此类问题。

3.3　面向对象的程序设计原则和设计模式

19 世纪 60 年代，结构化程序设计思想诞生，C 语言等编程语言就极力提倡这种结构化程序设计方法。结构化程序设计确实使程序的设计变得容易，对于编写小规模的程序，程序员使用 C 语言可以得心应手。然而，当软件达到一定规模的时候，结构化程序设计的弱点则暴露无遗。在此背景下，人们提出了面向对象的程序设计方法。

人们在使用面向对象的程序设计语言的过程中，积累了一些程序设计的经验，总结出了一些设计原则。使用这些经验和原则可以设计出灵活、优雅、复用性更好的系统。在进行面向对象的程序设计中，常遵循以下几个原则：

(1) 单一职责原则(Single Responsibility Principle)：就一个类而言，应该仅有一个引起它变化的原因。事实上，软件设计的主要内容是发现职责并把这些职责相互分离。如果一个类承担的职责过多，就等于把这些职责耦合在一起了。一个职责的变化可能会削弱或者抑制这个类完成其他职责的能力。这种耦合会导致设计的系统很脆弱，当发生变化时，整个系统可能会遭受意想不到的破坏。

对于某个密码学原语而言，CryptoPP 库中包含许多与之相关的类，这些类通常结构清晰、层次分明、功能单一，它们处于不同的继承层次，具有不同的功能，对外提供不同的接口。例如，从程序设计语言的角度考虑，消息认证码既具有 Hash 函数计算 Hash 值的类似特征，又具有对称密码算法设置密钥的需求。因此，在 CryptoPP 库中让消息认证码的接口类 MessageAuthenticationCode 以多重继承的方式派生于两个职责单一的类——HashTransformation 类和 SimpleKeyingInterface 类，前者主要提供计算消息认证码的功能，后者主要提供设置密钥的接口。

(2) 开放封闭原则(Open-close Principle)：软件系统应该是可以扩展的，但不允许修改。如果正确地应用了这一原则，那么当需要对系统进行重构时，只需要添加新的代码即可，而不必改动已有的正常代码。例如，当需要对模块进行扩展的时候，不必对原有程序的代码和 DLL 进行修改或重新编译。在 C++ 中，该机制主要是通过抽象和多态来实现的。

CryptoPP 库的设计满足这一原则，它内部的各个模块既相互联系又相互独立。例如，当去掉 Socket 网络模块时，对其他模块没有任何影响。当向程序库添加新的算法时，不需要修改任何已存在的代码，仅需要按照此类算法在库中的继承范式实现新的算法即可。同时，不需要修改任何使用该类算法的已存在模块，新添加的算法会自动与它们"兼容"。

(3) Liskov 替换原则(Liskov Substitution Principle)：子类型必须能够替换它们的基类型。也就是说，任何父类型出现的地方都可以用子类型来替换。Liskov 替换原则是开放封闭原则的基础。如果在实际的程序设计中很好地遵循了这一原则，那么开发出的应用程序就有更好的可重用性、健壮性以及可维护性。

CryptoPP 库中一些以另一族算法为参数的框架(如模块、函数)就遵循这一原则。一个典型的例子就是，在 Pipeling 范式数据处理机制中设计的 Filter 类算法，每个类型的算法(密码学或非密码学)对应的 Filter 类都以该类型算法的接口基类为构造函数的参数，这使得可以用该类型的任何算法对象替换 Filter 类构造函数中的这个参数。这是一族同类型的算法可以利用同一个 Filter 类在数据链中处理数据流的"秘诀"。

(4) 依赖倒置原则(Dependency Inversion Principle)：高层模块不应该依赖于低层模块，二者都应该依赖于抽象。抽象不应该依赖于细节，细节应该依赖于抽象。在传统的结构化程序设计中，通常最上层的模块需要依赖下层的子模块来实现，也即高层依赖于低层。然而，在面向对象的程序设计中则刚好相反。如果低层模块依赖于高层模块，那么高层模块就非常容易被重用。该原则也是程序库或框架设计的核心原则。这一原则对于编写更有弹性的、容易维护的代码也极其重要。

CryptoPP 库的许多模块(算法)都依赖另一族算法。例如，一些消息认证码算法和随机数发生器算法、数字签名算法、基于口令的密钥派生函数都依赖于 Hash 函数算法。但是，它们并不是依赖于具体的 Hash 函数算法，而是依赖于 Hash 函数算法共同的抽象类——HashTransformation 类。

(5) 接口隔离原则(Interface Segregation Principle)：不应该强迫客户程序依赖于其不使用的方法。如果客户程序依赖于其不使用的方法，那么客户程序就面临着由于这些未使用方法的变动而带来的改变。这可能导致客户程序之间的耦合。也就是说，如果一个客户程序依赖于一个它不使用的方法的类，然而其他程序却要使用该方法，那么当其他客户要求这个类改变时，就会影响到这个客户程序。

符合这一原则的实例遍布 CryptoPP 库，它要求我们在实际的程序设计中应该使一个类对另一个类的依赖建立在最小的接口上。

为了让这些成功的软件设计方案帮助更多的程序设计者，人们将这些设计经验以设计模式的形式记录了下来。设计模式集中体现了对这些程序设计原则的遵循，它使得人们可以更加简单、方便地复用成功的设计方法和系统结构。设计模式描述了特定场景下解决一般设计问题的类和相互通信的对象。一个设计模式命名、抽象和确定了一个通用设计结构的主要方面，它描述了问题、解决方案和在什么条件下使用该解决方案以及使用该解决方案可以达到什么样的效果。这些设计结构可以被用于可复用的面向对象程序设计。需要注意的是，这里所说的设计模式是建立在面向对象的程序设计基础之上的。

通用的设计模式大致有 20 多种，它们被分为以下三类。

3.3.1　创建型模式(Creational Pattern)

在面向对象的程序设计中，随着系统的不断演化，整个系统会越来越依赖于对象复合而不是类的继承，创建型模式就变得极为重要。在这种情况下，就不得不将一组固定行为的编码转变为一个较小的基本行为集，以适应各种变化。创建型模式会隐藏类的实例化过程，将对象创建具体的动作进行封装，使得对象的创建可以独立于系统的其他部分。

(1) 抽象工厂(Abstract Factory)模式：提供一个创建一系列相关或相互依赖对象的接口，不需要指定它们具体的类。抽象工厂模式把对象的创建封装在一个类中，这个类的主要职责就是生产各种对象，通过派生子类的方式抽象工厂可以产生不同系列的对象。

(2) 生成器(Builder)模式：将一个复杂对象的构建与它的表示分离，使得同样的构建过程可以创建不同的表示。与抽象工厂一次性地创建出产品的方式不同，生成器模式是一步步地建造出对象的。

(3) 工厂方法(Factory Method)模式：定义一个用于创建对象的接口，让子类决定实例化哪一个类，该方法使一个类的实例化延迟到了子类。工厂方法模式把对象的创建封装在一个方法中，子类可以改变工厂方法的生产行为进而产生不同的对象，它可以是一个类、函数或框架。

(4) 原型(Prototype)模式：使类的实例通过拷贝的方式创建对象，新创建的对象与原对象相同或相似。它主要通过为类提供一个成员函数 clone()来实现。

(5) 单件(Singleton)模式：保证仅产生一个类的实例，并为它提供一个全局访问点。该模式的目的是用于防止创建某个类的多个实例。

3.3.2 结构型模式(Structural Pattern)

结构型模式涉及如何组合类或对象以获得更大、功能更强的类或者对象。结构型模式主要通过继承机制组合类的接口或实现。它主要通过对一些对象进行组合从而实现新的功能，可以在运行时改变对象的组合关系，所以对象组合相比于静态的类组合具有更大的灵活性。

(1) 适配器(Adapter)模式：把一个类的接口转换为客户希望的另外一种接口。该模式使得原本因为不兼容而不能在一起工作的类可以在一起工作。

(2) 桥接(Bridge)模式：将类的抽象与实现进行分离，使得它们可以独立地变化且互不影响。通常情况下接口是稳定的，桥接模式主要解决实现的变化问题。

(3) 组合(Composite)模式：将对象组合成树形的层次结构，使得用户对单个对象和组合对象的使用具有一致性。用户可以将多个简单的组件进行组合以形成较大的组件，这些组件又可以组合成更大的组件。由于这些组件具有相同的接口，因而它们的用法完全一致。

(4) 装饰(Decorator)模式：动态地给一个对象添加一些额外的职责。装饰模式可以动态地、透明地给对象添加职责，这种方式比派生子类具有更好的灵活性。

(5) 外观(Facade)模式：为子系统中的一组接口提供一致的界面，外观模式定义了一个高层接口，这个接口使得这一子系统更加容易使用。外观模式的一种实现形式就是包装，然而它不是包装一个对象而是包装一组对象，它使得子系统间的通信和相互依赖关系达到最小。外观模式对于懂得如何使用低层功能的人来说，它并不隐藏这些功能。

(6) 享元(Flyweight)模式：使用共享技术来支持大量的细粒度对象。享元模式将对象的内部状态和外部状态进行分离，内部状态可以通过共享得到，外部状态由具体的使用场景决定。

(7) 代理(Proxy)模式：为其他对象提供一种代理以控制对这个对象的访问。代理模式的主要目的不是改变接口、增加职责，而是要控制对象，防止对象被程序其他部分直接访问，只有通过代理才能与被控制的对象通信。

3.3.3 行为型模式(Behavioral Pattern)

行为型模式涉及算法和对象间职责的分配，它主要描述对象之间的通信。行为型模式刻画了在运行时难以跟踪的、复杂的控制流，它更加关注对象之间的联系方式。行为型模式使用继承的机制在类间分派行为。行为对象模式则使用对象复合的方式，这些模式描述了一组对等的对象如何相互协作完成单独的任何一个对象无法完成的工作。

(1) 职责链(Chain of Responsibility)模式：使多个对象都有机会处理请求，从而避免请求的发送者和接收者之间的耦合关系。将这些对象连成一条链，并沿着这条链传递该请求，直到有一个对象处理它为止。职责链模式将请求的发送者和接收者进行解耦，而且职责链中的对象可以动态的增减，使得请求的处理更加灵活。

(2) 命令(Command)模式：将一个请求封装成一个对象，使得请求能够存储更多的信息且具有更强能力。命令模式将请求的发送者和接收者解耦，使得命令的发送者不必关心命令将以何种方式被处理。

(3) 解释器(Interpreter)模式：给定一个语言，定义其文法的一种表示，并且定义一个解释器，这个解释器使用该表示来解释语言中的句子。解释器模式与组合模式很类似，通常还利用组合模式来实现语法树的构建。

(4) 迭代器(Iterator)模式：提供一种顺序访问聚合对象中各个元素的方法，而又不暴露该对象的内部表示。迭代器模式在 STL 中被广泛使用，用迭代器可以方便地访问容器中的元素。

(5) 中介者(Mediator)模式：用一个中介对象来封装一系列的对象交互。中介者使各对象不需要相互显式地引用，从而使其耦合松散。中介者模式在大量需要相互通信的系统中可以有效地降低系统的通信复杂度。

(6) 备忘录(Memento)模式：在不破坏封装的前提下，捕获一个对象的内部状态并在该对象之外保存这个状态，在以后需要的时候可以随时将该对象恢复到原来的状态。

(7) 观察者(Observer)模式：定义对象间一种多对一的依赖关系，当一个对象的状态发生改变时，所有依赖于它的对象都得到通知并被自动更新。观察者模式将观察者和被观察的目标解耦，一个目标可以有任意多的观察者，一个观察者也可以观察任意多个目标，而观察者之间则彼此不知道对方的存在。

(8) 状态(State)模式：允许一个对象在内部状态改变时改变它的行为。通常使用分支语句判断在当前状态下要执行的功能，当对象有许多状态时，这些分支结构会使程序变得难以理解和维护。状态模式消除了分支语句，用子类表示状态。由于每个子类处理一种状态，使得状态的转换变得清晰明了。

(9) 策略(Strategy)模式：定义一系列的算法，把它们一个个地封装起来，并且使它们可相互替换。策略模式与装饰模式功能很相近，所不同的是策略模式改变的是类的内在行为，而装饰模式改变的是类的行为外观。

(10) 模板方法(Template Method)模式：在父类中定义一个操作算法的骨架，但是在父类中不给出实现，具体的实现则留给子类。模板方法模式常见的用法就是"钩子操作"，这些"钩子操作"被父类中的公开方法调用，子类通过实现不同的"钩子操作"来达到扩展父类行为的目的。许多框架都会使用模板方法定义基本的操作步骤，用户只需要补充添加少量的代码就可以使用框架的全部功能。

(11) 访问者(Visitor)模式：将类的内部元素与访问它的操作进行分离，它使我们可以在不改变类的前提下定义作用于这些元素的新操作。访问者模式把数据的存储与使用进行了分离，不同的访问者可以集中不同类别的操作，而且还允许增加新的访问者来增加新的操作。

3.3.4　其他模式(Other Pattern)

(1) 空对象(Null Object)模式：用于取代 NULL 对象实例的检查。空对象不是检查空值，而是表示不做出任何的动作，它常在数据不可用的条件下提供一种默认的行为。空对象模式可以认为是对空指针的扩展，它使所有的对象都具有一致的、可理解的行为。

(2) 包装外观(Wrapper Facade)模式：将底层的 API 进行包装，给用户提供一个统一的、容易使用的接口。包装外观模式实现对系统底层细节的隐藏，简化并统一了调用接口，使得系统不受平台变化的影响，增强了可移植性。

(3) 资源获得即初始化(Resource Acquisition Is Initialization)模式：绑定一个对象的生命周期到另一个合适的对象上，确保资源在合适的时机被释放掉。它常常被简记为 RAII。

随着软件技术的发展，新的模式不断涌现。在这里只主要介绍了一些常用的、经典的设计模式。在实际的程序设计中，这些模式常常被交织在一起使用，它们的界限不再分明。

CryptoPP 库在设计的过程中就用到各种各样的设计模式。例如，CryptoPP 库的头文件 misc.h 中的 Singleton 类就是单件模式的一个例子，该类用于在多线程环境下安全地初始化一个静态对象，小素数表的创建也用到单例模式(在程序运行的过程中，只需要一个这样的实例)。而在头文件 factory.h 中有工厂模式的使用，这些类或函数用于产生一些特定的对象。又例如，头文件 smartptr.h 中的几种智能指针就应用了代理模式，它们对原始指针进行包装，外界只能通过智能指针来访问被控制的对象，该头文件中还定义了 simple_ptr 类，这个类就是用来实现 RAII 的。

在 CryptoPP 库中，我们还可以看到模板模式、包装外观模式和原型模式的实例。在一些抽象类中，它们的成员函数实现范式就涉及模板模式的思想。例如，Hash 函数 HashTransformation 类中的 CalculateDigest()、Verify()等成员函数的实现用到的就是模板方式模式。为了在不同的平台上向用户提供一致的网络编程接口，CryptoPP 库分别对 Windows Socket 和 Unix Berkeley Sockets 进行封装并对外提供一致的接口。这类似于包装外观模式，它使实现的系统具有可移植性。与通常实现原型模式的方式类似，CryptoPP 库的一些类也提供了成员函数 Clone ()。

CryptoPP 库中的 Pipeling 范式数据处理技术思想则涉及多种模式。它使用了

Source 类、Filter 类和 Sink 类的概念，并允许将它们连接成一条链，让数据可以沿着这条链来传递，这类似于装饰模式，而大多数的 Filter 类则使用了策略模式的思想。例如，RandomNumberSource 类可以持有任何具体类型的随机数发生器对象并以它为数据生成源，HashFilter 类也可以持有任何具体类型的 Hash 函数算法对象并以它为数据的处理者。Sink 类和 Source 类则蕴含了代理模式的思想，通过它们才可以操作真实的 Sink 和 Source 对象。在 ChannelSwitch 机制中，它允许一条链分叉成多条链，作用于 Source 类的任何操作会同时影响每条链上的 Filter 类和链末端的 Sink 类，这又类似于观察者模式。

3.4　小　　结

　　本章主要介绍了程序设计方面相关的知识，既包含基本的 C++ 知识，又包括较难的面向对象设计模式。本章并没有详细讲解 C++ 的基本语法和概念，而是从宏观的角度入手带领读者回顾了 C++ 语言的主要特性。了解这些特性是熟练使用 CryptoPP 库的前提。只有走出了这一步，才有可能理解 CryptoPP 库是如何构建的。

　　面向对象的语言具有三大特性，即继承、封装和多态，它们带来了新的、与面向过程不同的编程思维和编程原则。面向对象的设计模式就是在编程的过程中对这些原则遵循的具体实践。CryptoPP 库就是利用面向对象的这些特性而设计成的程序库，它具有易扩展、易使用、易维护的特点，它的各个模块之间既相互独立，又巧妙地被联系在一起。

　　C++ 语言是一门复杂的程序设计语言，从使用 CryptoPP 库的角度来说，我们需要了解多态特性和模板技术等，即可在本书示例程序的帮助下熟练使用 CryptoPP 库。这里对模板的要求仅限于我们有过使用 STL 容器定义容器对象的经历。面向对象的设计模式比较难于理解和使用，但是不了解这些复杂难懂的设计规则也不影响我们使用 CryptoPP 库。精通 C++ 和设计模式等知识是少数库的维护者或开发者才应该具备的能力。从下一章开始，我们将带领读者逐渐了解并使用 CryptoPP 库。

第 4 章　初识 CryptoPP 库

虽然我们在第 3 章已经复习回顾了基本的程序设计知识，然而当读者看到 CryptoPP 库的源代码包和帮助文档时，可能还是一头雾水。CryptoPP 库的源代码包含 350 个左右的头文件和源文件，其帮助文档由 3000 多个 html 文件组成，有些头文件和源文件中的代码和注释加起来更是多达数千行。Open Hub[①]上对 CryptoPP 库的最新分析显示，其代码量已经达到 114 680 行。因此，刚开始不知从何处去了解这个庞然大物也在情理之中。本章将带读者逐步了解并尝试使用 CryptoPP 库。

4.1　使用帮助文档

在按照第 2 章的描述安装配置 CryptoPP 库后，就可以像使用 C/C++预定义的头文件那样使用 CryptoPP 库的头文件来编写程序。例如，使用#include 指令把大整数类所在的头文件 integer.h 包含进源代码文件，之后就可以像使用预定义的数据类型那样使用 Integer 类。

```
#include<iostream>            //使用 cout、cin
#include<integer.h>           //使用 Integer
using namespace std;          // std 是 C++ 的命名空间
using namespace CryptoPP;     // CryptoPP 是 CryptoPP 库的命名空间
int main()
{
    Integer big_number("1234567890987654321");
    cout <<"big_number="<< big_number << endl;
    return 0;
}
```

执行程序，程序的输出结果如下：

```
big_number=1234567890987654321.
请按任意键继续...
```

与其他的开源程序库和软件开发包(Software Development Kit，SDK)一样，CryptoPP 库也向用户提供了相应的帮助文档。CryptoPP 库的官方网站有在线帮助文档[②]，用户也

---

① 见 https://www.openhub.net/p/3522/analyses/latest/languages_summary。

② 见 https://www.cryptopp.com/docs/ref/。

可下载该帮助文档以供在离线状态下使用，在帮助文档主页的最下方可以看到"Click here to download a zip archive containing this manual"，点击"here"按钮，即可下载当前最新版本的帮助文档。

　　CryptoPP 库在线帮助文档的主页如图 4.1 所示。其最上面显示了当前帮助文档的版本——Crypto ++ 7.0。在帮助文档的左上部有 4 个菜单项，依次是 Main Page、Namespace、Classes 以及 Files。

　　(1) Main Page：帮助文档的主页。

　　(2) Namespace：可以查看程序库包含的命名空间，也可以命名空间为筛选条件查看某个命名空间包含的相关内容。

　　(3) Classes：可以以多种筛选方式查看程序库包含的类。

　　(4) Files：可以以多种筛选方式查看程序库包含的源文件和头文件。

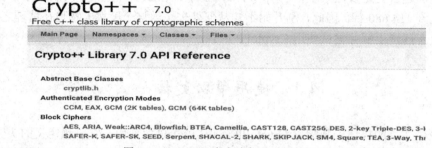

图 4.1　CryptoPP 库在线帮助文档的主页

　　帮助文档的主页罗列了程序库包含的主要算法(或类)，从上到下依次为消息认证模式、分组密码、流密码、Hash 函数、非密码的校验和、消息认证码、随机数发生器、密钥派生和基于口令的密码、公钥加密系统、数字签名方案、密钥协商、代数结构、秘密共享与信息传播、压缩(或解压缩)、输入源(Source)类、输出槽(Sink)类、过滤器(Filter)的封装、二进制到文本的编码与解码以及对操作系统特性的封装。

　　那么如何知道 Integer 类就是 CryptoPP 库构造的大整数类，又如何找到它所在的头文件 integer.h 呢？点击"代数结构"下的"Integer"子条目，随后会跳转至 Integer 类的说明页面。该页面包含所有和 Integer 类有关的说明，包括该类的作用、成员函数功能及其参数的详细描述等(如图 4.2 所示)。在页面的底部可以看到该类的定义和实现分别所在的头文件和源文件(如图 4.3 所示)，它们分别位于头文件 integer.h 和 integer.cpp 中。

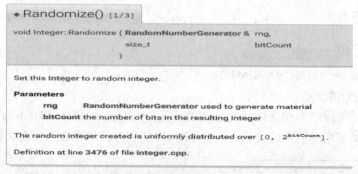

图 4.2　Integer 类成员函数 Randomize()的功能及其参数说明

The documentation for this class was generated from the following files:

- **integer.h**
- **integer.cpp**

图 4.3　在页面底部可以看到 Integer 类所在的头文件和源文件

在 Integer 类说明的左上角可以看到一行英文提示："Inheritance diagram for Integer:"，点击它即可展开并查看 Integer 类的继承范式，如图 4.4 所示。在使用 CryptoPP 库时，我们常通过查看某个类在 CryptoPP 库中的继承关系来了解这个类在程序库中的作用和地位。

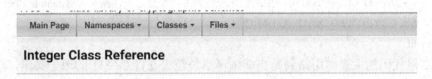

Multiple precision integer with arithmetic operations.More

Inheritance diagram for Integer:

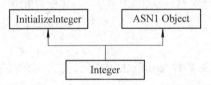

图 4.4　Integer 类的在 CryptoPP 库中的继承范式

CryptoPP 库的帮助文档使用起来很简单。由于帮助文档没有中文版本，这就要求读者必须具备一定的英文阅读能力。对每一个使用者来说，能够熟练地从帮助文档中查找到所需的知识是必需的。

4.2　CryptoPP 库的源代码文件

CryptoPP 库的源代码由约 350 个的头文件和源文件组成，通常在类的头文件里面放的是类定义或函数的声明，而源文件里面放的则是类的实现或函数的定义部分。一般来说，每个 .cpp 文件都有一个与之对应的、同名的 .h 文件，这两种文件在一起共同实现了某一功能。例如，base64.h 和 base64.cpp 共同实现了 Base64 编码这一功能。然而，有些 .h 文件则是独立存在的。下面对库中的几个重要的头文件进行说明。

（1）pch.h：pch 即 "Precompiled Header File" 的缩写，中文译为预编译头文件。使用预编译头文件的目的是避免代码被重复编译，进而加快编译速度，减少编译程序花费的时间。

（2）stdcpp.h：该文件包含了一些 C++ 公共的头文件，如 string、exception、algorithm

等。然而，对于某些 C++ 的头文件，则需要进行平台判断。例如，在编译平台支持 C++ 11 的情况下才可以使用头文件 atomic。对编译平台的判断需要用到程序库提供的配置文件 config.h。

(3) config.h：程序库配置文件。打开该文件后，可以看到文件中定义了大量的宏，整个文件中到处都是预处理指令。这样的头文件在所有的跨平台程序库中都会出现，它的主要作用是操作系统平台判断、编译器类型判断、编译平台所支持的数据类型和特性判断等。在头文件 config.h 中可以看到如下的代码段：

```
// C++ 11 或 C++ 14 是否可用
#if defined(CRYPTOPP_CXX11)
#if (CRYPTOPP_MSC_VERSION >= 1700) || __has_feature(cxx_atomic) || \
    (__INTEL_COMPILER >= 1300) || (CRYPTOPP_GCC_VERSION >= 40400) || \
    (__SUNPRO_CC >= 0x5140) //如果编译平台为上述平台之一，则头文件 atomic 可用
# define CRYPTOPP_CXX11_ATOMICS 1          // 头文件 atomic 可用
#endif
```

上面这段代码的主要作用是判断当前编译系统是否支持 C++11 的原子操作，若目标平台支持 C++11，则定义宏 CRYPTOPP_CXX11_ATOMICS 并将它的值设为 1，它表示用户可以在程序中使用 atomic 头文件。在头文件 stdcpp.h 中可以看到如下的代码段：

```
#if defined(CRYPTOPP_CXX11_ATOMICS)          // C++11 的头文件 atomic 可用
#include <atomic>                            //在 stdcpp.h 文件中包含该文件
#endif
```

上述这段代码表示根据头文件 config.h 中定义的宏 CRYPTOPP_CXX11_ATOMICS 的值来决定是否在 stdcpp.h 文件中包含头文件 atomic。这些判断对于支持多平台的程序库来说是至关重要的。CryptoPP 库的使用者可能来自 Windows 系统，也可能来自 Linux 系统，也可能来自其他系统平台。在 Windows 系统上，用户使用的可能是 VS2008，也可能使用的是 VS2015，还有可能使用的是 VS2017。当使用 VS2008 时，头文件 config.h 中的 CRYPTOPP_CXX11_ATOMICS 宏就无法被定义，这样在使用 stdcpp.h 时就会忽略执行 #include <atomic> 这行代码，而在 VS2015 和 VS2017 中 CRYPTOPP_CXX11_ATOMICS 宏则会被自动定义。如果不加这样的判断而直接使用 #include <atomic>，则用户在不支持该特性的平台下使用该程序库就会出现编译报错。如果直接忽略使用头文件 atomic，则库的维护者在开发该库时会错失很多新的、强大的 C++ 特性。

在头文件 config.h 中还常看到如下的代码段，这些代码通常被嵌套定义在 #if、#else、#endif 等之间，它的主要作用是为不同平台定义的相同意义的数据类型起一个统一的名字。

```
typedef word32 hword;
typedef word64 word;
typedef __uint128_t dword;
typedef __uint128_t word128;
```

在阅读库的源代码时，会看到许多新的数据类型，它们其实是常用的数据类型的

别名。

(4) smartptr.h：该文件定义了一些和资源管理相关的类，如 member_ptr、clonable_ptr、counted_ptr 等智能指针类模板。该文件中含有一个 simple_ptr 类模板，这个类在程序库中会被频繁使用，它的主要作用是确保资源在 RAII(Resource Acquisition Is Initialization)条件下被安全地清理。RAII 也称为"资源获得即初始化"，这是 C++语言常用的一种管理资源、避免内存泄漏的方法。

(5) cpu.h：该文件中定义了许多函数，这些函数用于检测 CPU 支持的特性和指令。CryptoPP 库中有些密码学组件是依据硬件设计的，如随机数发生器 RDSEED 和 RDRAND。在使用该算法的时候就需要判断硬件平台是否支持相应的 CPU 指令。此外，还可以根据当前使用的平台对程序库做相应的优化。

(6) fips140.h：该文件提供了一些类和函数，主要用于 FIPS 140-2 验证。FIPS Publication 140-2 是 NIST 发布的密码模块安全需求(Security Requirements for Cryptographic Modules)标准，它提供了密码模块评测、验证和最终认证的标准。FIPS140-2 验证包括密码算法验证体系(Cryptographic Algorithm Validation Program, CAVP)和密码模块验证体系(Cryptographic Module Validation Program，CMVP)两部分。CAVP 和 CMVP 认证证书是密码产品走向国际市场的通行证，对于有志于开拓国际市场的信息安全产品开发商来说，必须通过 FIPS 140-2 的验证。目前，某些版本的 CryptoPP 库支持 FIPS 140-2 验证，而且这些验证仅在 Windows 的动态链接库(DLL)模式下可以使用。

(7) secblock.h：该文件定义了一些用于安全内存分配的类和函数。SecByteBlock 类就定义于该文件，该类实现了动态的内存分配且用户不必通过手动操作去释放分配的内存。由于 SecByteBlock 类重载了许多常用的运算符，因此使用它就像使用数组一样方便。SecByteBlock 类实际上是类模板 SecBlock 在 byte 类型数据下的一个实例，关于它的使用方法，读者可以参考第 3 章提供的范例程序。除了使用 SecByteBlock 类以外，还可以使用 C++的 string 类以及 STL 的类模板 vector，它们都可以实现 byte 类型数据内存空间的动态管理。然而，它们都会导致书写的代码看起来比较丑陋。由于密码算法常以 byte*类型为参数，所以在使用 string 时，需要类型转换，而在使用 vector 时，常用取地址符"&"。最好不要在程序中显式地使用 new 和 delete 来动态分配和释放存储空间，它们容易导致程序出错。

在本书的后续章节中，读者可能会困惑于"如何存储密钥、初始向量、盐值等信息"。毫无疑问，应该像本书的示例程序一样使用 SecByteBlock 类对象。SecByteBlock 类对于 CryptoPP 库的重要性就好比 string 类对于 C++标准库、CString 类对于 MFC、QString 类对于 QT。所不同的是，在后面的几种程序设计中，类的外部接口常以相应的类对象为参数，而在 CryptoPP 库中，任何类的外部接口都不以 SecByteBlock 类对象为参数，如：

```
bool VerifyDigest(const byte *digest, const byte *input, size_t length);//Hash 函数的某一外部接口

void GenerateBlock(byte *output, size_t size); //随机数发生器的某一外部接口

void ProcessString (byte *outString, const byte *inString, size_t length);  //流密码的某一外部接口
```

由此可以发现，CryptoPP 库中的类向外部提供的接口都以 byte*类型为参数。然而，由于 SecByteBlock 类重载了向 const byte* 和 byte*类型转换的构造函数(详见第 3 章)，所以可以在任何以 const byte* 和 byte*类型为参数的地方直接使用 SecByteBlock 类对象。

SecByteBlock 类对象除了可以动态改变拥有的存储空间外，还有以下两个优点：

① 能够保证异常安全。当程序发生异常时，它可以安全地释放占有的资源。

② 能够确保敏感信息的安全。当程序释放占用的资源时，它会自动将原来使用过的内存块全部置 0 (在析构函数中执行此操作)。这避免了密钥等重要信息在内存中的长期"存留"，从一定程度上提高了系统的安全性，而这一点常常被开发人员所忽略。FIPS 140-2 对安全产品也有这样的要求。

因此，当使用 CryptoPP 库时，应该首选 SecByteBlock 类对象的存储密钥、初始向量、盐值等信息。

(8) cryptlib.h：该文件定义了许多接口基类，如流密码(StreamTransformation 类)、Hash 函数(HashTransformation 类)、随机数发生器(RandomNumberGenerator 类)等的接口基类。接口基类对 CryptoPP 库有重要作用，如果把 CryptoPP 库比做"高楼大厦"，那么这些接口基类就是撑起这座"大厦"的"梁柱"，如图 4.5 所示。这些基类为程序库的各种密码学组件提供了统一的、一致的接口，它们是连接不同密码模块的"桥梁"，也是我们学习和使用 CryptoPP 库的入手点。由于接口基类为一族子类提供了共同的接口，所以了解一个接口基类就等于了解这一类密码学原语所具有的基本操作，能够使用某一类算法中的一个就等于也掌握了该类其余的算法。因此，从下一章开始，在我们使用一种密码学原语前，都会介绍与之相关的接口基类。

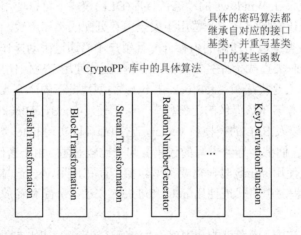

图 4.5   接口基类在 CryptoPP 库中的作用

接口基类通常充当各个模块之间相互通信的"桥梁"，而且它稳定不变，这使得整个"大厦"有稳固的"骨架"。当我们需要向程序库添加或者删除某个算法时，不会影响其他的算法或者模块，这给程序库的维护带来了便利。例如，当我们向程序库中添加一个新的随机数发生器算法时，仅需要做少许工作，即让新添加的类派生于 RandomNumberGenerator 类并重写某些虚函数。下面演示如何向 CryptoPP 库添加新的随机数发生器算法——MyRNG 类，它的描述如下：

MyRNG 类是一个随机数发生器算法，它根据外部输入的种子(两个数值)来产生随机序列。用 f1、f2 分别表示 MyRNG 类的内部状态，用 a、b 分别表示外部输入的种子，则以下是产生随机序列的过程。

初始化内部状态：

    f1=a;

    f2=b;

产生随机序列 s1、s2、… 的过程：

    s1 = f1+f2;

    f1 = f2;

    f2 = s1;

    s2 = f1+f2;

    f1 = f2;

    f2 = s2;

    …

下面来探讨如何实现 MyRNG 类。

首先，MyRNG 类应该继承自 RandomNumberGenerator 类，用 Integer 类表示它的内部状态，通过构造函数获得外部种子并初始化它的内部状态，如下所示：

```
class MyRNG :public RandomNumberGenerator
{
public:
    explicit MyRNG(const Integer& a,const Integer& b)
    {   //利用外部种子初始化 RNG 内部状态
        f1 = a;
        f2 = b;
    }
private:
    Integer f1, f2;          //内部状态
};
```

通过查看帮助文档和源代码文件可以发现，RandomNumberGenerator 类派生于 Algorithm 类，而 Algorithm 类又派生于 Clonable 类。Clonable 类是一个修饰类，它只说明 "库中派生于它的类具备可拷贝性"。Algorithm 类有一个虚函数 AlgorithmName()，用于返回算法的标准名字。在默认情况下，该函数返回字符串 "unknown"。因此，若我们新添加的 MyRNG 算法有标准名字，则要重写该函数；否则，不必理会。在这里我们将该算法叫做 "MyRNG Created by Lulu"，在 MyRNG 类中对 AlgorithmName()函数进行重写，如下所示：

```
std::string AlgorithmName() const
{
    return "MyRNG Created by Lulu";          // 返回算法标准的名字
}
```

下面来探讨需要重写 RandomNumberGenerator 类的哪些函数。

RandomNumberGenerator 类中包含许多的虚函数，有些虚函数按照模板模式进行实现，即一个虚函数的实现可能依赖于另外一个虚函数的实现。通过 CryptoPP 库的

源代码可以发现, RandomNumberGenerator 类中虚函数之间的调用和被调用关系, 如图 4.6 所示。

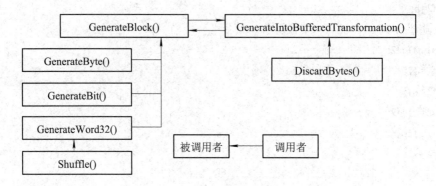

图 4.6　RandomNumberGenerator 类中虚函数之间的调用和被调用关系

从图 4.6 可以看出, GenerateByte()、GenerateBit()、GenerateWord32()、Shuffle()等函数的实现直接或间接地依赖于 GenerateBlock()函数, 而 DiscardBytes()函数的实现直接依赖于 GenerateIntoBufferedTransformation()函数。与此同时, GenerateIntoBuffered-Transformation()和 GenerateBlock()函数之间存在相互调用的关系。因此, 在 MyRNG 中我们必须至少重写成员函数 GenerateBlock()或 GenerateIntoBufferedTransformation()中的其中一个, 这样从 RandomNumberGenerator 类继承而来的其他成员函数就变得 "可调用"。读者可以参考 LC_RNG 类和 X917RNG 类的实现, 它们均位于头文件 rng.h 中。在 MyRNG 类中, 我们对 GenerateBlock()函数进行重写, 如下所示:

```
void GenerateBlock(byte *output, size_t size)
{   //产生所需长度的随机序列
    Integer s;                          //存储产生的随机序列
    size_t curlen;
    while (size > 0)
    {
        s = f1 + f2;                    //产生随机序列
        f1 = f2;                        //更新内部状态 f1
        f2 = s;                         //更新内部状态 f2
        curlen = s.ByteCount();         // s 被编码成字节数据后所占的长度
        curlen = curlen < size ? curlen : size; //计算还需向 output 指向的缓冲区存放的字节数
        s.Encode(output, curlen);       //从 s 中取回 curlen 字节长度的数据
        size -= curlen;                 //计算还需取回的字节数
        output += curlen;               //让 output 指向下一段待取回数据的缓冲区
    }
}
```

以上这段代码的作用就是, 先将产生的随机序列 tmp 编码成字节型数据, 再将它存入输出缓冲区 output 中, 直到产生的随机序列的长度达到 size 字节为止。

若 MyRNG 算法允许接受外部输入的熵,则还需要重写虚函数 CanIncorporateEntropy()

和 IncorporateEntropy()。否则，我们什么也不用做。现在，我们假定 MyRNG 允许有外部的熵输入。对于前者，仅需要将函数的返回值设置为 true 即可。对于后者，需要考虑外部输入熵如何影响 MyRNG 的内部状态。

外部输入熵以字符串(长度为 size 字节)的形式传递给 MyRNG，在这里我们对它做如下处理：将输入熵前 size/2 字节长度的字符串解码为大整数 a，将输入熵中剩余部分的字符串解码为大整数 b，分别将大整数 a 和 b 累加至 f1 和 f2(简单模拟用外部输入熵更新随机数发生器的内部状态)。

对虚函数 CanIncorporateEntropy()和 IncorporateEntropy()进行重写，如下所示：

```
bool CanIncorporateEntropy() const
{
    return true;                          //允许该随机数发生器有外部熵输入
}
void IncorporateEntropy(const byte *input, size_t length)
{
    //以下操作实现将外部输入的前后两部分解码成大整数
    size_t lenhalt = length / 2;
    Integer a, b;
    a.Decode(input, lenhalt);              //将前 size/2 字节长度的字符串解码为大整数 a
    b.Decode(input + lenhalt, length - lenhalt); //将剩余部分的字符串解码为大整数 b
    //利用外部输入更新该 RNG 的内部状态
    f1 += a;                               //更新内部状态 f1
    f2 += b;                               //更新内部状态 f2
}
```

现在，我们可以像使用 CryptoPP 库中已有的随机数发生器类一样来使用新添加的 MyRNG 类，具体使用方法见第 5 章的内容。此时，MyRNG 的类摘要如下：

```
class MyRNG :public RandomNumberGenerator
{
public:
    explicit MyRNG(const Integer& a, const Integer& b);
    virtual void GenerateBlock(byte *output, size_t size);
    virtual std::string AlgorithmName() const;
    virtual bool CanIncorporateEntropy() const;
    virtual void IncorporateEntropy(const byte *input, size_t length);
private:
    Integer f1, f2; //内部状态
};
```

在添加新的算法 MyRNG 时，我们并未书写许多代码。实际上，我们可能会书写更少的代码。例如，当 MyRNG 算法没有标准名字时，我们不必重写虚函数 AlgorithmName()。这一切都得益于 RandomNumberGenerator 类的设计。由此，可以看出接口基类对于扩展程序库具有重要作用。读者也可以采用类似的方法，尝试向程序库添加其他的密码学

算法。需要注意的是，MyRNG 类是演示向 CryptoPP 库添加算法的"玩具"，它不是密码学强度随机数发生器。

当按照上述方式实现 MyRNG 类后，就可以在任何需要使用随机数发生器的地方使用 MyRNG 类。例如，Integer 类含有一组重载的成员函数 Randomize()，这组函数的其中一个函数定义如下：

　　　　Randomize (RandomNumberGenerator &rng, size_t bitCount);

由于 Randomize()函数以 RandomNumberGenerator 类对象的引用为参数，而 MyRNG 类又派生于 RandomNumberGenerator 类。因此，可以把 MyRNG 类对象作为 Randomize() 函数的参数：

　　　　MyRNG rng;　　　　　　　　　　　　//定义一个 MyRNG 类对象

　　　　Integer BigNumber;　　　　　　　　//定义一个 Integer 类对象

　　　　BigNumber.Randomize(rng, 1024);　　//利用 rng 产生一个 1024 比特的随机数

从上面的例子可以发现，只要我们实现的算法或者类满足特定的"规格"(即派生于程库中特定的抽象类)，它就可以应用于以这种规格的类对象为参数的其他模块(关于实现原理，见面向对象程序设计的几个原则)。有时它甚至可以应用于以这种规格的类为参数的其他模块，一个明显的例子就是以此方式实现的 Hash 函数算法。

在 CryptoPP 库中，HashTransformation 类是所有 Hash 函数的接口基类，程序库中所有的 Hash 函数算法都直接或间接地派生于这个类，程序库中所有用到 Hash 函数的密码学算法(模块)也都以这个类为模板参数。因此，当我们向程序库新添加一个派生于这个类的 Hash 函数算法 MyHash 类时，我们就可以使用 MyHash 类实例化以这个类为模板参数的模板，如图 4.7 所示。

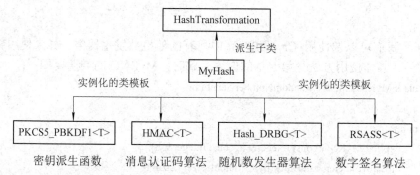

图 4.7　MyHash 类与 HashTransformation 类以及被它实例化的类模板之间的关系

通过帮助文档可以发现，类模板 PKCS12_PBKDF、HMAC、Hash_DRBG、RSASS 在实例化时都需要一个 HashTransformation 类的模板参数，如图 4.7 所示。因此，我们可以使用 MyHash 类实例化它们，分别产生特定规格的密钥派生函数、消息认证码算法、随机数发生器算法、数字签名算法：

　　　　PKCS12_PBKDF<MyHash> my_pbkdf;　　//特定规格的密钥派生函数

　　　　HMAC<MyHash> my_hmac;　　　　　　//特定规格的消息认证码算法

　　　　Hash_DRBG<MyHash, ...> my_drbg;　　//特定规格的随机数发生器算法

　　　　RSASS<MyHash> my_rsass;　　　　　//特定规格的数字签名算法

(9) misc.h：该文件提供了许多非常有用的函数，这些函数多以函数模板的形式存在。

它们常被 CryptoPP 库的其他模块所使用。建议读者查看该文件的源代码，以进一步了解这些函数。或许，下次它们就会出现在我们的源代码中。

(10) nbtheory.h：该文件包含了许多与数论有关的算法。当我们使用 CryptoPP 库中已存在的公钥密钥方案时，可能永远不需要了解这些算法。但是，当我们需要根据常用的数论算法、代数结构构造新方案时，就不得不使用这里面的算法。

(11) oids.h：该文件提供了一些密码算法和算法参数对应的 ASN.1 对象标识(Object Identifier, OID)，这些标识是唯一的、全球无歧义的、永久有效的。例如，使用 id_md5() 表示 MD5 算法，使用 id_sha3_512()表示 NIST 的消息摘要的长度为 512 比特的 SHA3 算法。读者可以在网站 OID Repository[①]上查询到大部分的 OID 标识。

虽然 CryptoPP 库包含有很多文件，但是这些文件大多以功能为单位且相互独立，用户在使用某个算法时只需使用 #include 指令将所需的头文件包含进源程序即可。

4.3　数　据　编　码

4.3.1　整数的 b 进制表示

在生活中，通常都是以十进制的形式来表示整数，它非常适合于人类理解，但是它不便于计算机的数据处理。为了方便计算机中的问题分析，常用二进制、八进制和十六进制来表示整数。通常用 0 和 1 表示二进制数，用 0 到 7 表示八进制数，用 0 到 9 以及 A 至 F 表示十六进制数。

设 b 是大于 1 的正整数，则每个正整数 n 可以唯一地表示成

$$n = a_{k-1}b^{k-1} + a_{k-2}b^{k-2} + \cdots + a_1b + a_0$$

其中，a_i 是整数，$0 \leq a_i \leq b-1$，$i = 1, 2, \cdots, k-1$，且首项系数 $a_{k-1} \neq 0$。这就是整数 n 的 b 进制整数表示，也可表示为 $n = (a_{k-1}a_{k-2}\cdots a_1a_0)_b$。

例如，将十进制的整数 642 转换为二进制数，具体过程如下：

$642 = 321 \times 2 + 0$　　　　$321 = 160 \times 2 + 1$
$161 = 80 \times 2 + 1$　　　　$80 = 40 \times 2 + 0$
$40 = 20 \times 2 + 0$　　　　$20 = 10 \times 2 + 0$
$10 = 5 \times 2 + 0$　　　　$5 = 2 \times 2 + 1$
$2 = 1 \times 2 + 0$　　　　$1 = 0 \times 2 + 1$

也即：

$642 = 1 \times 2^9 + 0 \times 2^8 + 1 \times 2^7 + 0 \times 2^6 + 0 \times 2^5 + 0 \times 2^4 + 0 \times 2^3 + 0 \times 2^2 + 1 \times 2^1 + 0 \times 2^0$

所以，

$$(642)_{10} = (1010000010)_2$$

因此，可以得到常用的二进制数、八进制数、十进制数和十六进制数之间的转换关系，如表 4.1 所示。

---

① 见 http://www.oid-info.com/index.htm。

表 4.1　二进制、八进制、十进制和十六进制数之间的转换关系

二进制	八进制	十进制	十六进制	二进制	八进制	十进制	十六进制
0000	0	0	0	1000	10	8	8
0001	1	1	1	1001	11	9	9
0010	2	2	2	1010	12	10	A
0011	3	3	3	1011	13	11	B
0100	4	4	4	1100	14	12	C
0101	5	5	5	1101	15	13	D
0110	6	6	6	1110	16	14	E
0111	7	7	7	1111	17	15	F

　　CryptoPP 库的 Integer 类提供了多种形式的重载构造函数，这为用户创建大整数对象提供了许多便利。当用户以 C 语言字符串的形式构造大整数对象时，可以在该字符串的末尾添加上特殊的"标记"来表示这个整数的进制，"b"表示二进制，"o"表示八进制，"h"表示十六进制，无任何"标记"则表示十进制，具体使用方法如下面的代码段所示：

```
Integer Int2("10101011111111111100000b");      //以二进制字符串来构造大整数对象 Int2
Integer Int8("10356123520000032743o");          //以八进制字符串来构造大整数对象 Int8
Integer Int10("10356123520000032743");           //以十进制字符串来构造大整数对象 Int10
Integer Int16("10356123520000032743h");          //以十六进制字符串来构造大整数对象 Int16
cout <<"Int2:"<< Int2 << endl;
cout <<"Int8:"<< Int8 << endl;
cout <<"Int10:"<< Int10 << endl;
cout <<"Int16:"<< Int16 << endl;
```

上述代码段的输出结果如下：

```
Int2:5636064.
Int8:152494817446737379.
Int10:10356123520000032743.
Int16:765425406902267747221827.
```

　　需要注意的是，在默认情况下，通过流插入运算符"<<"输出的大整数都是十进制数。

　　CryptoPP 库还为用户提供了一对实现任意数据与十六进制数据之间转换的类，它们分别是 HexEncoder 类和 HexDecoder 类，前者可将任意数据编码成十六进制，后者则实现了与之相反的操作。在本书的后续章节中，我们会经常使用这两个类。例如，以十六进制的形式将计算的 Hash 值输出打印至控制台窗口。关于这两个类的详细使用方法，详见本章 4.4 节的相关内容。需要特别注意的是，数据的十六进制编码和整数的十六进制表示形式是不同的。前者针对的是数据在内存中的存储形式，而后者考虑的是数字表示的数学层面意义。

4.3.2　Base 系列编码

　　由于传统的网络规范问题，在某些网络环境下传输和存储一些数据时必须用美式的

ASCII。Base 系列编码就是一种为满足这种要求而产生的编码规范。Base 系列编码有三种基本的编码规则，它们分别是 Base64 编码、Base32 编码、Base16 编码。

1. Base64 编码

Base64 编码用 64 个可打印的 ASCII 码字符表示任意的数据序列，它以 6 比特为单位将每 24 比特的输入序列划分成 4 组数据，然后把每 6 比特的分组编码成一个字符。每 6 比特分组对应的值和该值对应的编码字符表如表 4.2 所示。

表 4.2 Base64 编码字符表

值	编码	值	编码	值	编码
0	A	22	W	44	s
1	B	23	X	45	t
2	C	24	Y	46	u
3	D	25	Z	47	v
4	E	26	a	48	w
5	F	27	b	49	x
6	G	28	c	50	y
7	H	29	d	51	z
8	I	30	e	52	0
9	J	31	f	53	1
10	K	32	g	54	2
11	L	33	h	55	3
12	M	34	i	56	4
13	N	35	j	57	5
14	O	36	k	58	6
15	P	37	l	59	7
16	Q	38	m	60	8
17	R	39	n	61	9
18	S	40	o	62	0
19	T	41	p	63	/
20	U	42	q	pad	=
21	V	43	r		

表 4.2 中最后一个字符用于编码时对输入数据做特殊处理。在执行 Base64 编码时，如果最后一组输入数据刚好是 24 比特，那么编码时就不需要做任何填充。如果最后一组输入数据小于 24 比特，就需要为该组数据添加一些 0，使得数据可以被划分成完整的 6 比特分组。同时，在编码后的数据末尾填充相应个数的"="字符。由于输入数据的最小单位是字节，也即 8 比特，所以在填充时，仅有下列情况会出现：

(1) 若最后待编码的数据分组刚好是 24 比特，则不需要用 "=" 字符填充。

(2) 若最后待编码的数据分组是 8 比特，则输出的编码数据末尾会有 2 个 "=" 字符。

(3) 若最后待编码的数据分组是 16 比特，则输出的编码数据末尾会有 1 个 "=" 字符。

2. Base32 编码

Base32 编码用 32 个可打印的 ASCII 码字符表示任意的数据序列，它以 5 比特为单位将每 40 比特的输入序列划分成 8 组数据，然后将每 5 比特的分组编码成一个字符。每 5 比特分组对应的值和该值对应的编码字符表如表 4.3 所示。

表 4.3　Base32 编码字符表

值	编码	值	编码	值	编码
0	A	11	L	22	W
1	B	12	M	23	X
2	C	13	N	24	Y
3	D	14	O	25	Z
4	E	15	P	26	2
5	F	16	Q	27	3
6	G	17	R	28	4
7	H	18	S	29	5
8	I	19	T	30	6
9	G	20	U	31	7
10	K	21	V	pad	=

与 Base64 编码类似，Base32 编码也用 "=" 字符作为编码的填充符。在执行 Base32 编码时，如果最后一组输入数据刚好是 40 比特，那么编码时就不需要做任何填充。如果最后一组输入数据小于 40 比特，就需要为该组数据添加一些 0，使得数据可以被划分成完整的 5 比特分组。同时，在编码后的数据末尾填充相应个数的 "=" 字符。由于输入数据的最小单位是字节，也即 8 比特，所以在填充时，仅有下列情况会出现：

(1) 若最后待编码的数据分组刚好是 40 比特，则不需要用 "=" 字符填充。

(2) 若最后待编码的数据分组是 8 比特，则输出的编码数据末尾会有 6 个 "=" 字符。

(3) 若最后待编码的数据分组是 16 比特，则输出的编码数据末尾会有 4 个 "=" 字符。

(4) 若最后待编码的数据分组是 24 比特，则输出的编码数据末尾会有 3 个 "=" 字符。

(5) 若最后待编码的数据分组是 32 比特，则输出的编码数据末尾会有 1 个 "=" 字符。

3. Base16 编码

Base16 编码与前面的两种编码类似，它用 16 个可打印的 ASCII 码字符表示任意的数据序列，它以 4 比特为单位对输入的数据序列进行分组，然后将每 4 比特的分组编码成一个字符。有时也称 "Base16" 编码为 "Hex" 编码。由于输入数据的最小单位是 8 比特，所以输入数据的长度一定是 4 比特的倍数。因此，它可以将每个字节的输入数据编码成两个可打印的字符。需要注意的是，该编码方式不需要任何填充，而且该编码方式是一种标准的大小写不敏感编码。每 4 比特分组对应的值和该值对应的编码字符表如表 4.4 所示。

表 4.4　Base16 编码字符表

值	编码	值	编码	值	编码
0	0	6	6	12	C(c)
1	1	7	7	13	D(d)
2	2	8	8	14	E(e)
3	3	9	9	15	F(f)
4	4	10	A(a)		
5	5	11	B(b)		

4. 其他类型的 Base 编码

除了 Base64、Base32 和 Base16 这几种基本类型的编码外，在 Base 系列编码中还包含一些扩展的编码。例如，扩展的 Base64 编码，该编码也称为 Base64URL 编码，它主要用于编码 URL 地址和文件名。这种编码方式与 Base64 编码所采用的编码规则相同，所不同的是 Base64URL 编码的 62 号索引值和 63 号索引值对应的字符分别是 "-"(减号) 字符和 "_"(下划线)字符。

Base 系列编码的另一种扩展编码是 Base32Hex 编码，它是 Base32 编码的扩展。这种编码方式所采用的编码规则与 Base32 相同，不同之处在于 Base32Hex 编码采用了不同的编码字符表，如表 4.5 所示。

表 4.5　Base32Hex 编码字符表

值	编码	值	编码	值	编码
0	0	11	B	22	M
1	1	12	C	23	N
2	2	13	D	24	O
3	3	14	E	25	P
4	4	15	F	26	Q
5	5	16	G	27	R
6	6	17	H	28	S
7	7	18	I	29	T
8	8	19	J	30	U
9	9	20	K	31	V
10	A	21	L	pad	=

关于本小节的这些编码方式，读者可以参考 RFC4648、RFC2938、RFC2045 等相关文档。

CryptoPP 库对上述的这些编码方式做了实现，这些编码方式对应的类名如表 4.6 所示。

表 4.6　CryptoPP 库的 Base 系列编码算法

编码方式对应的类名	所在的头文件	功　能
Base64Encoder	base64.h	实现 Base64 编码
Base64Decoder	base64.h	实现 Base64 解码
Base64URLEncoder	base64.h	实现 Base64URL 编码
Base64URLDecoder	base64.h	实现 Base64URL 解码
Base32Encoder	base32.h	实现 Base32 编码
Base32Decoder	base32.h	实现 Base32 解码
Base32HexEncoder	base32.h	实现 Base32Hex 编码
Base32HexDecoder	base32.h	实现 Base32Hex 解码
HexEncoder	hex.h	实现 Base16(Hex)编码
HexDecoder	hex.h	实现 Base16(Hex)解码

下面使用 CryptoPP 库的这些编码算法来编码字符串 "I like Cryptography."：

```
#include<iostream>              //使用 cout、cin
#include<string>                //使用 string
#include<files.h>               //使用 FileSink
#include<hex.h>                 //使用 HexEncoder
#include<base32.h>              //使用 Base32Encoder
#include<base64.h>              //使用 Base64Encoder
#include<filters.h>             //使用 StringSource
using namespace std;            // std 是 C++的命名空间
using namespace CryptoPP;       // CryptoPP 是 CryptoPP 库的命名空间
int main()
{   string message = "I like Cryptography.";        //待编码的字符串
    cout <<"Base64：" ;                             //打印字符串的 Base64 编码
    StringSource Base64Src(message,true,new Base64Encoder(new FileSink(cout)));
    cout << endl <<"Base64url：" ;                  //打印字符串的 Base64url 编码
    StringSource Base64rulSrc(message,true,new Base64URLEncoder(new FileSink(cout)));
    cout << endl <<"Base32：" ;                     //打印字符串的 Base32 编码
    StringSource Base32Src(message,true,new Base32Encoder(new FileSink(cout)));
    cout << endl <<"Base32hex：" ;                  //打印字符串的 Base32hex 编码
    StringSource Base32hexSrc(message,true,new Base32HexEncoder(new FileSink(cout)));
    cout << endl <<"Base16：" ;   //打印字符串的 Base16 编码，即数据的十六进制编码
    StringSource Base16Src(message,true,new HexEncoder(new FileSink(cout)));
    cout << endl;
    return 0;
}
```

执行程序，程序的输出结果如下：

Base64：SSBsaWtlIENyeXB0b2dyYXBoeS4=

Base64url：SSBsaWtlIENyeXB0b2dyYXBoeS4

Base32：JESG24MMNWSEG6V3QB4G835UNF2GS8JQ

Base32hex：94G6OQBBCKG46SJPE1Q6UPRIC5O6GU9E

Base16：49206C696B652043727970746F6772617068792E

请按任意键继续...

关于本程序的详细说明，详见本章 4.4 节的相关内容。

4.3.3 ASN.1 编码标准

在通信领域，为了让通信双方对通信媒介中传输的数据有一致性的理解，通信双方就必须明确所交换的信息类型与格式。ASN.1(Abstract Syntax Notation One) 编码标准就是为了满足这样的需求而定义的一套抽象语法表示标准，它为数据的表示、编码、传输、解码提供了灵活的记法。ASN.1 编码标准提供了一套精确描述数据对象表示的规则，它独立于任何特定的计算机硬件。标准的 ASN.1 编码规则有基本编码规则(Basic Encoding Rules，BER)、规范编码规则(Canonical Encoding Rules，CER)、可辨别编码规则(Distinguished Encoding Rules, DER)等。其中，BER 编码和 DER 编码也常被用于密码系统，例如，用 DER 编码规则表示用户的数字证书、公私钥数据。读者可以参考 X.208、X.209、X.509 和 X.609 等文档详细了解这些编码规则。

不同的密码系统对于相同数据对象的表示可能有所不同，这就有可能导致 CryptoPP 系统不能够正确识别 PGP 和 OpenSSL 等系统产生的公钥数据、数字证书。因此，需要各个系统对数据有相同的表示方式，即采用一致的编码规则。

在 CryptoPP 库中，许多类都提供了对数据的 BER 和 DER 编解码成员函数。为了使本程序库能够兼容其他的密码系统，CryptoPP 库中的一些类还提供了针对特定密码系统专用的编解码成员函数。下面是 CryptoPP 库某些类提供的编解码成员函数：

```
void DEREncode (BufferedTransformation &bt) const;

void BERDecode (BufferedTransformation &bt);

void BERDecode (const byte *input, size_t inputLen);

void BERDecodeAsOctetString (BufferedTransformation &bt, size_t length);

void DEREncodeAsOctetString (BufferedTransformation &bt, size_t length) const;

size_t OpenPGPEncode (byte *output, size_t bufferSize) const;

size_t OpenPGPEncode (BufferedTransformation &bt) const;

void OpenPGPDecode (const byte *input, size_t inputLen);

void OpenPGPDecode (BufferedTransformation &bt);
```

如果使用 Encode 类型的成员函数，那么本对象会把自己拥有的数据编码成要求的格式。如果使用 Decode 类型的成员函数，那么本对象将以这种格式解码外部输入的数据，同时用解码的结果重新构造本对象。下面来演示这些成员函数的使用方法：

```
#include<iostream>              //使用 cout、cin
#include<integer.h>            //使用 Integer
```

```
#include<files.h>                      //使用 FileSource
#include<osrng.h>                      //使用 AutoSeededRandomPool
#include<rsa.h>                        //使用 RSA
using namespace std;                   // std 是 C++的命名空间
using namespace CryptoPP;              // CryptoPP 是 CryptoPP 库的命名空间
int main()
{   Integer BigNumer;                  //定义一个大整数对象
    AutoSeededRandomPool rng;          //定义一个随机数发生器
    BigNumer.Randomize(rng,512);       //利用随机数发生器，产生随机的 512 比特大整数
    //将产生的大整数以 DER 编码方式编码，并存储于 BigNumer.der 文件中
    BigNumer.DEREncode(FileSink("BigNumber.der").Ref());
    RSA::PrivateKey privateKey;        //定义一个 RSA 私钥对象
    privateKey.Initialize(rng,1024);   //产生一个随机的模为 1024 比特的 RSA 私钥
    //将产生的私钥以 DER 编码方式编码，并存储于 prikey.der 文件中
    privateKey. DEREncode (FileSink("prikey.der").Ref());
    return 0;

}
```

　　本程序涉及许多后面章节的相关算法。如果读者不理解此程序，可以在学习了后面章节的内容后，再回过头来阅读此段代码。

　　本示例程序先定义了一个随机数发生器对象，接着用该随机数发生器分别产生一个 512 比特的大整数对象和一个模数为 1024 比特的 RSA 私钥对象。然后，使用 DER 编码规则对它们进行编码，并将编码的结果分别存储于 BigNumber.der 文件和 prikey.der 文件。与 PDF 类型的文件一样，DER 编码的文件也需要用特定的"阅读器"才能查看，即将它的内容转换为人类可辨识的形式。本书使用专用的 ASN.1 编码查看器打开上述两个文件，以下是它们的内容。

　　BigNumber.der 文件的内容如下：

```
  0  65: INTEGER
     :    00 CC 95 0E 05 13 87 0B 32 2D C0 AD 15 99 5C FF
     :    A3 07 27 97 87 4B 30 69 A5 01 62 BB C6 2D 06 D3
     :    BB 66 CE 59 1D 65 11 AC 48 AE 04 BB 9D CF 8B 61
     :    98 40 7E 4A F3 67 FD 6A 0A C2 25 41 DA C4 B8 B7
     :    A1
```

　　prikey.der 文件的内容如下：

```
  0 1182: SEQUENCE {
  4    1:    INTEGER 0
  7   13:    SEQUENCE {
  9    9:       OBJECT IDENTIFIER '1 2 840 113549 1 1 1'
 20    0:       NULL
     :       }
```

```
  22 1160:    OCTET STRING, encapsulates {
  26 1156:      SEQUENCE {
  30    1:        INTEGER 0
  33  252:        INTEGER
       :            37 07 ED 5B 23 66 AD 1A AA F7 36 22 48 21 93 71
       :            ED 68 EC 76 6A 96 9C 6F E6 2C 12 4F 08 AC 4A C2
       :            B1 5D EF B9 9D B8 57 BB 35 04 33 11 C9 89 5C 65
       :            A2 9D 6A AD DE 65 DF 39 00 C0 C7 1B 22 E5 29 BC
       :            15 06 38 08 07 60 58 8E 84 BB E2 31 D5 1B 62 34
       :            F8 E1 C1 94 AD F8 BA 45 54 38 21 EF 0E 2E 65 98
       :            3F F2 63 AE 17 10 EA A9 74 87 BC 24 58 23 50 DC
       :            DE DB 6B 9F 5F 53 7E 99 AD 97 8A EC D9 A2 FF 84
       :            [ Another 124 bytes skipped ]
 288    1:        INTEGER 17
 291  252:        INTEGER
       :            06 79 67 37 E6 0C 14 5D 7D 86 7E D6 DB 4F 3E 85
       :            DF B1 FD B3 94 11 B8 0D 2A 23 4D 72 B5 B9 EA AD
       :            7E 47 49 61 21 9D 37 7F 6F A6 24 20 35 D3 EC C0
       :            A9 B8 2A AB 0B 1B 0B 33 E1 F8 8F E5 13 2A 04 E8
       :            F3 6A 24 B5 A6 83 CE 2E E2 70 74 F6 CD C6 FC 7E
       :            B3 DE 53 02 6E D1 F7 CB EB CA 5E 58 5C 05 75 5D
       :            34 B3 1A C9 2F E3 DF 5F 3A E2 CA D7 19 6D 91 0A
       :            ED 0A C1 5E 0B 36 FF D5 D8 2F F2 39 FB 7C 7A 97
       :            [ Another 124 bytes skipped ]
 546  126:        INTEGER
       :            73 43 74 BE 30 B8 25 FB 1E 00 D6 61 C0 5B C5 FE
       :            80 00 40 BE 6B 64 06 58 42 15 34 7D E2 D9 FB FC
       :            56 9C 5F 72 3B E5 D7 38 E1 89 AA F9 19 AD 23 FD
       :            57 82 B2 7E 6C 5A 19 0C BD 2E 53 E8 1D 9A 76 A6
       :            45 70 EB 38 3A 19 79 48 60 0B 84 88 C6 A8 F3 30
       :            96 1B 11 0C DE 6D B1 CB D1 C5 FA 1B C0 7E 4E 76
       :            9D BD C8 73 40 8C B1 D2 FA E3 7A A6 4D 46 95 AF
       :            80 53 4B B1 3D 0E DB 61 91 0F D4 AD 21 13
 674  126:        INTEGER
       :            7A 39 41 F7 5F BF 3F 49 93 2F E7 AF 38 F5 4A
       :            84 6B 59 4B 0E 8F 34 E4 D8 D1 2E F9 31 FD FC 47
       :            C7 0F B9 3D 22 3E 1E 40 86 BD 15 8C EE 6C C9 A3
       :            04 62 72 7B 26 C0 B6 9E 0A 4A 50 5A 0D 66 D9 E0
       :            2E 39 54 02 52 77 2A F1 33 E3 EB EA 09 AE B0 A0
```

```
        :       9A A8 8E 1E 89 37 68 E6 32 54 51 B0 70 C9 37 11
        :       5D 43 C6 E8 DE 1D 59 9A 3F 48 FE AA D3 A5 B1 83
        :       52 45 99 86 8B BF 9D 96 56 F7 26 9B E5 79
 802 126:       INTEGER
        :       28 AE 65 70 4D 6E 2B 85 CE 5A A6 04 62 02 45 E1
        :       5A 5A 71 34 25 E7 11 4C 53 8F 03 77 B9 7A 1C B3
        :       69 DC D6 64 8D 9C 6A 14 13 5D C3 DF 72 79 57 FF
        :       0F D3 C6 86 F9 10 BD 8C 06 88 D2 51 EC 54 A2 58
        :       CD 36 E9 9B 5F CC C1 64 D6 9A A7 3F 55 2C 92 11
        :       25 EB 6F 6D F4 26 B7 38 E0 A0 3A 27 E9 95 FD 93
        :       46 BB 73 EC 71 22 99 1D 49 7D 76 95 0C 37 07 A7
        :       5A 77 C0 5C AC 23 5C 7C C9 C9 5A 1E FC 9D
 930 126:       INTEGER
        :       4F 15 FD 81 F2 A8 EC B0 7A E6 C4 A4 F8 E8 9E B7
        :       BF 18 48 D6 36 98 E5 FD 7D 3C 0F 55 F3 2B DF 79
        :       BD 0A 2C 90 F8 0A 13 93 2A 01 E0 C4 9A 46 64 5A
        :       6C 3F B3 7C DC D7 0C C0 9D 3F 24 EE F9 9C E7 54
        :       D2 9D 90 B6 35 5C 2A D8 4E C0 A7 B5 8D CB 63 3A
        :       BE 6D 10 AA 58 C9 80 1C 7A EB 43 EA A3 55 05 83
        :       B4 D1 80 B4 CB F4 DF A0 0A D4 E1 05 1F 89 54 BE
        :       62 69 45 38 F1 03 84 15 FC 09 55 37 B2 99
1058 126:       INTEGER
        :       51 F5 2E D7 31 53 94 5D CD 58 C3 F4 34 54 BA CC
        :       FC 2C 13 FE B9 87 D3 F0 AC 10 9F 03 F2 9F 1C 7B
        :       77 4C D3 32 08 6C 54 CF A9 47 A9 F5 9A 57 EF 69
        :       4F 82 DD 0F 13 C4 C2 FA CB E2 A6 15 40 0A A2 28
        :       D0 2C AE 23 C9 2E 24 D4 B2 94 00 F2 49 BF B5 C7
        :       20 D1 6B 14 D5 3F 7E E8 72 E0 51 A8 B9 AD 43 11
        :       A5 ED EF C1 CB 0C 75 61 6E 0A 4A B1 B9 FE EA D1
        :       B5 BE 75 A9 FF CD E2 64 5C 2F 91 9E 35 59
        :       }
        :     }
        :   }
```

　　本书使用的 ASN.1 编码查看器由 Peter Gutmann 编写,它分为源代码[1]版本和 GUI[2]版本。对于源代码版本的查看器，在 Visual Studio 2015 平台下需要修改几处代码才能正常运行。编者已将修改的代码放在本书附录中指定的链接处。

[1] 见 https://www.cs.auckland.ac.nz/~pgut001/dumpasn1.c。

[2] 见 http://geminisecurity.com/features-downloads/tools/guidumpasn/。

　　当该程序生成成功后(假设生成的可执行程序名字为 dumpasn1.exe)，在控制台分别输入如下命令，即可查看 DER 文件中的内容。

　　　　dumpasn1.exe BigNumber.der

　　　　dumpasn1.exe prikey.der

4.3.4　编码与加密的区别

　　本书在撰写的过程中，参考了大量网络资源，编者发现许多人将"编码"和"加密"混为一谈。有些读者可能对"编码"也存在误解，认为"编码"等同于或类似于"加密"。事实上，编码和加密是两个不同的概念或术语。

　　编码和加密唯一的相同点就是，它们都把数据从一种形式转换成另一种形式。然而，它们转换数据的方式和目的是不同的。

　　编码是将数据从一种格式转换成另一种格式，它常采用公开的、任何人都可使用的算法来完成。因此，编码和解码操作任何人都可以完成。编码的目的是将数据转换成本系统可以使用的格式，使得数据可以更好地被系统识别和使用。例如，在本书的示例程序中，将密钥、密文和明文先用十六进制的形式进行编码，然后再输出至标准输出设备。这是因为标准输出设备只能够打印显示常用的字符，若不将密文和密钥编码成可打印的字符，则输出的结果就有可能是不可读的"乱码"。反过来，当我们看到屏幕上显示的可读的编码结果后，很容易推导出它们对应的原始数据。

　　加密是将数据从一种格式转换成另一种格式。但是，它是在公开算法和密钥作用下完成的。只要密钥保密，任何人都无法从加密算法的输出结果恢复出原始数据。加密的目的是让别人无法读懂它，而编码的目的是让别的系统更好地"读懂和利用"它。

　　编码和加密的另外一个区别就是，编码是一个确定性的变换过程，而加密是一个随机化的过程。因此，编码和加密是两个不同的概念，所以"Base64 加密"和"RSA 算法在私钥的作用下把消息编码成密文"的说法是错误的。

4.4　Pipeling 范式数据处理技术

4.4.1　Pipeling 范式数据处理技术的概念

　　任何程序都会涉及数据处理，甚至对于有些程序而言，数据处理算法还是整个程序的核心。在进行密码方案设计的过程中，密钥、消息、文件等的存储和传输都是编程者不得不面对的问题。在没有找到合理解决办法的情况下，如果贸然开始编程，那么往往会出现"事倍功半"的结局。然而，当学了本节内容后，我们会发现这一切都变得非常简单。CryptoPP 库不仅向用户提供了丰富的密码学算法和工具，而且还提供了强大的数据处理机制。这使得库的使用者可以将精力更多地集中在密码方案的设计和实现上。由于 CryptoPP 库的相关参考资料只有英文，为了不违背其英文原意，在这里把 CryptoPP 库的这种数据处理技术称为 Pipeling 范式数据处理技术，简称 Pipeling 范式技术。

　　所谓 Pipeling 范式数据处理技术，就是将现实中数据处理的方式进行抽象，把数据比做水流，它可以部分或全部从数据源(Source)流向数据池(Sink)。在数据从 Souce 流向 Sink 的过程中，可以中途改变数据的流向，如让数据先流向某个数据筛(Filter)再流向 Sink。这里所说的 Filter 通常表示对数据进行的某种处理。Source、Sink 和 Filter 之间的关系如图 4.8 所示。

图 4.8　Source、Sink 和 Filter 之间的关系

　　CryptoPP 库的 Pipeling 范式技术受到 Unix 系统管道技术的启发。然而在 CryptoPP 库中，Wei Dai 对 Source、Filter 和 Sink 的概念进行了泛化，所有的数据源都可以称为 Source，所有对数据进行处理的类均被称为 Filter，所有能够存储数据的池子(特定类型的数据结构)都被称为 Sink。CryptoPP 库中包含的 Source、Filter 以及 Sink 有很多，如表 4.7 所示。

表 4.7　CryptoPP 库中包含的 Source、Filter 和 Sink

类的名字	所在的头文件	所属类别	功　能
StringSource	filters.h	Source	将 string 作为 Source
ArraySource	filters.h	Source	将数组作为 Source
FileSource	files.h	Source	将输入 cin 或文件作为 Source
SocketSource	socketft.h	Source	将 Socket 对象作为 Source
WindowsPipeSource	winpipes.h	Source	将 Windows 管道作为 Source
RandomNumberSource	filters.h	Source	将 RNG 对象作为 Source
Deflator	zdeflate.h	Filter	Deflator 压缩 Filter
Inflator	zdeflate.h	Filter	Inflator 压缩 Filter
Gzip	gzip.h	Filter	GZIP 压缩 Filter
Gunzip	gzip.h	Filter	GZIP 解压缩 Filter
ZlibCompressor	zlib.h	Filter	ZLIB 压缩 Filter
ZlibDecompressor	zlib.h	Filter	ZLIB 解压缩 Filter
StreamTransformationFilter	filters.h	Filter	流密码 Filter
AuthenticatedEncryptionFilter	filters.h	Filter	认证加密 Filter
AuthenticatedDecryptionFilter	filters.h	Filter	认证解密 Filter
HashFilter	filters.h	Filter	哈希 Filter
HashVerificationFilter	filters.h	Filter	哈希验证 Filter
SignerFilter	filters.h	Filter	签名 Filter
SignatureVerificationFilter	filters.h	Filter	签名验证 Filter
HexEncoder	hex.h	Filter	十六进制编码 Filter

续表

类的名字	所在的头文件	所属类别	功　能
HexDecoder	hex.h	Filter	十六进制解码 Filter
Base64Encoder	base64.h	Filter	Base64 编码
Base64Decoder	base64.h	Filter	Base64 解码
Base64URLEncoder	base64.h	Filter	Base64URL 编码
Base64URLDecoder	base64.h	Filter	Base64URL 解码
Base32Encoder	base32.h	Filter	Base32 编码
Base32Decoder	base32.h	Filter	Base32 解码
StringSink	filters.h	Sink	将 string 对象作为 Sink
ArraySink	filters.h	Sink	将数组作为 Sink
FileSink	files.h	Sink	将输出 cout 或文件作为 Sink
SocketSink	socketft.h	Sink	将 Socket 对象作为 Sink
WindowsPipeSink	winpipes.h	Sink	将 Windows 管道作为 Sink
RandomNumberSink	filters.h	Sink	将 RNG 作为 Sink

表 4.7 只显示了帮助文档主页罗列出来的类。除此以外，CryptoPP 库中还有一些非常有用的 Filter 类算法。当后面的章节使用到它们时，本书会对它们做进一步的详细说明。在这个表中，我们重点需要关注的是 Filter 类，它们可以对流经自身的数据进行各种处理，例如，计算 Hash 值(或消息认证码)、加密和解密、签名和验证、压缩(或解压缩)、编码(或解码)等。由此可以看出，CryptoPP 库为用户提供了强大、丰富的数据处理机制。

4.4.2　Pipeling 范式数据处理技术的原理

在 CryptoPP 库中所有的 Source 类、Filter 类和 Sink 类均派生于 BufferedTransformation 类，该类为它的派生类提供了所需的接口。FileSource 类、HexEncoder 类和 FileSink 类之间的简化继承关系如图 4.9 所示。

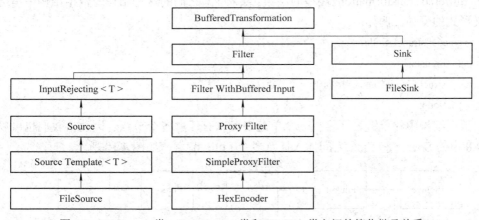

图 4.9　FileSource 类、HexEncoder 类和 FileSink 类之间的简化继承关系

　　从图 4.9 中可以看出，BufferedTransformation 类型的指针可以指向动态创建的 FileSource 类对象、HexEncoder 类对象和 FileSink 类对象，这是 C++ 语言特性决定的——派生类可以隐式地向父类转换。例如：

```
BufferedTransformation* pFileSrc = new FileSource(...);
BufferedTransformation* pFilter = new HexEncoder(...);
BufferedTransformation* pFiledes = new FileSink(...);
```

　　现在我们只考虑语言特性，若一个函数只要以 BufferedTransformation*类对象类型为参数，那么就可以用表中罗列的任何一个动态创建的 Source 类对象、Filter 类对象和 Sink 类对象替换它的形参。同样地，当函数以 BufferedTransformation&类型为参数时，也可以用 Source 类对象、Filter 类对象和 Sink 类对象作为实参。

　　如果 Source、Filter 和 Sink 的对象中有一个 BufferedTransformation*数据成员，那么在允许父类指针指向动态创建的派生类对象的条件下，Source、Filter 和 Sink 就可以构成一个单链表，而且在 Source 和 Sink 之间可以有任意多个 Filter。事实上，CryptoPP 库的 Source、Filter 和 Sink 就是这样被连接起来的，图 4.8 所示的数据链就是这样构成的。Filter 类定义在头文件 filters.h 中，它的类摘要如下：

```
class    Filter : public BufferedTransformation, public NotCopyable
{
public:
    virtual ~Filter() {}
    Filter(BufferedTransformation *attachment = NULLPTR);
    //......
private:
    member_ptr<BufferedTransformation> m_attachment;
};
```

　　Filter 类继承自 BufferedTransformation 类，它的内部有一个私有的数据成员——智能指针对象，该数据成员保存了 Filter 类对象在构造时所接受的外部参数。从图 4.9 中可以看出，FileSource 类和 HexEncoder 类均继承自 Filter 类，那么它们在构造对象时均可以接受 BufferedTransformation*类型的参数。实质上，它们的这种结构是数据结构中单链表定义形式的变种。例如：

```
typedef struct LNode
{   int data;
    struct LNode* next;//指向下一个节点
} LNode;
```

　　对数据结构中的单链表而言，一个单链表可以有任意多个节点。因此，我们也可以在图 4.8 中的 Source 和 Sink 之间插入任意多个 Filter 节点，如图 4.10 所示。

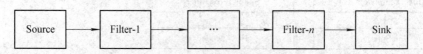

图 4.10　　Source 和 Sink 之间可以有任意多个 Filter

图 4.10 揭示了 CryptoPP 中的 Source、Filter 和 Sink 是如何连接成一条链的。从 Source 和 Filter 的构造函数可以看出，它们几乎都含有一种以 BufferedTransformation*类型为参数的构造函数。下面分别罗列了三种 Source 和 Filter 的构造函数。每个类可能有多个重载的构造函数，限于篇幅，这里仅列出一种：

```
StringSource (const std::string &string, bool pumpAll, BufferedTransformation
*attachment=NULL) ;
FileSource (const char *filename, bool pumpAll, BufferedTransformation *attachment=NULL,
    bool binary=true) ;
RandomNumberSource (RandomNumberGenerator &rng, int length, bool pumpAll,
    BufferedTransformation *attachment=NULL) ;
HashFilter (HashTransformation &hm, BufferedTransformation *attachment=NULL,
    bool putMessage=false, int truncatedDigestSize=-1,
    const std::string &messagePutChannel=DEFAULT_CHANNEL,
    const std::string &hashPutChannel=DEFAULT_CHANNEL) ;
Gunzip (BufferedTransformation*attachment=NULL, boolrepeat=false,
int autoSignalPropagation=-1) ;
SignerFilter (RandomNumberGenerator &rng, const PK_Signer &signer,
BufferedTransformation *attachment=NULL, bool putMessage=false) ;
```

需要注意的是，member_ptr 是一种智能指针，它会在对象的生命期结束时自动释放所占用的资源。因此，对于像 FileSource 和 HexEncoder 这样的对象，当生命期结束时，它们会自动释放在类对象构造时动态创建的对象。例如：

```
HashFilter hashf(sha224,new HexEncoder( new StringSink(s2)));
StringSource ss(message,true,new Redirector(cs));
```

因此，如果在程序中出现上面这样的代码段，则不必担心会出现内存泄漏的问题。在即将离开 hashf 对象的作用域时，hashf 对象会被析构，它内部的智能指针对象也会被析构，进而会销毁动态创建的 HexEncoder 对象，当 HexEncoder 对象被销毁时，也会使动态创建的 StringSink 对象销毁。下面的代码段模拟了这一原理：

```
#include<iostream>              //使用 cout、cin
#include<smartptr.h>            //使用 member_ptr
using namespace std;           // std 是 C++ 的命名空间
using namespace CryptoPP;      // CryptoPP 是 CryptoPP 库的命名空间
class Buffer                    //模拟 BufferedTransformation 的作用
{
public:
    virtual ~Buffer(){}         //虚的析构函数
};
class Source:public Buffer      //模拟 CryptoPP 库中的 Source 类
{
public:
```

```
        Source(Buffer* buffer):m_buffer(buffer){}
        virtual ~Source()
        {
            cout <<"Source 类对象析构"<< endl;          //析构时打印输出提示信息
        }
    protected:
        member_ptr<Buffer> m_buffer;                    //智能指针数据成员
    };
    class Filter:public Buffer                          //模拟 CryptoPP 库中的 Filter 类
    {
    public:
        Filter(Buffer* buffer):m_buffer(buffer){}
        virtual ~Filter()
        {
            cout <<"Filter 类对象析构"<< endl;          //析构时打印输出提示信息
        }
    protected:
        member_ptr<Buffer> m_buffer;                    //智能指针数据成员
    };
    class Sink:public Buffer                            //模拟 CryptoPP 库中的 Sink 类
    {
    public:
        Sink(Buffer* buffer):m_buffer(buffer){}
        virtual ~Sink()
        {
            cout <<"Sink 类对象析构"<< endl;            //析构时打印输出提示信息
        }
    protected:
        member_ptr<Buffer> m_buffer;                    //智能指针数据成员
    };
    int main()
    {
    //测试
    {   //进入作用域——Src 对象构造
        //模拟 CryptoPP 库中 Source 类、Filter 类和 Sink 类的实现原理
        Source Src(new Filter( new Sink(nullptr)));
    }                                                   //离开作用域——Src 对象析构
    getchar();                                          //暂停——等待输入
    return 0;
```

```
}
```

执行程序，程序的输出结果如下：

　　Source 类对象析构

　　Filter 类对象析构

　　Sink 类对象析构

以上程序来源于编者对 CryptoPP 库源代码的理解。在这个示例程序中，我们只用到 CryptoPP 库中的智能指针 member_ptr，读者也可将它换成 C++ 标准的智能指针。本示例模拟了 CryptoPP 库中 Source 类、Filter 类和 Sink 类的实现原理。虽然程序的主函数中只有三行代码(确切地说，只有一行)，但是这个程序深刻揭示了 Pipeling 范式数据处理中数据链是如何形成的，程序的输出结果解释了"为什么不需要用户显式地释放动态创建的对象"。读者务必理解本程序，它对于使用 CryptoPP 库的 Pipeling 范式技术非常有帮助。

4.4.3　使用 Pipeling 范式数据处理技术

CryptoPP 库的 BufferedTransformation 类包含几十个成员函数，限于篇幅，不在这里罗列和解释每个成员函数，读者可以通过帮助文档获得它们的详细解释和说明。然而，出于引导大家加深理解 Pipeling 范式技术的考虑，这里选出几个具有代表性的成员函数并详细解释它们的含义：

· size_t Put(const byte *inString, size_t length, bool blocking=true) ;

功能：处理字节类型的缓冲区输入。

参数：

inString——待处理的输入数据缓冲区首地址。

Length——inString 指向的缓冲区长度。

Blocking——表示当处理输入时是否应该分组。

返回值：size_t 类型。返回留在分组未被处理的字节数。若数据全部被处理，则返回 0。

· bool MessageEnd(int propagation=-1, bool blocking=true) ;

功能：向该对象发出消息结束信号。

参数：

propagation——MessageEnd()信号应该被传递到的附加的数据转换对象个数。若 propagation 等于 1，则表示仅向本对象发出消息结束信号。若等于 −1，则表示向附加到本对象上的所有数据转换对象传递消息结束信号。

blocking——表示当处理输入数据时该对象是否被阻塞。

返回值：bool 类型。帮助文档暂时没有对此做出说明。

· bool Flush (bool hardFlush, int propagation=-1, bool blocking=true) ;

功能：以信号传递的方式刷新输入或输出缓冲区。

参数：

hardFlush——表示是否应该将所有的数据刷新。

Propagation——Flush()信号应该被传递到的附加数据转换对象个数。若 propagation

等于 1，则表示仅向本对象发出消息结束信号；若等于 –1，则表示向附加到本对象上的所有数据转换对象传递消息结束信号。

blocking——表示当处理输入数据时该对象是否被阻塞。

返回值：bool 类型。帮助文档暂时没有对此做说明。

- size_t Get (byte *outString, size_t getMax);

功能：取回一个字节类型的数据块。

参数：

outString——存放从本对象取回的数据块的缓冲区首地址。

getMax——欲取回的最大字节数。

返回值：size_t 类型。返回在调用期间实际被使用的字节数。

- lword TotalBytesRetrievable () const;

功能：常成员函数，提供为取回做好准备的字节数。

返回值：lword 类型。返回为取回做好准备的字节数。

- size_t TransferTo2 (BufferedTransformation &target, lword &byteCount, const std::string &channel=DEFAULT_CHANNEL, bool blocking=true)=0;

功能：将本对象字节类型的数据转移到另一个 BufferedTransformation 类对象中。

参数：

target——要转移的目标对象。

byteCount——要转移的字节数。

channel——该数据转移过程所发生的 channel。

blocking——表示当处理输入数据时该对象是否被阻塞。

返回值：size_t 类型。返回被留在转移数据块中数据的字节数。

- size_t ChannelPut (const std::string &channel, byte inByte, bool blocking=true) ;

功能：在 channel 上处理一个字节的输入数据。

参数：

channel——处理这个数据的 channel。

inByte——待处理的 8 比特输入数据。

blocking——表示当处理输入数据时该对象是否被阻塞。

返回值：size_t 类型。若返回 0，则表示函数调用期间所有的数据均被处理；若返回非 0 值，则表示在函数调用期间没有需要被处理的字节数据。

- virtual void Detach(BufferedTransformation* newAttachment = NULL);

功能：先删除当前附加在本对象上的数据链或节点，然后为本对象附加一条新的数据链或节点。

参数：

newAttachment——一个新的将要被附加到本对象上的 BufferedTransformation 对象。

返回值：无。

- void Attach (BufferedTransformation * newAttachment);

功能：向本对象附加一条新的数据链或节点。

参数：

newAttachment——一个新的将要被附加到本对象上的 BufferedTransformation 对象。

返回值：无。

以上罗列的函数分别涉及 BufferedTransformation 对象的数据输入、提取、转移以及向本对象附加另一个 BufferedTransformation 对象或删除附加在本对象上的 BufferedTransformation 对象。在具体的使用过程中，常常只通过构造这些对象(调用 new 运算符)来完成数据处理，此时相关的成员函数会被自动调用，而有时候也会通过类对象单独调用它们提供的这些成员函数。为了区别这两种使用方式，本书将前一种称为 Pipeling 范式技术的"自动"使用方式，而将后一种称为 Pipeling 范式技术的"手动"使用方式。有时也会将两种方式"混合"起来使用，我们把这样的使用方式称为"半自动"或"半手动"使用方式。下面先介绍 Pipeling 范式技术的自动使用方式，使读者了解这一技术的宏观特点，然后再介绍它的手动使用方式，使读者更深入地理解 Pipeling 范式技术的执行原理和实现技巧。

4.4.4 以自动方式使用 Pipeling 范式技术

下面考虑这样两个具体的数据处理场景。

(1) 用户想将一个文件中的内容以十六进制数的形式进行编码，并且要把编码的结果存到另外一个文件中。用户可能会先将文件的内容依次读取出来并以十六进制数的形式进行编码，然后再依次把编码的结果存放于另一个文件中。在这种思路的引导下，用户可能会做如下的方案规划：

① 分别打开被编码文件和存放编码结果的文件。

② 从被编码的文件中一次最多读取 2 KB(假设)的内容，把读取的内容编码并将编码结果存储于另外一个文件中。

③ 判断文件的内容是否被全部读取完毕。如果没有，那么继续执行上一步；如果读取完毕，则执行下一步。

④ 关闭所有打开的文件。

(2) 用户想计算一个文件的 Hash 值，并把计算的 Hash 值存储在 string 对象中。用户可能会首先将文件中的内容依次读取出来，然后调用 Hash 函数对象的相关成员函数去处理这些数据，最后得到这个文件的 Hash 值。在这种思路的引导下，用户可能会做如下的方案规划：

① 打开待计算 Hash 值的文件，同时定义一个 Hash 函数对象。

② 从文件中一次最多读取 2 KB(假设)的内容，把读取的内容依次输入至 Hash 函数。

③ 判断文件内容是否被全部读取完毕。如果没有，那么继续执行上一步；如果读取完毕，则执行下一步。

④ 根据 Hash 函数的最终状态计算该文件的 Hash 值，并把计算的 Hash 值存储于 string 对象中。

⑤ 关闭打开的文件。

我们描述了解决上述两个问题所需的工作，在书写代码时可能需要考虑更多的问题。通常这可能需要我们写几十行甚至上百行的代码，然而使用 Pipeling 范式数据处理技术仅仅需要一行代码。利用 CryptoPP 库的 Pipeling 范式技术实现这两种需求的数据流向，如图 4.11 所示。

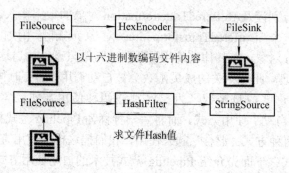

图 4.11 编码文件内容和计算文件 Hash 值的数据流向

FileSource 类、HexEncoder 类以及 FileSink 类的构造函数分别如下：

(1) File Soure 类的构造函数：

```
FileSource (BufferedTransformation *attachment=NULL);
FileSource (std::istream &in, bool pumpAll, BufferedTransformation *attachment=NULL);
FileSource (const char *filename, bool pumpAll, BufferedTransformation *attachment=NULL,
          bool binary=true) ;
FileSource (const wchar_t *filename, bool pumpAll, BufferedTransformation
          *attachment=NULL, bool binary=true);
```

FileSource 类有四种形式的构造函数，它们的各个参数意义分别如下：

① in：表示标准的输入流，以标准输入流为数据源。

② filename：表示文件名字，以磁盘上的文件为数据源。

③ pumpAll：表示是否将数据源中的数据全部输出至附加在其上的另外一个对象，也即是否允许数据全部流向 attachment 参数指向的对象。

④ attachment：一个可选的数据转移附加对象。

⑤ binary：标识 filename 所代表的文件的格式。若它为 true，则表示 filename 是二进制文件；若它为 false，则表示 filename 是 ASCII 码文件。

(2) HexEncoder 类的构造函数：

```
HexEncoder(BufferedTransformation *attachment=NULL, bool uppercase=true, int groupSize=0,
          const std::string &separator=":", const std::string &terminator="") ;
```

HexEncoder 类的构造函数只有一种形式，它的各个参数意义分别如下：

① attachment：指向附加到本对象上的另一个 BufferedTrasformation 对象。

② uppercase：表示是否将转换后的十六进制数据以大写的形式输出。

③ groupSize：将输出的 groupSize 个数据分成一组。

④ separator：表示在两组数据中间使用的分隔符号。

⑤ terminator：表示在数据结束位置添加的结束符。

(3) FileSink 类的构造函数：

```
FileSink () ;
FileSink (std::ostream &out) ;
```

```
FileSink (const char *filename, bool binary=true) ;
```

FileSink 类有三种形式的构造函数,它们的各个参数意义分别如下:

① out:一个标准输出流对象,表示以标准输出流作为 Sink。

② filename:文件名字,表示以磁盘上的文件作为 Sink。

③ binary:标识 filename 所代表的文件的格式。若它为 true,则表示 filename 是二进制文件;若它为 false,则表示 filename 是 ASCII 码文件。

下面的示例代码实现了上述第一种场景下用户的需求:

```
#include<iostream>          //使用 cout、cin
#include<files.h>           //使用 FileSource、FileSink
#include<hex.h>             //使用 HexEncoder
using namespace std;        // std 是 C++ 的命名空间
using namespace CryptoPP;   // CryptoPP 是 CryptoPP 库的命名空间
int main()
{
//将文件 test.txt 的内容以十六进制形式编码,并把编码的结果存储于文件 encoder.txt 中
    FileSource fSrc("test.txt",true,new HexEncoder(new FileSink("encoder.txt")));
    return 0;
}
```

主函数 main()中只有一行代码,它的详细执行过程如下:

首先构造一个 FileSource 对象,它的第一个参数表示将磁盘上的 test.txt 文件作为数据源(Source)。第二个参数 true 表示将数据源中的数据全部取出或让 Source 中的数据全部流向与它关联的 Filter 或 Sink 对象。第三个参数是 BufferedTransformation*指针类型,new HexEncoder()语句所产生的数据类型即为此类型,它表示将流经此 Filter 的数据依次以十六进制形式编码,编码后的数据会继续流向在它构造时关联的 FileSink 对象,即转换后的数据被存储至 encoder.txt 文件。

如果想把文件 test.txt 中的数据以十六进制形式编码后输出至标准的输出设备上,则以 cout 对象为参数构造一个 FilSink 对象即可,下面的代码段可以实现这一功能:

```
    FileSource fSrc("test.txt",true,new HexEncoder(new FileSink(cout)));
```

如果想把用户从标准输入设备上输入的数据以十六进制形式编码,然后再全部输出至 encoder.txt 文件中,则以 cin 对象为参数构造一个 FileSource 对象即可,下面的代码段能够实现这一功能:

```
    FileSource fSrc(cin,true,new HexEncoder(new FileSink("encoder.txt")));
```

当然,我们也可以将 Source 和 Sink 分别换成处理 string 字符串类型的 Source 和 Sink,即分别换成 StringSource 和 StringSink。这样数据源(Source)和数据池(Sink)就变成相应的 string 对象。例如,将一个 string 对象中的字符以十六进制形式编码,然后把编码后的结果存入另外一个 string 对象中。下面的代码段实现了字符串数据流的处理:

```
#include<iostream>          //使用 cout、cin
#include<filters.h>         //使用 StringSource、StringSink
#include<hex.h>             //使用 HexEncoder
```

```
using namespace std;                               //std 是 C++的命名空间
using namespace CryptoPP;                          //CryptoPP 是 CryptoPP 库的命名空间
int main()
{
    string instr = "I like cryptography.";         //定义一个 string 对象
    string hexstr;
    //将字符串 instr 中的字符以十六进制形式编码后存入 hexstr
    StringSource strSrc(instr,true,new HexEncoder(new StringSink(hexstr)));
    cout <<"instr="<< instr << endl;               //打印输出
    cout <<"hexstr="<< hexstr << endl;             //打印输出
    return 0;
}
```

执行程序，程序的输出结果如下：

instr=I like cryptography.

hexstr=49206C696B652063727970746F6772617068792E

请按任意键继续...

对于程序中用到的 StringSource 类和 StringSink 类在此不再解释，读者可以查看帮助文档并类比前面的示例来理解两者的构造函数。在上面的代码段中，我们可以使用表 4.7 中所列举的任何 Source、Filter 和 Sink 来替换程序中用到的相应的 Source、Filter 和 Sink，这在语法上都是合理的，它们在 Pipeling 范式数据处理链中所处的位置，如图 4.12 所示。

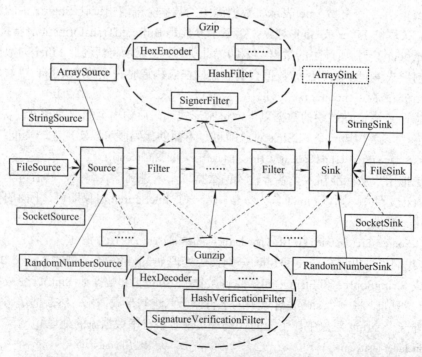

图 4.12　Source、Filter 和 Sink 在 Pipeling 范式数据处理链中所处的位置

在 Pipeling 范式数据处理链中，Source 和 Sink 可以分别是 CryptoPP 库中任何具体

的 Source 类对外和 Sink 类对象，而 Filter 可以是任何具体的 Filter 类对象，同时 Source 和 Sink 之间可以有任意多个 Filter 类对象，并且这些 Filter 的前后位置可以随意调换。下面的代码段验证了这一结论：

```
string instr = "I like cryptography.";          //待处理的字符串
string hexstr;                                   //存储字符串 instr 处理的结果
StringSource strSrc(instr, true, new Base64Encoder(new Base32Encoder (new HexEncoder(new
        StringSink(hexstr)))));                   //在 Source 和 Sink 之间插入多个 Filter 节点
```

4.4.5　以手动方式使用 Pipeling 范式技术

在上一小节中，我们学习了 Pipeling 范式技术的自动使用方式。读者从宏观上了解了这一技术给数据处理带来的便利。

由于这种类的使用方式与我们常见的使用方式不一样(在 C++中，我们通常会先使用类定义一个对象。然后，通过这个对象调用它的成员函数)，即使用 new 运算符构造一个又一个的对象，这使读者在学了上一部分内容后，能够理解所给的示例程序却不能灵活运用它们。读者可能只感觉到了它的"神奇"而不了解它的内部原理，更无法做到举一反三。下面将从微观的角度入手，介绍 Pipeling 范式技术的手动使用方式，即通过类对象单独调用它的成员函数。

若想熟练使用 Source、Filter 和 Sink，则需要抛开具体的程序设计语言。先从它们在现实中对应的具体事物入手，了解这些事物的具体行为。然后，再对这些事物的行为进行抽象。最后，用具体的程序设计语言来表述这些抽象的概念。CryptoPP 库中 Source、Filter 和 Sink 之间关系的形象描述如图 4.13 所示。

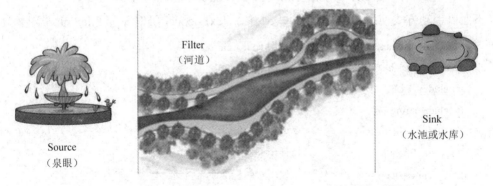

图 4.13　CryptoPP 库中 Source、Filter 和 Sink 之间关系的形象描述

前面谈到 Pipeling 范式技术将数据流抽象成水流，数据从 Source 流出，经由 Filter，最后到达 Sink。Source 就好比现实中的泉眼(泉源)，它是水的源头，它可以源源不断地向外泵出它含有的水，直至干涸。但是，这个泉源有些特殊，它不允许我们将外界的水存入其内。Filter 类似于现实中的河道，当水从 Source 流出后，它在河道流动的过程中，我们可以以各种方式来使用它。例如，在河道的某处设置一个鱼筛，捕捞顺水而下的鱼。又例如，在河道的某处设置一个沙筛，获取水中的沙子。Filter 与 Source、Sink 都不同，它既允许水流入，又允许水流出。Sink 就好像一个水池(或水库)，当水流到河道的尽头

时，水池就是它最终的归宿，Sink 能够存储无限多的水。同样的，这个水池也有些特殊，水一旦被存入其内，我们就无法取回。需要注意的是，这里的形象描述来自编者使用 CryptoPP 库的经验。它对理解接下来要讲解的内容以及 CryptoPP 库的 Pipeling 范式技术很有帮助。在此，我们不考虑 CryptoPP 库的开发者引入这一技术的初衷和它的设计理念。

在 4.4.3 小节，我们列举了一些 BufferedTransformation 类的成员函数，并详细解释了它们的含义。由于 BufferedTransformation 类是 Source 类、Filter 类和 Sink 类的共同基类，所以它们也都含有这些成员函数。然而，这并不意味着它们都可以使用这些成员函数。由于 Source 只能向外泵出数据而不能向其中存入数据，所以在使用 Source 类对象时，只能调用具有"取出数据"功能的成员函数，如成员函数 Get()。又由于 Filter 类既可以存入数据，又可以取出数据，所以使用 Filter 类对象时，既可以调用具有"存入数据"功能的成员函数，又可以调用具有"取出数据"功能的成员函数，如成员函数 Put()和 Get()。类似地，由于 Sink 类只能用于存入数据，所以使用 Sink 类对象时，只能够调用具有"存入数据"功能的成员函数，如 Put()函数。Source 类对象、Filter 类对象和 Sink 类对象的手动操作方式如图 4.14 所示。

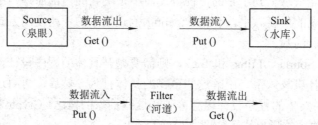

图 4.14　Source 类对象、Filter 类对象和 Sink 类对象的手动操作方式

下面以手动方式使用 StringSource 类对象、HexEncoder 类对象和 FileSink 类对象。

```
#include<iostream>              //使用 cout、cin
#include<files.h>>              //使用 FileSink
#include<hex.h>                 //使用 HexEncoder
#include<string>                //使用 string
#include<secblock.h>            //使用 SecByteBlock
#include<filters.h>             //使用 StringSource
using namespace std;            //使用 C++标准命名空间 std
using namespace CryptoPP;       //使用 CryptoPP 库的命名空间
int main()
{
    string message = "I like Cryptography.";          //定义一个 string 对象
    //以手动方式使用 Source 类对象——以 message 对象为真实的 Source
    StringSource msg_str_src(message, true);          //定义一个 StringSource 对象
    SecByteBlock sec_get(4) ;                         //定义一个 SecByteBlock 对象
    cout <<"StringSource 对象中可取回的字符数："<< msg_str_src.MaxRetrievable() << endl;
```

```
        msg_str_src.Skip(2) ;                          //跳过 Source 中的前两个字符，即"I "
        msg_str_src.Get(sec_get, sec_get.size());      //从 Source 中取出 4 个字符
        cout <<"StringSource 对象中可取回的字符数: "<< msg_str_src.MaxRetrievable() << endl;
        //以手动方式使用 Filter 对象
        HexEncoder hex_enc_src;                         //定义一个 Filter 对象
        cout <<"HexEncoder 对象中可取回的字符数: "<< hex_enc_src.MaxRetrievable() << endl;
        hex_enc_src.Put(sec_get, sec_get.size());       //将从 Source 取出的数据存入 Filter
        cout <<"HexEncoder 对象中可取回的字符数: "<< hex_enc_src .MaxRetrievable()<< endl;
        //以手动方式使用 Sink 对象——以 cout 对象为真实的 Sink 对象
        FileSink cout_sink(cout);                       //定义一个 Sink 对象
        //将从 Source 对象中取出的数据存入 Sink 对象中
        cout_sink.Put(sec_get, sec_get.size());         //打印输出 sec_get 中的内容
        sec_get.resize(hex_enc_src.MaxRetrievable());   //重置 sec_get 的大小
        hex_enc_src.Get(sec_get, sec_get.size());       //从 Filter 中取出 8 个字符

        cout << endl;
        //将从 Filter 对象中取出的数据存入 Sink 对象中
        cout_sink.Put(sec_get, sec_get.size());         //打印输出 sec_get 中的内容

        cout << endl;
        return 0;
    }
```

执行程序，程序的输出结果如下：

```
    StringSource 对象中可取回的字符数: 20
    StringSource 对象中可取回的字符数: 14
    HexEncoder 对象中可取回的字符数: 0
    HexEncoder 对象中可取回的字符数: 8
    like
    6C696B65
    请按任意键继续...
```

下面分析程序的关键代码段：

当程序进入主函数 main()后，先构造一个 StringSource 类对象，并且将它与 string 对象相关联。这些操作完成后，msg_str_src 对象中拥有一个"I like Cryptography."类型的字符串数据流。

```
    StringSource msg_str_src(message, true);           //定义一个 StringSource 类对象
```

此时，msg_str_src 对象中可取回的字符数为 20(见程序输出结果的第 1 行)，即字符串"I like Cryptography."的长度。接着，跳过 msg_str_src 对象中的前 2 个字符(包含空格)，它包含的数据流变为"like Cryptography."。然后，调用 msg_str_src 对象的成员函数 Get()，从中取出 4 个字符，即取出的字符为"like"(见程序输出结果

的第 5 行)。

```
msg_str_src.Skip(2) ;                    //跳过 Source 中的前两个字符，即"I"
msg_str_src.Get(sec_get, sec_get.size());    //从 Source 中取出 4 个字符
```

由于跳过了 2 个字符且取出了 4 个字符，所以 msg_str_src 对象中可取回的字符数为 14(见程序输出结果的第二行)。然后，定义了一个 HexEncoder 类对象(HexEncoder 属于 Filter，它的功能是将输入的数据转换成十六进制数)，同时将从 msg_str_src 对象中取出的 4 个字符存入其内。

```
HexEncoder hex_enc_src;                   //定义一个 Filter 对象
hex_enc_src.Put(sec_get, sec_get.size());     //将从 Source 取出的数据存入 Filter
```

在向 hex_enc_src 对象输入数据前和输入数据后，我们分别查看了从它内部可以取回的字符个数(见程序输出结果的第三行和第四行)。

之后，我们定义了一个 FileSink 类对象，它以标准输出设备对象 cout 为真实的 Sink。也即当我们向它存入数据时，数据实际上被打印输出至标准输出设备(控制台程序窗口)。接着，向该对象存入数据，程序输出一个字符串"like"(见程序输出结果的第五行)。

```
FileSink cout_sink(cout);                 //定义一个 Sink 对象
cout_sink.Put(sec_get, sec_get.size());       //打印输出 sec_get 中的内容
```

在程序的最后，我们先从 hex_enc_src 对象中取出被编码的数据。然后，把它也存入 cout_sink 对象中，程序输出"6C696B65"(见程序输出结果的第六行)。

```
hex_enc_src.Get(sec_get, sec_get.size());   //从 Filter 中取出 8 个字符
cout_sink.Put(sec_get, sec_get.size());      //打印输出 sec_get 中的内容
```

上面的示例程序向读者展示了如何以手动方式使用 Pipeling 范式数据处理技术。对于 Source、Filter 和 Sink 而言，从它们中取出或向它们存入数据的成员函数还有很多，读者可以参考 CryptoPP 库的帮助文档。需要明白的是，只能从 Source 中取数据，只能向 Sink 存入数据，而对于 Filter 而言，则即允许向它存入数据，也允许从它内部取出数据。如果违反了这些设计准则，那么程序会出错。下面的代码段就是一个错误的案例：

```
ECDSA<ECP, Tiger>::PrivateKey Sig_client;           //定义 ECDSA 算法私钥对象
Sig_client.Load(FileSink("sin_prikey_client.der", true).Ref());   //加载客户端签名私钥
```

程序的开发者想从磁盘上的文件中读取 ECDSA 签名私钥，但是他却构造了一个与存私钥相关的 FileSink 类对象。由于我们只能向 Sink 中存入数据，而不能读取数据。因此，上面的代码段会出现错误。正确的书写方式如下所示：

```
ECDSA<ECP, Tiger>::PrivateKey Sig_client;           //定义 ECDSA 算法私钥对象
Sig_client.Load(FileSource("sin_prikey_client.der", true).Ref());  //加载客户端签名私钥
```

4.4.6　以半手动或半自动方式使用 Pipeling 范式技术

从前面两部分内容可以看出，Pipeling 范式技术的自动使用方式使得程序设计变得

非常简单。在处理数据时，我们仅需要使用"new"运算符创建一个又一个的对象。然而，它不够灵活，我们只能按照预定的几种方式来处理数据。而它的手动使用方式则非常灵活，但是它太过繁琐。在处理数据时，我们要频繁地向一个对象"存入数据"或从另一个对象"取出数据"。若能将这两种方式进行组合，从而避开各自的缺点，则能够使数据处理既简单，又灵活。

CryptoPP 库允许我们将这两种使用方式进行结合。然而，这种使用方式是建立在允许向数据链动态添加节点的基础之上。这就好比现在有一个泉源，但是却没有它内部的水可以流出的河道。我们可以在任何时刻挖掘一个河道，使它内部的水流向我们所期望的水库。这句话暗示了可以向 Source 和 Filter 动态地添加数据链节点，而不可以向 Sink 动态地添加数据链节点。当然，CryptoPP 库也允许我们动态地删除某个或某些数据链节点。在 CryptoPP 库中，可以调用"附着"类型的成员函数为某个数据链添加节点，例如，成员函数 Attach()，如图 4.15(a)所示。我们还可以调用"分离"类型的成员函数删除某个或某些数据链节点，例如，成员函数 Detach()，如图 4.15(b)所示。

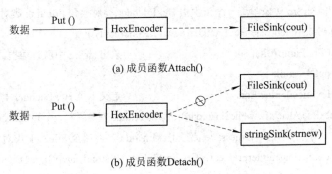

(a) 成员函数Attach()

(b) 成员函数Detach()

图 4.15　动态地添加或删除数据链上的节点

在图 4.15 中，成员函数 Put()、Attach()和 Detach()分别表示施加在 HexEncoder 类对象上的操作，而 cout 表示标准输出流对象，而 strnew 表示一个 string 对象。

当向数据链添加了一个或者更多的节点后，通过手动方式操作数据链最前面的节点，就可以使数据链后面的节点依次自动完成数据的处理。我们将这种 Pipeling 范式数据处理方式称为半手动或半自动数据处理。

下面的示例程序演示了如何向数据链添加节点，如何以半手动或半自动方式使用 Pipeling 范式技术。代码如下：

```
#include<iostream>          //使用 cout、cin
#include<hex.h>             //使用 HexEncoder
#include<files.h>>          //使用 FileSink
#include<string>            //使用 string
#include<filters.h>         //使用 StringSource
using namespace std;        //使用 C++ 标准命名空间 std
using namespace CryptoPP;   //使用 CryptoPP 库的命名空间
int main()
{
```

```
    try
    {
        string message = "I like Cryptography.";      //定义一个 string 对象
        StringSource strSrc(message, false);          //定义一个 StringSource 类对象
        if (strSrc.Attachable())                      //判断该对象是否允许其他对象附着
            cout <<"允许向 StringSource 附着新的数据链节点"<< endl;
        else
            cout <<"不允许向 StringSource 附着新的数据链节点"<< endl;
        FileSink cout_sink(cout);                     //定义一个 FileSink 类对象
        if (cout_sink.Attachable())                   //判断该对象是否允许其他对象附着
            cout <<"允许向 FileSink 附着新的数据链节点"<< endl;
        else
            cout <<"不允许向 FileSink 附着新的数据链节点"<< endl;
        //向 strSrc 对象附着一个依次由 HexEncoder 类对象和 FileSink 类对象组成的数据链
        strSrc.Attach(new HexEncoder(new FileSink(cout)));
        strSrc.PumpAll();                             //泵出 strSrc 中所有数据,即字符串 message
        cout << endl;
        HexEncoder hexEnc;                            //定义一个 HexEncoder 类对象
        hexEnc.Attach(new FileSink(cout));    //向 hexEnc 对象附着一个 FileSink 类关联的 cout 对象
        //让字符串数据流 message 流经 HexEncoder,并流至 FileSink 类对象
        hexEnc.Put(reinterpret_cast<CryptoPP::byte*>(&message[0]), message.size());
        cout << endl;
        string strnew;//定义一个 string 对象
        hexEnc.Detach(new StringSink(strnew));        //分离原节点,附着新节点
        //让字符串数据流 message 流经 HexEncoder,并流至 FileSink 类关联的 strnew 对象
        hexEnc.Put(reinterpret_cast<CryptoPP::byte*>(&message[0]), message.size());
        cout << strnew << endl;                       //打印输出 strnew 对象中的内容
    }
    catch (const Exception& e)
    {//出现异常
        cout << e.what() << endl;                     //异常原因
    }
    return 0;
}
```

执行程序,程序的输出结果如下:

```
允许向 StringSource 附着新的数据链节点
不允许向 FileSink 附着新的数据链节点
49206C696B652043727970746F6772617068792E
49206C696B652043727970746F6772617068792E
```

49206C696B652043727970746F6772617068792E

请按任意键继续...

下面分析程序的关键代码段：

当程序进入主函数 main() 后，首先定义了一个 string 对象 message。接下来，分别创建了一个 StringSource 类对象(strSrc)和 FileSink 类对象(cout_sink)，并且将 message 对象和 strSrc 对象进行关联，即前者作为后者真实的 Source。然后，调用它们各自的成员函数 Attachable()。从程序的执行结果可以看出，允许向 StringSource 类对象添加新的节点(见程序输出结果的第一行)，而不允许向 FileSink 对象添加新的节点(见程序输出结果的第二行)。

之后，调用 strSrc 对象的成员函数 Attach()，手动向该对象添加节点。此时，strSrc 对象、HexEncoder 类对象和 FileSink 类对象形成了一条完整的数据链。

```
strSrc.Attach(new HexEncoder(new FileSink(cout)));
```

接着，调用 strSrc 对象的成员函数 PumpAll()，即将 strSrc 对象中的所有数据泵出。

```
strSrc.PumpAll();//泵出 strSrc 中所有数据，即字符串 message
```

此时，数据先流经 HexEncoder 类对象，然后流至 FileSink 类对象。该行代码执行完毕后，字符串 message 中的数据会被以十六进制形式编码并输出至屏幕(见程序输出结果的第三行)。

程序继续向下执行，接着定义一个 HexEncoder 类对象(hexEnc)，并向该对象附加一个 FileSink 类对象。

```
hexEnc.Attach(new FileSink(cout));//向 hexEnc 对象附着一个 FileSink 类关联的 cout 对象
```

然后，调用 hexEnc 对象的成员函数 Put()，即向该 Filter 存入 message 对象表示的字符串数据，它的作用是将字符串 message 中的数据以十六进制形式编码。

```
hexEnc.Put(reinterpret_cast<CryptoPP::byte*>(&message[0]), message.size());
```

由于与 hexEnc 对象相关的真实 Sink 是一个 cout 对象，所以数据被以十六进制形式编码后，再次输出至屏幕(见程序输出结果的倒数第二行)。接下来，调用 hexEnc 的成员函数 Detach()，并以 StringSink 类对象为参数。

```
hexEnc.Detach(new StringSink(strnew));                    //分离原节点，附着新节点
```

该代码段执行完毕后，hexEnc 对象与附着在其上的旧数据链节点分离，并将 Detach() 参数所指定的节点设置为它的新节点。继续调用 hexEnc 对象的成员函数 Put()，向该对象再次输入字符串 message 所表示的数据。

```
hexEnc.Put(reinterpret_cast<CryptoPP::byte*>(&message[0]), message.size());
```

由于与 hexEnc 对象相关的真实 Sink 是一个 strnew 对象，所以数据先被以十六进制形式编码，然后输出至 strnew 对象中。

在程序的最后，输出 strnew 中的内容(见程序输出结果的倒数第一行)。

4.4.7　一个特殊的 BufferedTransformation 类——ByteQueue

读者可能对 4.4.5 小节中的示例程序产生另外一个疑惑。对于河道而言，它不能储存水，水从泉眼流出后，就会一直从上游永不停歇地流至下游。当我们将数据存入

HexEncoder 类对象后，这些数据会消失吗？如果会消失，那么它什么时候消失？如果不会消失，那么这些经过处理的数据又会被存储于什么地方？例如：

```
HexEncoder hex_enc_src;                    //定义一个 Filter 对象
//...
hex_enc_src.Put(sec_get, sec_get.size());  //将从 Source 取出的数据存入 Filter, 存入的数据会消失？
```

首先，可以肯定的是，这些数据不会消失，因为当程序在后面调用 hex_enc_src 对象的成员函数 Get()时，成功取回了这些数据。我们还可以确定的是，在程序运行期间，这些数据一定存在于内存中，因为在程序运行期间没有发现磁盘上有新产生的文件。

既然这些数据存在于内存中，那么就需要设计一种特殊的数据结构来存储它们。根据前面的内容我们知道，Source 类、Filter 类和 Sink 类均属于 BufferedTransformation 类的子类，并且它们之间能够很好地进行数据"转移"(可以以自动、手动、半手动或半自动方式使用它们)。

在前面所述情况下，存储这些数据的理想结构应该也继承自 BufferedTransformation 类，并且它也应该像 Filter 类一样，既允许存入数据，又允许取出已经存入的数据。在第 3 章我们介绍了 CryptoPP 库中的一个特殊链表结构——ByteQueue 类，它刚好满足这些条件。由于 ByteQueue 类也是 BufferedTransformation 类的子类，所以它可以与任何的 Source 类、Filter 类和 Sink 类连接成数据链。实际上，CryptoPP 库就是这样做的。

在 CryptoPP 库早期的版本中，当创建 Source 类对象时，若没有为它关联 Filter 对象或 Sink 对象，则该对象会自动创建一个 ByteQueue 类对象，用于接收它流出的数据。同样地，当创建 Filter 类对象时，若没有为它关联 Filter 对象或 Sink 对象，则该对象也会自动创建一个 ByteQueue 类对象，用来接收存入的或处理过的数据。下面以 FileSource 类对象的构造过程为例，向读者说明这一论断。

当我们以一个文件名字为参数来构造 FileSource 类对象时，下面的构造函数将会被调用：

```
FileSource::FileSource(const char *filename, boolpumpAndClose, BufferedTransformation *outQueue)
    : Source(outQueue), file(filename, ios::in | BINARY_MODE | FILE_NO_CREATE), in(file)
{
    //...
}
```

由此可以看到，FileSource 类在构造时，会通过构造函数的参数初始化列表引发基类 Source 的构造。需要注意的是，这里所说的 Source 指的是 FileSource 的基类，而不是 Pipeling 范式中数据源概念的泛化。它的基类 Source 只有一个构造函数，定义如下：

```
Source(BufferedTransformation *outQ = NULL)
    : Filter(outQ)
{
    //...
}
```

由此可以再次发现，Source 类在构造时，仍然是先通过参数初始化列表构造基类 Filter。需要注意的是，这里所说的 Filter 类指的是 Source 类的基类，而不是 Pipeling 范式中数据筛概念的泛化。Filter 类以 BufferedTransformation*为参数的构造方式只有一种，定义如下：

```
Filter::Filter(BufferedTransformation *outQ)
    : outQueue(outQ ? outQ : new ByteQueue)
{
    //...
}
```

Filter 类通过参数初始化列表构造其内的数据成员 outQueue，而这个数据成员正是数据链的下一个节点。

```
outQueue(outQ ? outQ : new ByteQueue) ;
```

等价于

```
outQueue = outQ ? outQ : new ByteQueue ;
```

也即，当 outQ = NULL 时，自动创建一个 ByteQueue 对象，并将它设置为数据链的下一个节点。下面的代码段会自动引发一个 ByteQueue 对象的创建：

```
HexEncoder hex_enc;//会自动创建一个 ByteQueue 对象
```

上面的代码段来自 CryptoPP 库的 2.3 版本。在 7.0 版本中，创建 ByteQueue 对象的时机发生了改变。只有当一个对象"真正"需要下一个节点存储数据时，才为该对象隐式地创建一个 ByteQueue 对象(读者可以参考 CryptoPP 库的源代码)。例如，Source 对象执行了泵出数据的操作。又例如，Filter 对象执行了数据存入操作。下面的代码段展示了 ByteQueue 对象的创建时机：

```
string message = "I like Cryptography.";
HexEncoder hex_enc;//此时，不创建 ByteQueue 对象
//此时，自动创建一个 ByteQueue 对象，因为 HexEncoder 需要保存存入的数据
hex_enc.Put(reinterpret_cast<CryptoPP::byte*>(&message[0]), message.size());
```

4.4.8　单链型与多分支型 Pipeling 范式数据链

前面介绍的 Pipeling 范式数据链是单链型的，那么能否让这条数据链在某个"节点"处分岔，即让单链型的数据链变成多分支型的数据链。多分支型的数据链对于某些应用情形非常有帮助，考虑下面这样一个数据处理场景。

现有一个文件，它的内容是 Base64 编码规则下的可打印字符。用户想把该文件解码后存储于另外一个文件，而且还想对解码后的文件内容做数字签名，同时他还想计算解码后文件的 Hash 值。在单链型的 Pipeling 范式数据处理思想引导下，用户可能会用三条独立的数据链分别完成上述场景要求的三种数据处理任务，如图 4.16(a)所示。然而，这存在着重复构造 FileSource 类对象的情形。如果允许单链型的 Pipeling 数据链有多个分支，那么就可以避免这种情况的发生，如图 4.16(b)所示。

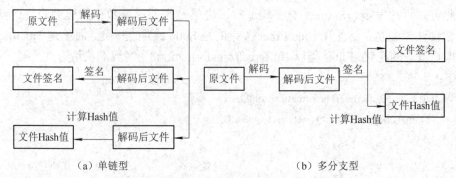

（a）单链型　　　　　　　　　　　　　　（b）多分支型

图 4.16　单链型与多分支型 Pipeling 范式数据链

CryptoPP 库确实向用户提供了这种数据处理形式。程序库中定义了两个特殊的 Sink，它们分别是 Redirector 类和 ChannelSwitch 类，它们也派生于 BufferedTransformation 类。前者定义于头文件 filters.h 中，后者定义于头文件 channels.h 中。Redirector 类可以将输入的数据流重定向到另外一个不属于本对象的 BufferedTransformation 对象中。ChannelSwitch 类具有将数据流路由输入到多个不同通道上的功能，也就是说，它可以使图 4.10 中单链型的数据流分岔，每个分出来的数据链还可以附加不同数量的 Filter 并以一个 Sink 终止，如图 4.17 所示。

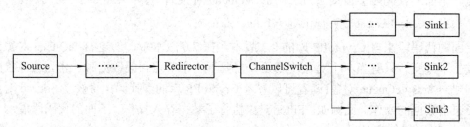

图 4.17　Redirector 类和 ChannelSwitch 类可以使数据流产生多个分支

Redirector 类有两个构造函数，它们的定义和各个参数的意义分别如下：

Redirector() ;

Redirector(BufferedTransformation &target, Behavior behavior=PASS_EVERYTHING) ;

参数：

target——将输入至本对象的数据重定向到的目的 BufferedTransformation 对象。

Behavior——Behavior 类型的枚举变量。该参数指定了信号的传播方式。

ChannelSwitch 类有许多的成员函数，它的"Add"类型成员函数实现了添加数据链的功能，而"Remove"类型成员函数实现了移除或删除数据链的功能。下面两个函数分别实现了添加和移除数据流链的功能：

void　AddDefaultRoute (BufferedTransformation &destination) ;

void　RemoveDefaultRoute (BufferedTransformation &destination) ;

参数 destination：向本对象添加或移除的数据流链。

下面的示例演示了 Redirector 类和 ChannelSwitch 类的使用方法。本示例以一个 string 对象为数据源 Source，利用重定向器让 Source 中流出的数据分叉至 ChannelSwitch 对象关联的三条数据流。它们的作用分别是：让 Source 中的数据直接输出至标准输出设备；将 Source 中的数据转换成 Base32 编码并存储到 string 对象中；将 Source 中的数据转换成 Base64 编码并存储到 string 对象中。示例代码如下：

```cpp
#include<iostream>                                    //使用 cout、cin
#include<filters.h>                                   //使用 StringSource、StringSink
#include<base32.h>                                    //使用 Base32Encoder
#include<base64.h>                                    //使用 Base64Encoder
#include<files.h>                                     //使用 FileSink
#include<channels.h>                                  //使用 ChannelSwitch
using namespace std;                                  //std 是 C++的命名空间
using namespace CryptoPP;                             //CryptoPP 是 CryptoPP 库的命名空间
int main()
{
    string message = "I like Cryptography.";
    string str1,str2;                                 //定义两个 string 对象，用于存放编码后的字符串
    FileSink fsink(cout);                             //将标准输出设备作为 Sink
    Base32Encoder b32enc(new StringSink(str1));       //将数据以 Base32 编码后存入 str1 对象中
    Base64Encoder b64enc(new StringSink(str2));       //将数据以 Base64 编码后存入 str2 对象中
    ChannelSwitch cs;                                 //定义一个 ChannelSwitch 对象
    cs.AddDefaultRoute(fsink);                        //添加第一条数据链
    cs.AddDefaultRoute(b32enc);                       //添加第二条数据链
    cs.AddDefaultRoute(b64enc);                       //添加第三条数据链
    cout <<"message=";                                //打印输出 string 对象 message 中的内容
    StringSource ss(message,true,new Redirector(cs)); //将数据源中的数据同时泵出至多条数据链
    cout << endl <<"str1="<< str1 << endl;            //打印输出 string 对象 str1 中的内容
    cout <<"str2="<< str2 << endl;                    //打印输出 string 对象 str2 中的内容
    return 0;
}
```

执行程序，程序的输出结果如下：

```
message=I like Cryptography.
str1=JESG24MMNWSEG6V3QB4G835UNF2GS8JQ
str2=SSBsaWtlIENyeXB0b2dyYXBoeS4=
请按任意键继续. . .
```

本部分主要介绍了如何使用 CryptoPP 库的 Pipeling 范式技术进行数据处理。通过前面的这些示例可以看出，它给程序的数据处理带来许多便利。建议读者在以后的编程中要尽量使用该技术。限于篇幅，本小节没有演示表 4.7 中所有 Source 类、Filter 类以及 Sink 类的使用方法，读者可以参考帮助文档或本书后续章节的相应内容。除了这些使用方式外，对于某些特殊的 Filter 类，我们还可以为每个数据链设置一个 ID 标识，并通过这个 ID 来决定数据的流向(详见 4.6 节的相关内容)。此外，我们还可以选择以阻塞模式还是非阻塞模式处理数据。关于更多的 Pipeling 范式数据处理技术，详见 CryptoPP 库的帮助文档。

4.5　计　时　器　工　具

CryptoPP 库通过封装操作系统提供的计时类函数，设计了两个统计程序运行时间的类，它们分别是 Timer 类和 ThreadUserTimer 类，如表 4.8 所示。

表 4.8　CryptoPP 库中的计时器类

计时器的名字	所在的头文件	备注
Timer	hrtimer.h	无
ThreadUserTimer	hrtimer.h	在不同的平台有较大的差异

Timer 类是一个高精度的计时器。ThreadUserTimer 类在不同平台下的实现不同，该类的目的是计算 CPU 执行当前线程所花费的时间，它只有在 Windows NT 以及后续的桌面系统和服务器系统上能够达到该目的。在 Unix 系统上，它统计的是进程运行的时间；在 Windows Phone 和 Windows Store 上，它以性能计数器的精度统计挂钟时间；在其他的系统上，它计算的也是挂钟时间。

Timer 类和 ThreadUserTimer 类均派生于 TimerBase 类，它们之间的继承关系如图 4.18 所示。

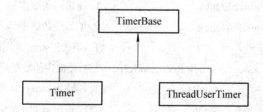

图 4.18　Timer 类和 ThreadUserTimer 类的在 CryptoPP 库中的继承关系

TimerBase 类为所有计时器类算法提供了共同的接口，它在头文件 **hrtimer.h** 中的完整定义如下：

```
class    TimerBase
{
public:
    enum Unit {SECONDS = 0, MILLISECONDS, MICROSECONDS, NANOSECONDS};
    TimerBase(Unit unit, bool stuckAtZero)
        : m_timerUnit(unit), m_stuckAtZero(stuckAtZero), m_started(false)
        , m_start(0), m_last(0) {}
    virtual TimerWord GetCurrentTimerValue() =0;
    virtual TimerWord TicksPerSecond() =0;
    void StartTimer() ;
    double ElapsedTimeAsDouble();
    unsigned long ElapsedTime();
```

```
private:
    double ConvertTo(TimerWord t, Unit unit);
    Unit m_timerUnit;
    bool m_stuckAtZero, m_started;
    TimerWord m_start, m_last;
};
```

下面分别解释这些成员函数的具体含义:

- virtual TimerWord GetCurrentTimerValue() =0;

功能: 提供从计时开始到调用该函数时经历的时间间隔。

返回值: TimerWord 类型。返回计时开始到调用该函数时经历的时间间隔。

- virtual TimerWord TicksPerSecond() =0;

功能: 提供每秒的滴答数。

返回值: TimerWord 类型。返回计时器每秒的滴答数。

- void StartTimer();

功能: 计时开始。该函数被调用后, 表示计时器开始计时。

返回值: 无。

- double ElapsedTimeAsDouble();

功能: 提供从计时开始到调用该函数时经历的时间。

返回值: double 类型。返回从计时开始到调用该函数时经历的时间。

- unsigned long ElapsedTime();

功能: 提供从计时开始到调用该函数时经历的时间间隔。

返回值: long 类型。返回计时开始到调用该函数时经历的时间间隔。

下面以 Timer 类为例演示计时器类算法的使用方法:

```
#include<iostream>              //使用 cout、cin
#include<hrtimer.h>             //使用 Timer
using namespace std;            // std 是 C++的命名空间
using namespace CryptoPP;       // CryptoPP 是 CryptoPP 库的命名空间
int main()
{
    //定义一个 Timer 对象, 并且设置计时器以秒为单位
    Timer tm(TimerBase::SECONDS);
    cout <<"当前计数器的值: "<< tm.GetCurrentTimerValue() << endl;
    cout <<"当前计数器的值: "<< tm.GetCurrentTimerValue() << endl;
    size_t sum=0;
    tm.StartTimer(); //开始计时
    for(size_t i=0; i < 0xffffffff-1;++i)
        sum+=i;                              //待统计执行时间的语句
    cout <<"执行(0xffffffff-1)次加法花费的时间: "<< tm.ElapsedTimeAsDouble() << endl;
    size_t mul=1;
```

```
    tm.StartTimer();                                //开始计时
    for(size_t i=0; i < 0xffffffff-1;++i)
        mul*=i;                                     //待统计执行时间的语句
    cout <<"执行(0xffffffff-1)次乘法花费的时间: "<< tm.ElapsedTimeAsDouble() << endl;
    return 0;
}
```

执行程序，程序的输出结果如下：

　　当前计数器的值：60797074931

　　当前计数器的值：60797730934

　　执行(0xffffffff-1)次加法花费的时间：0.00952409

　　执行(0xffffffff-1)次乘法花费的时间：4.46219e-007

　　请按任意键继续...

ThreadUserTimer 类的使用方式与此类似，读者可以把它作为练习。

4.6　秘密分割门限工具

考虑这样一个场景：有 11 个科学家正在从事一项秘密工作。他们希望将某份文档存储在一个储藏柜中，要打开这个柜子需要输入正确的口令。为了保证文档的机密性、决策的公平性，要求当且仅当至少有 6 个以上的科学家同意打开这个柜子时，这个储藏柜才能被打开。

这要求 11 个科学家中的任何一个人都不能知道打开这个柜子的正确口令，然而，他们每个人都需要知道一个和口令紧密相关的秘密信息。当这些秘密信息的数量达到或者超过预设的门限值时，就可以从这些秘密信息中恢复出正确的口令，进而可以使用这个口令把柜子打开。秘密分割门限技术能够很好地解决此类问题。

秘密分割也称为秘密共享或秘密传播，是一种将秘密分散于一群参与者中的方法，这些参与者中的每一个都拥有秘密的一个份额。如果组合在一起的秘密份额超过了一定数量，那么原始的秘密信息就能够被重构；否则，不能得到原始秘密的任何信息。以下是它的一般性描述。

假定这个秘密是数据 D，我们把 D 分成 n 个份额，它们分别是 $D_1, D_2, \ldots, D_n$。它们满足如下的要求：

(1) 如果知道 $D_i (0 < i \le n)$ 中的 k 个或多于 k 个份额，那么很容易计算出原始的秘密数据 D。

(2) 如果知道 $D_i (0 < i \le n)$ 中的 $(k-1)$ 个或小于 $(k-1)$ 个份额，那么无法计算出原始的秘密数据 D。

这样的方案也被称为 (k, n) 门限方案(Threshold Scheme)。

CryptoPP 库为用户提供了两种秘密分割门限工具，它们分别是 Shamir 秘密共享算法和 Rabin 信息传播算法。CryptoPP 库中有 4 个类，它们分别对应这两种算法的秘密分割和秘密恢复功能，如表 4.9 所示。

表 4.9　CryptoPP 库中的秘密分割门限算法

类的名字	所在的头文件	功　能	备　　注
SecretSharing	ida.h	秘密分割	Shamir 秘密共享算法变种
SecretRecovery	ida.h	秘密恢复	Shamir 秘密共享算法变种
InformationDispersal	ida.h	秘密分割	Rabin 信息传播算法变种
InformationRecovery	ida.h	秘密恢复	Rabin 信息传播算法变种

秘密分割门限工具在 CryptoPP 库中的简化继承关系如图 4.19 所示。

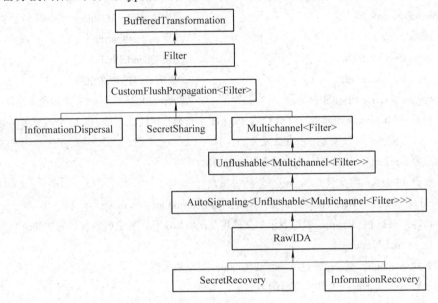

图 4.19　秘密共享工具的简化继承关系

从图 4.19 中可以看出，这 4 个类在本质上都属于 Pipeling 范式数据处理技术中的 Filter，具体的秘密分割算法继承了 BufferedTransformation 基类提供的接口，而具体的秘密恢复算法则还包含 Multichannel、Unflushable 和 AutoSignaling 等基类的接口。CryptoPP 库的秘密分割算法和秘密恢复算法类都只有一个构造函数，它们在头文件 ida.h 中的定义如下：

SecretSharing (RandomNumberGenerator &rng, int threshold, int nShares,

　　BufferedTransformation *attachment=NULL, bool addPadding=true);

SecretRecovery (int threshold, BufferedTransformation *attachment=NULL, bool removePadding=true);

InformationDispersal (int threshold, int nShares, BufferedTransformation *attachment=NULL,

　　bool addPadding=true);

InformationRecovery (int threshold, BufferedTransformation *attachment=NULL,

　　bool removePadding=true);

下面解释这些构造函数参数的含义：

rng：一个随机数发生器对象的引用。

threshold：在恢复被分割数据时需要的陷门数量(陷门数)，类似于(k,n)门限方案中的 k。

nShares：将数据分割成份额的数量(份额数)，类似于(k,n)门限方案中的 n。

attachment：附加的可选数据转移对象。

addPadding：表示在分割数据时是否填充，一般选择是(true)。

removePadding：表示在恢复数据时是否移除填充，一般选择是(true)。

下面以 Shamir 秘密共享算法为例，首先演示将一个文件分割成多个文件的方法。然后，演示如何用分割后的这些文件中的一定份额恢复出原始文件。代码如下：

```cpp
#include<iostream>                    //使用 cout、cin
#include<string>                      //使用 string
#include<files.h>                     //使用 FileSource
#include<osrng.h>                     //使用 AutoSeededRandomPool
#include<ida.h>                       //使用 SecretSharing
#include<channels.h>                  //使用 ChannelSwitch
using namespace std;                  //std 是 C++的命名空间
using namespace CryptoPP;             //CryptoPP 是 CryptoPP 库的命名空间
//功能：将 filename 表示的文件分割成 nShares 个份额，并且当有 threshold 个或更多的这些份
//      额时，可以恢复 filename 文件的内容
//参数 threshold：设置秘密分割时需要的陷门数
//参数 nShares：将文件 filename 分割的份额数
void SecretShareFile(int threshold,int nShares,const string inFilenames);
//功能：根据 inFilenames 数组表示的文件恢复出原始文件，并且将恢复后的文件命名为
//      outFilename
//参数 threshold：输入陷门数，即 inFilenames 数组的长度
//参数 outFilename：文件恢复后的名字
//参数 inFilenames：string 数组，表示输入的 threshold 文件名字
void SecretRecoverFile(int threshold,const string& outFilename,const vector<string>&
inFilenames);
int main()
{
    try{
        string filename;                  //待分割文件的名字
        int threshold, nShares;           //陷门数和份额数
        cout <<"待分割文件的名字：";
        getline(cin,filename);
        cout <<"陷门值(threshold):";
        cin >> threshold;
        cout <<"分割的份额数(nShares):";
        cin >> nShares;
        SecretShareFile(threshold,nShares,filename);      //执行文件分割
        cout <<"恢复文件时，拥有的陷门数：";
        cin >> threshold;
```

```
        cin.sync();                                         //清空输入流缓存
        vector<string> inFilenames;                         //string 数组，存储输入的文件名
        for(int i=0; i < threshold;++i)
        {
            cout <<"输入文件名: ";
            string file;
            getline(cin,file);
            inFilenames.push_back(file);
        }
        cout <<"设置恢复后的文件名: ";
        getline(cin,filename);
        SecretRecoverFile(threshold,filename,inFilenames);     //执行文件恢复
    }
    catch(const Exception& e)
    {   //出现异常
        cout << e.what() << endl; //异常原因
    }
    return 0;
}
void SecretShareFile(int threshold,int nShares,const string filename)
{
    CRYPTOPP_ASSERT(nShares >= 1 && nShares<=1000); //nShares 的范围为[1,1000]
    if (nShares < 1 || nShares > 1000)   //份额输入错误，则抛出异常
        throw InvalidArgument("SecretShareFile: " + IntToString(nShares) +
                " is not in range [1, 1000]");
    AutoSeededRandomPool rng;   //定义随机数发生器对象
    ChannelSwitch *channelSwitch = new ChannelSwitch;
    FileSource source(filename.c_str(), false, new SecretSharing(rng, threshold, nShares,
        channelSwitch ));           //以 filename 文件为真实的 Source 构造数据分割链
    vector_member_ptrs<FileSink> fileSinks(nShares); //定义 FileSink 对象数组
    std::string channel;            //定义 string 对象，表示 channel 的 ID
    for (int i=0; i<nShares; i++)
    {
        //实现数据分割后文件名字的命名
        char extension[5] = ".000";
        extension[1]='0'+byte(i/100);
        extension[2]='0'+byte((i/10)%10);
        extension[3]='0'+byte(i%10);
        fileSinks[i].reset(new FileSink((std::string(filename)+extension).c_str()));
```

```
                //向 channel 对象添加数据链并完成 ID 的设置
                channel = WordToString<word32>(i);
                fileSinks[i]->Put((const byte *)channel.data(), 4);
                channelSwitch->AddRoute(channel, *fileSinks[i], DEFAULT_CHANNEL);
            }
        source.PumpAll();                                   //将原始文件中的数据全部泵出
    }
    void SecretRecoverFile(int threshold,const string& outFilename,const vector<string>& inFilenames)
    {
    CRYPTOPP_ASSERT(threshold >= 1 && threshold <=1000); //nShares 的范围为[1,1000]
        if (threshold < 1 || threshold > 1000)              //份额输入不合法，则抛出异常
            throw InvalidArgument("SecretRecoverFile: " + IntToString(threshold) +
            " is not in range [1, 1000]");
        //以输出文件为真实的 Sink 来构造 SecretRecovery 对象
        SecretRecovery recovery(threshold, new FileSink(outFilename.c_str()));
        vector_member_ptrs<FileSource> fileSources(threshold); //定义 FileSource 对象数组
        SecByteBlock channel(4) ;                           //存储 SecByteBlock 的 ID
        int i;
        for (i=0; i<threshold; i++){
            fileSources[i].reset(new FileSource(inFilenames[i].c_str(), false)); //重置对象
            fileSources[i]->Pump(4) ;                       //泵出 4 个字节
            fileSources[i]->Get(channel,4);                 //获取 channel 的 ID
            fileSources[i]->Attach(new ChannelSwitch(recovery,
                std::string((char *)channel.begin(), 4)));  //完成数据链的附加
        }
        //依次泵出输入文件中的数据
        while (fileSources[0]->Pump(256))
            for (i=1; i<threshold; i++)
            fileSources[i]->Pump(256);
        for (i=0; i<threshold; i++)
            fileSources[i]->PumpAll();
    }
```

执行程序，根据程序的提示依次输入如下的内容：

待分割文件的名字：密码模块安全要求.pdf

陷门值(threshold):3

分割的份额数(nShares):5

恢复文件时，拥有的陷门数：3

输入文件名：密码模块安全要求.pdf.000

输入文件名：密码模块安全要求.pdf.001

输入文件名：密码模块安全要求.pdf.004
设置恢复后的文件名：recover.pdf
请按任意键继续...

本示例程序主要来源于 CryptoPP 库 test.cpp 文件。以上的输入示例表示：首先将"密码模块安全要求.pdf"文件分割成 5 个份额，并且当有这些份额中的 3 个及其 3 个以上文件时，可以恢复出原始文件。接下来，使用分割后的 3 个文件(编号分别为 000、001 和 004)来恢复原始文件，并将恢复后的文件命名为"recover.pdf"。在程序执行完毕后，在本程序所在的目录下可以看到分割原始文件产生的 5 个份额和从 3 个份额中恢复出来的原始文件，如图 4.20 所示。

图 4.20　执行文件分割和恢复操作产生的文件

通常为了保护数据的安全性，我们会使用加密算法将数据加密。然而，这又会引发新的安全问题，即如何保护密钥的安全性？因为一旦密钥泄漏，被加密的数据和没加密的数据一样不安全。或许我们会采取以下两种方式来保护密钥：

(1) 将密钥存放在一个被严密看管的地方，如放在一台电脑里面或存储在人的大脑中。然而，这种方法实际上非常不可靠，因为任何的意外都会造成信息的不可访问。例如，电脑突然被破坏或人突然死亡。

(2) 在不同的地方存储密钥的多个拷贝，如将密钥存储于多台电脑里面或由多个人员共同保管密钥。虽然这种方法可以避免前一种方法存在的缺点，但是这会对系统的安全性造成进一步的威胁，例如，存储密钥的电脑被偷或保管密钥的人被胁迫。

事实上，上述两种方法并没有从根本上解决秘密信息的保护问题，它只是将一个问题转化为另一个问题，即将保护数据转化为保护密钥。

针对这些问题，我们可以使用秘密分割门限方案，它为密钥管理提供了一种强壮的解决方案。

4.7　Socket 网络工具

现如今，几乎所有的程序都使用网络来为用户提供服务。CryptoPP 库也为用户提供了简单的网络编程接口类。这些类本质上是对 Windows Socket 或 Unix 伯克利套接字(Unix Berkeley Sockets)的封装，它们分别是 Socket 类、SocketReceiver 类、SocketSender 类以及为支持 Pipeling 范式技术而提供的 SocketSource 类和 SocketSink 类。图 4.21 是使用 CryptoPP 库的 Socket 类进行 TCP/IP 通信的简单模型。

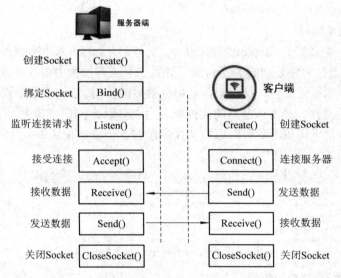

图 4.21　使用 CryptoPP 库的 Socket 类进行 TCP/IP 通信的简单模型

　　CryptoPP 库封装的这些类极大地简化了网络程序编写的复杂度，尤其是程序提供了支持 Pipeling 范式技术的 SocketSource 类和 SocketSink 类，将程序设计者从繁重的数据收发处理工作中解脱了出来。SocketSource 类和 SocketSink 类均有一个构造函数，它们在头文件 socketft.h 中的声明如下：

```
SocketSource(socket_t s = INVALID_SOCKET, bool pumpAll = false,
    BufferedTransformation *attachment = NULL);
SocketSink(socket_t s = INVALID_SOCKET, unsigned int maxBufferSize = 0,
    unsigned int autoFlushBound=16 *1024);
```

下面分别解释这两个构造函数参数的含义：

(1)　s：接收(发送)数据的套接字。

(2)　pumpAll：是否一次泵出 Source 中的所有数据。

(3)　attachment：一个附加的数据转移对象。

(4)　maxBufferSize：本对象缓存的最大字节数，默认值为 0，也即不缓存。

(5)　autoFlushBound：自动刷新缓存的上界，默认是 16(kb)=16×1024(bytes)。

图 4.22 是使用 Pipeling 范式技术将服务器端中的某个文件发送到客户端的模型。

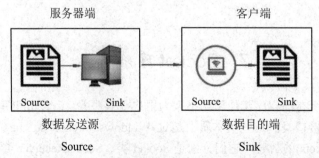

图 4.22　使用 Pipeling 范式技术将服务器端中的某个文件发送到客户端的模型

以下是实现这一功能的服务器端和客户端代码。

服务器端示例代码如下：

```cpp
#include<iostream>                          //使用 cout、cin
#include<socketft.h>                        //使用 Socket、SocketSink
#include<files.h>                           //使用 FileSource
#include<string>                            //使用 string
using namespace std;                        // std 是 C++的命名空间
using namespace CryptoPP;                    // CryptoPP 是 CryptoPP 库的命名空间
int main()
{
    try
    {
        //服务器端
        Socket::StartSockets();              //启动 Socket 相关服务
        Socket socServer;                    //定义一个 Socket 对象
        socServer.Create(SOCK_STREAM);       //创建流式套接字
        unsigned int iport;
        string filename;
        cout <<"请输入要绑定的端口号：";
        cin >> iport;
        cout <<"请输入要发送的文件名字：";
        cin >> filename;
        socServer.Bind(iport);               //绑定端口号
        socServer.Listen();                  //监听客户端的连接请求
        Socket socClient;                    //定义一个 Socket 对象，保存连接的客户端套接字
        socServer.Accept(socClient);         //接收客户端的连接
        //将文件发送到客户端 socClient
        cout <<"文件发送中..."<< endl;
        FileSource fileSrc(filename.c_str(), true, new SocketSink(socClient));
        cout <<"文件发送完毕..."<< endl;
        socServer.CloseSocket();             //关闭服务器端套接字
        socClient.CloseSocket();             //关闭客户端套接字
        Socket::ShutdownSockets();           //关闭 Socket 相关服务
    }
    catch(const Exception& e)
    {   //出现异常
        cout << e.what() << endl;            //异常原因
    }
    return 0;
```

```
        }
客户端示例代码如下:
    #include<iostream>                        //使用 cout、cin
    #include<socketft.h>                       //使用 Socket、SocketSource
    #include<files.h>                          //使用 FileSink
    #include<string>                           //使用 string
    using namespace std;                       // std 是 C++的命名空间
    using namespace CryptoPP;                  // CryptoPP 是 CryptoPP 库的命名空间
    int main()
    {
        try
        {
            //客户端
            Socket::StartSockets();                    //启动 Socket 相关服务
            Socket socClient;                          //定义一个 Socket 对象
            socClient.Create(SOCK_STREAM);             //创建流式套接字
            string straddr;                            //存储 IP 地址
            unsigned int iport;                        //存储端口号
            cout <<"请输入要连接主机的 IP 地址: ";
            cin >> straddr;
            cout <<"请输入要连接主机的端口号: ";
            cin >> iport;
            socClient.Connect(straddr.c_str(), iport);      //尝试连接指定 IP 地址和端口号的主机
            //接收服务器端发送来的文件
            cout <<"文件接收中..."<< endl;
            SocketSource socSrc(socClient.GetSocket(),true,new FileSink("receiver.txt"));
            cout <<"文件接收完毕..."<< endl;
            socClient.CloseSocket();                   //关闭客户端套接字
            Socket::ShutdownSockets();                 //关闭 Socket 相关服务
        }
        catch(const Exception& e)
        {//出现异常
            cout << e.what() << endl;                  //异常原因
        }
        return 0;
    }
```

执行上面的程序,首先启动服务器端程序,输入要绑定的端口号和将要发送的文件名字。然后启动客户端程序,输入要连接主机的 IP 地址和端口号,服务器端和客户端的输入和输出信息分别如下:

服务器端程序的输出信息：

请输入要绑定的端口号：5050

请输入要发送的文件名字：server_01.cpp

文件发送中...

文件发送完毕...

请按任意键继续...

客户端程序的输出信息：

请输入要连接主机的 IP 地址：127.0.0.1

请输入要连接主机的端口号：5050

文件接收中...

文件接收完毕...

请按任意键继续...

在程序执行完毕后，在客户端程序所在的目录下会出现一个名为 receiver.txt 的文件，该文件就是由服务器端发过来的 server_01.cpp 文件。下面对服务器端和客户端的关键代码进行分析：

```
FileSource fileSrc(filename.c_str(), true, new SocketSink(socClient));
```

对于服务器端来说，当程序执行至上述代码时，开始构造 FileSource 类对象，该对象会将 filename.c_str()参数表示的文件传送至 SocketSink 类对象关联的对象上，由于与之关联的是一个连接成功的客户端 Socket 对象，所以文件中的数据通过网络被再次路由至客户端。又由于在构造 FileSource 类对象时，它的第二个参数被设置为 true，所以文件中的所有数据都会被发送至客户端。数据流的详细传输过程如下：

磁盘上文件中的数据→SocketSink 对象→客户端 Socket 对象→通过网络将数据发送至真正的客户端，这个过程如图 4.22 中左部分所示。将磁盘上的文件作为数据源(Source)，客户端 Socket 对象被视为数据池(Sink)，这样就将服务器端磁盘上的文件通过网络发送向真实的客户端。

```
SocketSource socSrc(socClient.GetSocket(), true, new FileSink("receiver.txt"));
```

而对于客户端而言，当程序执行至上述代码段时，开始构造 SocketSource 对象，该对象以客户端 Socket(socClient.GetSocket())对象为参数，将该 Socket 从网络端接收到的数据传送到 FileSink 对象关联的对象上，由于与 FileSink 类对象相关联的是本地磁盘上的 receiver.txt 文件对象，所以 FileSink 类对象接收到的数据会被再次传送到 receiver.txt 文件中。数据流的详细传输过程如下：

网络上接收到的数据→FileSink 对象→磁盘上的 receiver.txt 文件中，这个过程如图 4.22 中右部分所示。将从网络上接收到的数据作为 Source，本地磁盘上的文件被视为 Sink，这样就把从网络上接收到的数据路由到 receiver.txt 文件中。

这是使用 CryptoPP 库 Pipeling 范式数据处理技术的另一个例子，读者也可以尝试使用 StringSource 类和 StringSink 类在服务器端和客户端之间传送字符串。

从上面的例子可以看出，该技术也是将现实世界的具体需求进行抽象，用面向对象的程序设计技术刻画出数据处理的实际过程。CryptoPP 库提供的网络工具使用起来非常方便简单，不过 CryptoPP 开源社区将在 7.0 版本以及以后的版本中撤销该网络工具。

CryptoPP 开源社区做出这一决定主要有三个方面的原因：第一，他们认为 CryptoPP 的核心"业务"在于密码学，没有必要提供这些"无关紧要"的东西。若用户确实需要网络技术支持，可以求助于 ACE、Asio 和 Libevent 等专门的网络程序库。第二，他们认为 CryptoPP 库在封装 Socket 网络工具时应用的技术过于陈旧。第三，他们认为它的存在造成一定程度上的代码冗余，不利于程序库的维护。此外，它在 Windows 10 和 Windows Phone 系统上还频繁出现问题。

目前，CryptoPP 库最新的版本仍为 7.0。如果读者在高版本的库中想尝试使用它，也可以从旧版本的库中提取相应的网络工具源代码。本示例程序的主要目的不是向读者推荐 CryptoPP 库的网络工具，而在于向读者展示 CryptoPP 库的 Pipeling 范式技术，本示例有助于读者进一步理解这一技术。

4.8　压缩工具

在 4.7 节中，我们学习了如何使用 CryptoPP 库提供的 Socket 网络工具在两台主机之间传输文件。有时需要通过网络传输较大的数据文件，例如，一个 2.5 GB 的视频文件或一个 1.5 GB 的软件安装包，直接传输文件对网络资源是一种极大的浪费。这时用户可以使用 CryptoPP 库提供的压缩工具，先将待传输的文件压缩，然后再发送至目标主机。由于这种压缩方式是无损压缩，所以当用户收到该压缩文件后，解压缩文件就可以得到原始文件。因此，在传输文件前使用文件压缩工具将较大的文件变成较小的文件，能够有效提升文件的传输速度。

CryptoPP 库提供了三种解压缩工具，如表 4.7 所示。这三种压缩方式的类名分别为 Deflator、Gzip 和 ZlibCompressor，它们各有两个构造函数，如下所示：

```
Deflator(BufferedTransformation *attachment = NULLPTR,
    int deflateLevel = DEFAULT_DEFLATE_LEVEL,
    int log2WindowSize = DEFAULT_LOG2_WINDOW_SIZE,
    bool detectUncompressible = true);
Deflator(const NameValuePairs &parameters, BufferedTransformation *attachment=NULLPTR);
Gzip (BufferedTransformation *attachment = NULL,
    unsigned int deflateLevel = DEFAULT_DEFLATE_LEVEL,
    unsigned int log2WindowSize = DEFAULT_LOG2_WINDOW_SIZE,
    bool detectUncompressible = true) ;
Gzip (const NameValuePairs &parameters, BufferedTransformation *attachment = NULL) ;
ZlibCompressor(BufferedTransformation *attachment = NULL,
    unsigned int deflateLevel = DEFAULT_DEFLATE_LEVEL,
    unsigned int log2WindowSize = DEFAULT_LOG2_WINDOW_SIZE,
    bool detectUncompressible = true) ;
ZlibCompressor (const NameValuePairs &parameters, BufferedTransformation *attachment=NULL);
```
它们各个参数的含义分别如下：

(1) attachment：指向附加到本对象上的另外一个 BufferedTransformation 对象。

(2) deflateLevel：指定压缩级别，定义于类内的枚举值，有三个值可选，分别是 MIN_DEFLATE_LEVEL = 0、DEFAULT_DEFLATE_LEVEL = 6、MAX_DEFLATE_LEVEL = 9。

(3) log2WindowSize：指定窗口大小，与参数 deflateLevel 类似，该参数也有三个值可选，分别是 MIN_LOG2_WINDOW_SIZE = 9、DEFAULT_LOG2_WINDOW_SIZE = 15 和 MAX_LOG2_WINDOW_SIZE = 15。

(4) detectUncompressible：表示是否检测待压缩文件中的数据有无被压缩的部分。若选择 true，并且文件包含被压缩部分和没被压缩部分，则它可能会不去压缩已经被压缩的部分。这可以提升压缩文件的速度。

(5) parameters：用于初始化本对象的 NameValuePairs 键-值对。

上述三种压缩方式对应的解压缩类各有一个构造函数，分别如下：

```
Inflator (BufferedTransformation*attachment = NULL, boolrepeat = false,
                int autoSignalPropagation = -1) ;
Gunzip (BufferedTransformation*attachment = NULL,bool repeat = false,
                int autoSignalPropagation = -1) ;
ZlibDecompressor (BufferedTransformation *attachment = NULL,
                bool repeat = false, int autoSignalPropagation = -1) ;
```

它们各个参数的含义分别如下：

(1) attachment：附加到本对象上的另外一个 BufferedTransformation 对象。

(2) repeat：是否解压缩多个压缩流。

(3) autoSignalPropagation：当它等于 0 时，表示关闭 MessageEnd()函数发出的信号。

下面以 Gzip 类和 Gunzip 类为例，演示如何压缩和解压文件。完整示例代码如下：

```
#include<iostream>              //使用 cout、cin
#include<files.h>               //使用 FileSource、FileSink
#include<gzip.h>                //使用 Gzip、Gunzip
using namespace std;            //std 是 C++的命名空间
using namespace CryptoPP;       // CryptoPP 是 CryptoPP 库的命名空间
int main()
{
    string filename;
    cout <<"请输入待压缩文件的名字：";
    cin >> filename;
    //压缩文件
    FileSource fSrc1(filename.c_str(), true, new Gzip(new FileSink("compress.zip")));
    //解压缩文件
    FileSource fSrc2("compress.zip", true, new Gunzip(new FileSink("recover.txt")));
    return 0;
}
```

运行程序并输入一个名为 send.txt 的文本文件，待程序执行完毕后，在程序所在目录下面可以看到一个名为 compress.zip 的压缩文件和一个名为 recover.txt 的文件。前者是 send.txt 文件被压缩后的文件，后者是压缩文件 compress.zip 被解压后对应的文件。

　　本示例程序使用的仍然是 Pipeling 范式数据处理技术，它让数据处理变得非常容易。本程序以 GZIP 文件压缩工具为例来演示 CryptoPP 库中压缩工具的使用方法。GZIP 算法最早由 Jean-loup Gailly 和 Mark Adler 设计，用于 Unix 系统的文件压缩。现在它已经成为 Internet(因特网) 上使用非常普遍的一种数据压缩格式，HTTP 协议就使用 GZIP 编码来改进 Web 应用程序性能。使用压缩技术不仅给用户带来了更好的上网体验，而且也减轻了服务器的负载，提高了数据传输速度。如果读者想深入了解 CryptoPP 库的 GZIP 和 ZLIB 算法，可以参考 RFC 1952 和 RFC 1950 等文档。

4.9　小　　结

　　时至今日，CryptoPP 库已经有 20 多年的历史，在众多开源爱好者的维护下它包含的算法不断增多、具有的功能逐渐变强、适用的平台越来越广。从 1995 年至今，CryptoPP 库经历了几十次的版本更新，它存在的缺陷(Bug)被不断修复("打补丁")，同时还持续采用新的 C++技术。这些原因都致使当前的 7.0 版本代码量庞大，以至于刚开始接触它时难免会让人望而却步。然而，读者只要有一定的 C++基础和基本的密码学知识，先书写一遍本书中的示例代码，那么所有的事情从此会逐渐简单起来。

　　本章带领读者逐步熟悉并尝试使用了 CryptoPP 库。本章首先向读者介绍如何使用 CryptoPP 库提供的帮助文档，这对库的所有使用者来说是必需的。此所谓，工欲善其事，必先利其器。接着介绍了库的一些源代码文件及其作用，有些源代码文件在程序中从来不会被直接用到，但是了解它们的作用却有助于进一步理解和使用 CryptoPP 库。最后本章介绍了 CryptoPP 库强大的 Pipeling 范式数据处理技术和一些有用的工具。Pipeling 范式数据处理技术贯穿于本书的所有章节，它是 CryptoPP 库的核心技术之一。因此，读者必须理解并能够熟练使用这一技术。

第 5 章　随机数发生器

考虑到内容的连贯性，将随机数发生器(Random Number Generator)的介绍放在 CryptoPP 库的其他模块之前。从本章开始，正式学习和使用 CryptoPP 库中的各种密码学原语。

5.1　基础知识

随机数发生器是密码学的一个重要原语，是安全之"源"。信息安全主要包括信息的机密性、完整性、可鉴别性、不可抵赖性以及访问控制等。实现它们的重要手段是密码技术，主要包括对称加密、非对称加密、数字签名、数据完整性鉴别等。这些技术的一个共同之处，就是要实现"随机化"。例如，将具有明显意义的明文加密后，变成未授权者"无法读懂"的随机乱码。这一切都来源于密钥的随机性，而密钥的随机性则取决于随机数发生器的质量。随机数发生器还与单向函数、零知识证明等理论密切相关，是密码学理论的基石。

在密码学上，随机数发生器主要用于产生密钥、初始向量、盐值以及其他数据。因此，要求随机数发生器产生的序列必须具有不可预测性，不具备这个特点的随机数发生器则不能用于密码学场合。

随机数发生器有多种分类方式。按照产生的序列特性，将随机数发生器分为真随机数发生器和伪随机数发生器两种。按照实现方式，随机数发生器可分为软件随机数发生器和硬件随机数发生器。CryptoPP 库中的大部分随机数发生器都是通过软件方式来实现的，而有些随机数则是通过硬件方式实现的，如 RDRAND 和 RDSEED。随机数发生器的分类如图 5.1 所示。

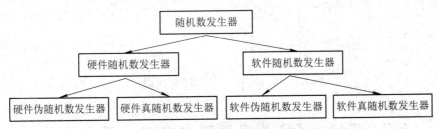

图 5.1　随机数发生器的分类

真随机数发生器(True Random Number Generator, TRNG)，又称为非确定性随机数发生器(Non-deterministic Random Number Genertor, NRNG)，是一种能够输出具有全熵的随

机序列的设备或程序。例如，CryptoPP 库中的 BlockingRng 随机数发生器就属于此类发生器，BlockingRng 类是 CryptoPP 库对 Linux、OS X 和 Unix 下/dev/random 随机数发生器的封装。

　　真随机数发生器的设计比较复杂，可以通过软硬件方式实现，其设计通常都遵循如图 5.2 所示的模型。其由熵源和算法后处理两部分组成。熵源是产生一些原始随机数的数据源，如鼠标和键盘的输入以及噪声等信息，通常直接获得的这些随机数不具备良好的统计特性，因此需要一些算法做进一步的处理，把处理的最终结果作为随机数发生器的输出。

图 5.2　真随机数发生器设计模型

　　伪随机数发生器(Pseudorandom Number Generator，PRNG)又称为确定性随机数发生器(Deterministic Random Bit Generator，DRBG)，是一种确定性的算法，给它一个短的真随机输入，产生一个更长的、与真随机序列在计算上不可区分的序列。CryptoPP 库中的大部分随机数发生器就属于这种类型的随机数发生器。伪随机数发生器具备速度快、易实现的特点，它的设计也相对容易，既可以通过专门的算法构造它，也可以通过密码学的其他原语构造它，如 Hash 函数、分组密码等。伪随机数发生器的设计模型如图 5.3 所示。其执行过程如下：

(1) 外部输入种子。

(2) 利用外部输入的种子初始化内部状态。

(3) 用输出处理算法对内部状态进行处理，得到一个随机数。

(4) 用状态转移函数更新算法的内部状态。

(5) 重复执行步骤(3)和(4)，直到得到所需数量的随机数为止。

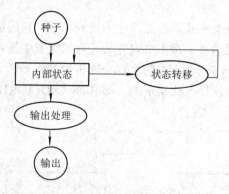

图 5.3　伪随机数发生器的设计模型

5.2　CryptoPP 库中的随机数发生器算法

　　CryptoPP 库为用户提供的随机数发生器如表 5.1 所示。

表 5.1　CryptoPP 库中的随机数发生器

随机数发生器的名字	所在的头文件	能否用于密码学	平台限制
LC_RNG	rng.h	不能	无
RandomPool	randpool.h	能	无
BlockingRng	osrng.h	能	Linux、OS X、Unix
NonblockingRng	osrng.h	能	Unix、Windows
AutoSeededRandomPool	osrng.h	能	无
AutoSeededX917RNG	osrng.h	能	无
Hash_DRBG	drbg.h	能	无
HMAC_DRBG	drbg.h	能	无
MersenneTwister	mersenne.h	不能	无
RDRAND	rdrand.h	能	Intel CPU
RDSEED	rdrand.h	能	Intel CPU

除上面包含的几种随机数发生器外，CryptoPP 库还包括名为 OldRandomPool、BlumBlumShub 以及 X917RNG 的随机数发生器，它们分别定义于头文件 randpool.h、blumshub.h 和 rng.h 中。下面对这些随机数发生器进行介绍：

(1) LC_RNG 类：该类是对线性同余发生器的封装。它在 CryptoPP 库中的继承关系如图 5.4 所示。

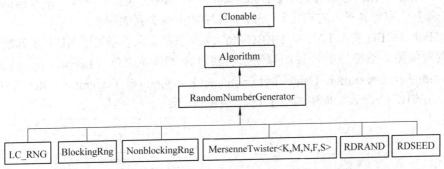

图 5.4　LC_RNG、BlockingRng 等在 CryptoPP 库中的继承关系

(2) BlockingRng 类：该类对多个平台下的随机数发生器进行封装，它具有"跨平台"的能力。在 Linux、OS X 和 Unix 系统下，它封装了/dev/random，而在 BSD 系统下，它封装了/dev/srandom。它在 CryptoPP 库中的继承关系如图 5.4 所示。

(3) NonblockingRng 类：该类本质是 Windows 和 Unix 系统下相应算法的封装，它也具有"跨平台"的能力。在 Windows 系统下，其分别封装了 CryptGenRandom()和 BCryptGenRandom()算法；在 Unix 系统下，它封装了/dev/urandom 算法。它在 CryptoPP 库中的继承关系如图 5.4 所示。

(4) RandomPool 类：该类是一个基于 AES 算法(256 比特分组的 AES)构造的随机数池。RandomPool 是一个来自 PGP 2.6.*x* 版本中的算法，在 CryptoPP 库的 5.5 版本中对该算法进行了改进。它在 CryptoPP 库中的继承关系如图 5.5 所示。

(5) AutoSeededRandomPool 类：该类会自动调用系统的随机数池算法，可以利用操作系统提供的 RNG(Random Number Generator)自动重置种子。它在 CryptoPP 库中的继承关系如图 5.5 所示。

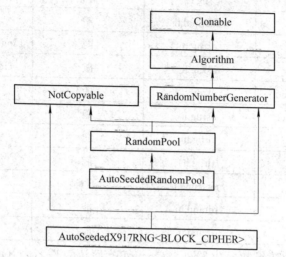

图 5.5　AutoSeededRandomPool 和 AutoSeededX917RNG 在 CryptoPP 库中的继承关系

(6) X917RNG 类和 AutoSeededX917RNG 类：X917RNG 类是对 ANSIX9.17 伪随机数发生器算法的封装。ANSIX9.17 伪随机数发生器是密码学强度最高的伪随机数发生器之一，该算法目前被广泛使用。AutoSeededX917RNG 类则是自动重置种子版本的 ANSIX9.17 算法，在执行的过程中，AutoSeededX917RNG 类会利用操作系统提供的随机数发生器算法重置种子。它们在 CryptoPP 库中的继承关系如图 5.5 所示。

(7) Hash_DRBG 类和 HMAC_DRBG 类：这两个类分别表示基于 NIST 推荐的确定性随机数发生器构造框架而设计的算法，其设计原理详见文献 "Recommendation for Random Number Generation Using Deterministic Random Bit Generators, Rev 1 (June 2015)"。它们在 CryptoPP 库中的继承关系如图 5.6 所示。

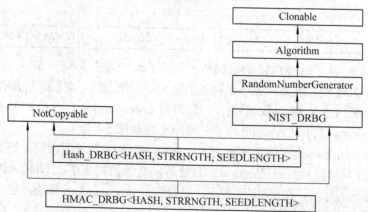

图 5.6　Hash_DRBG 和 HMAC_DRBG 在 CryptoPP 库中的继承关系

(8) MersenneTwister 类：该类是对梅森旋转法随机数发生器的封装。它在 CryptoPP 库中的继承关系如图 5.4 所示。

(9) RDRAND 类和 RDSEED 类：这两个类分别是对硬件芯片指令发生器 RDRAND 和 RDSEED 的封装。它们在 CryptoPP 库中的继承关系如图 5.4 所示。

(10) OldRandomPool 类：该类是 CryptoPP 库旧版本的 RandomPool 算法，它是 5.5 版本之前的随机池算法。建议读者使用新版本的随机池算法 RandomPool。

(11) BlumBlumShub 类：该类是对 BBS 随机比特发生器的封装。BBS 随机比特发生器算法由 L.Blum、M.Blum 和 M.Shub 于 1986 年提出，它是经过证明的密码强度最高的伪随机比特发生器。然而，该算法产生随机数的速度较慢，实用性较差。

5.3　使用 CryptoPP 库中的随机数发生器算法

将图 5.4、图 5.5 和图 5.6 中类的继承关系进行合并简化，得到它们之间的简略继承关系，如图 5.7 所示。从图 5.7 中可以看出，CryptoPP 库中所有的随机数发生器算法类都直接或者间接地继承自 RandomNumberGenerator 类，它为 CryptoPP 库中的随机数发生器类提供了共同的接口。

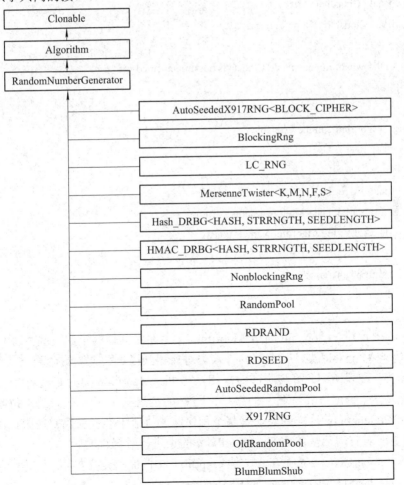

图 5.7　CryptoPP 库中随机数发生器的简化继承关系

通过 CryptoPP 库的帮助文档可以看出，RandomNumberGenerator 类继承自 Algorithm 类，而 Algorithm 类又继承自 Clonable 类，这三个类均定义于头文件 cryptilib.h 中，它们三者之间的继承关系如图 5.8 所示。

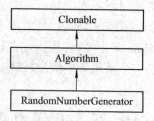

图 5.8　Clonable 类、Algorithm 类和 RandomNumberGenerator 类之间的继承关系

Clonable 类和 Algorithm 类的完整定义如下：

```
class    Clonable
{
public:
    virtual ~Clonable() {}
    virtual Clonable* Clone() const
    {
        throw NotImplemented("Clone() is not implemented yet.");
    }
};
class    Algorithm : public Clonable
{
public:
    virtual ~Algorithm() {}
    Algorithm(bool checkSelfTestStatus = true);
    virtual std::string AlgorithmName() const
    {
        return "unknown";
    }
};
```

在 CryptoPP 库中，Clonable 类和 Algorithm 类主要对其他的类起一些"修饰"作用。若一个类继承自 Clonable 类，则表明允许该类对象相互拷贝。类似的，若一个类派生于 NotClonable 类，则表明不允许该类的对象相互拷贝。Algorithm 类为 CryptoPP 库中的所有算法提供了一个输出该算法名字的接口。这样的类还有很多，它们是"枝叶"，像 RandomNumberGenerator 这样的类才是整个程序库的"躯干"。受篇幅所限，本书在后续的部分将主要对有碍于整体理解 CryptoPP 库的类进行解释说明。

RandomNumberGenerator 类在头文件 cryptlib.h 中的完整定义如下：

```
class RandomNumberGenerator : public Algorithm
{
```

```
public:
    virtual ~RandomNumberGenerator() {}
    virtual void IncorporateEntropy(const byte *input, size_t length)
    {
        CRYPTOPP_UNUSED(input); CRYPTOPP_UNUSED(length);
        throwNotImplemented("RandomNumberGenerator: IncorporateEntropy not implemented");
    }
    virtual bool CanIncorporateEntropy() const
    {
        return false;
    }
    virtual byte GenerateByte();
    virtual unsigned int GenerateBit();
    virtual word32 GenerateWord32(word32 min=0, word32 max=0xffffffffUL);
    virtual void GenerateBlock(byte *output, size_t size);
    virtual void GenerateIntoBufferedTransformation(BufferedTransformation &target, const
                            std::string &channel, lword length);
    virtual void DiscardBytes(size_t n);
    template <class IT> void Shuffle(IT begin, IT end)
    {
        for (; begin != end; ++begin)
            std::iter_swap(begin, begin+GenerateWord32(0, static_cast<word32>(end-begin-1)));
    }
};
```

由此可以看到，RandomNumberGenerator 类中定义了大量的虚函数，这些虚函数中有的没有具体的实现，有的则直接抛出异常，派生于该类的随机数发生器必须重写相应的虚函数。对于用户或库的使用者来说，由于所有的随机数发生器都有一致的外部接口，所以使用起来非常方便。下面分别讲解这些成员函数的具体含义：

• void IncorporateEntropy(const byte *input, size_t length)

功能：用外部输入的熵更新随机数发生器的内部状态。

参数：

input——更新随机数发生器内部状态的熵在内存中的起始地址。

Length——input 指向的缓冲区长度(字节)。

返回值：无。在默认情况下，该函数会抛出异常，除非派生类对它进行重写。

• bool CanIncorporateEntropy() const

功能：判断随机数发生器是否能够接受外部熵。

返回值：bool 类型。若允许外部输入熵，则返回 true；若不允许，则返回 false。

• byte GenerateByte();

功能：该函数每被调用一次可产生一个字节的随机数。

返回值：byte 类型。返回一个 0~255 之间的随机数。

- unsigned int GenerateBit();

功能：该函数每被调用一次可以产生一个比特的随机数，即产生 0 或 1。

返回值：unsigned int 类型。返回一个由 unsigned int 类型表示的 0 或 1。

- word32 GenerateWord32(word32 min=0, word32 max=0xffffffffUL);

功能：该函数被调用时可以产生从 min(默认 0)到 max(默认 0xffffffff)之间的随机数，用户也可以指定 min 和 max 的大小。

参数：

min——设置产生的随机数的最小值。

max——设置产生的随机数的最大值。

返回值：word32 类型(32 bits)。返回一个用户指定范围内的随机数。

- void GenerateBlock(byte *output, size_t size);

功能：产生指定长度的随机数。

参数：

output——存储产生的随机数的缓冲区首地址。

Size——产生的随机数的长度(字节)，它应该小于等于缓冲区 output 的实际大小，否则，就有可能发生内存的非法访问。

返回值：无。

- void GenerateIntoBufferedTransformation(BufferedTransformation &target, const std::string &channel, lword length) ;

功能：产生随机的字节并输出至 BufferedTransformation 类型的 target 对象中。

参数：

target ——BufferedTransformation 类对象，用于接收产生的随机字节。关于 BufferedTransformation 类对象，详见第 4 章 4.4 节的相关内容。

Channel——产生的字节被泵出到的 channel。

Length——需要产生的字节数量。

返回值：无。

- void DiscardBytes(size_t n);

功能：丢弃掉随机数发生器接下来产生的若干个字节数据。

参数：

n——丢弃掉接下来产生的数据长度(字节)。

返回值：无。

- template <class IT> void Shuffle(IT begin, IT end);

功能：一个函数模板。用该随机数发生器打乱迭代器 begin 到迭代器 end 之间(包括 begin 指向的元素，而不包括 end 指向的元素)的元素顺序。

参数：

begin——待打乱的序列的起始迭代器。

End——待打乱的序列的终点迭代器。

返回值：无。

　　CryptoPP库中的所有随机数发生器大致可分为两类：一种是仅含RandomNumberGenerator基类提供的成员函数；另一种是除了基类提供的成员函数外，还提供了一些其他功能的成员函数。

　　(1) 前者有：LC_RNG、RandomPool、BlockingRng、NonblockingRng、MersenneTwister < K, M, N, F, S >、RDRAND、RDSEED 等。

　　(2) 后者有：

　　① 仅增加了一个成员函数 Reseed()，用于重置随机数发生器状态。例如，AutoSeededRandomPool、AutoSeededX917RNG 等。

　　② 增加了一些常成员函数，主要用于向用户提供随机数发生器的一些内部参数信息。例如，Hash_DRBG、HMAC_DRBG 等。

　　它们的使用方法基本上一致。下面用三个例子分别演示它们的使用方法。

5.3.1　示例一：使用 LC_RNG 算法

　　以 LC_RNG 为例演示各成员函数的使用方法，代码如下：

```
#include<rng.h>                      //包含 LC_RNG 算法的头文件
#include<iostream>                   //使用 cout、cin
using namespace std;                 // std 是 C++的命名空间
using namespace CryptoPP;            // CryptoPP 是 CryptoPP 库的命名空间
#define Array_Size 64
int main()
{
    //定义一个 LC_RNG 随机数发生器对象，并设置其种子为 123456
    LC_RNG   rng(123456);
    //继承自 Algorithm 类的方法
    cout <<"算法的标准名称："<<rng.AlgorithmName() << endl;
    cout <<"是否允许额外的熵输入："<< boolalpha << rng.CanIncorporateEntropy() << endl;
    if(rng.CanIncorporateEntropy())
    {//允许额外的熵输入，则输入"asdffq42"
        try
        {
            byte str[] = "asdffq42";
            rng.IncorporateEntropy(str,sizeof(str));
        }
        catch(const exception& e)
        {   //出现异常
            cout << e.what() << endl;          //打印异常原因
        }
    }
```

```
        cout <<"产生一个比特的随机数: "<< rng.GenerateBit() << endl;
        cout <<"产生一个字节的随机数: "<< rng.GenerateByte() << endl;
        byte output[Array_Size+1]={0};              //定义一个缓冲区
        //产生 Array_Size 字节长度的随机数
        rng.GenerateBlock(output,Array_Size);
        cout <<"产生 Array_Size 长度的随机数(十六进制): "<< endl ;
        for(int i=0; i < Array_Size;++i)
        {
            //将获得的随机数转换成十六进制并输出
            printf("%02X",output[i]);
        }
        cout << endl;
        cout <<"产生一个 100 到 1000 之间的随机数: "<< rng.GenerateWord32(100,1000) << endl;
        //丢弃掉随机数发生器接下来产生的 100 个字节数据
        rng.DiscardBytes(100);
        int arry[] = {1,2,3,4,5,6,7,8,9,10};
        rng.Shuffle(arry,arry+10);                  //打乱数组 arry 中元素的顺序
        cout <<"打乱 arry 数组中元素的顺序: ";
        for(int i=0; i < 10;++i)
            cout << arry[i] <<"";                    //输出打乱结果
        cout << endl;
        return 0;
    }
```

执行程序，程序的输出结果如下：

算法的标准名称：unknown

是否允许额外的熵输入：false

产生一个比特的随机数：0

产生一个字节的随机数：K

产生 Array_Size 长度的随机数(十六进制)：

5EBF970F871F8E3D63F902384677BCD20162F1C4E05696B278DDCB2C264432C9509EFF77

6A55108F5E144D2F7BB9D6F64F687B539188693A7565546691EBEBBB

产生一个 100 到 1000 之间的随机数：105

打乱数组 arry 中元素的顺序：6 2 8 5 7 3 10 4 9 1

请按任意键继续...

5.3.2 示例二：使用 AutoSeededX917RNG 算法

用分组密码 AES 算法实例化随机数发生器 AutoSeededX917RNG，并为实例化后的类定义一个对象。然后，调用该对象的成员函数 GenerateBlock()，产生 1G(bits)的随机数

并将这些数据存至文件内。同时，用 Timer 类算法统计产生这些随机数需要的时间。完
整示例代码如下：

```
#include<osrng.h>                    //包含 AutoSeededX917RNG 算法的头文件
#include<aes.h>                      // AES 算法的头文件
#include<iostream>                   //使用 cout、cin
#include<fstream>                    //使用 ofstream
#include<hrtimer.h>                  //使用 Timer
using namespace std;                 // std 是 C++ 的命名空间
using namespace CryptoPP;            // CryptoPP 是 CryptoPP 库的命名空间
#define Array_Size 64
int main()
{
    //定义一个 AutoSeededX917RNG 对象
    //用分组密码算法 AES 根据 X917RNG 框架构造一个随机数发生器
    AutoSeededX917RNG<AES> rng;      //不需要外部输入种子
    //定义一个文件对象
    ofstream file("data.dat",ios_base::binary | ios_base::out);
    byte output[Array_Size];
    cout <<"开始生成数据..."<< endl;
    Timer   tmer;                    //定义一个 Timer 对象，用于统计时间
    tmer.StartTimer(); //开始计时
    for(int i=0; i < 1953125 ; ++i)
    {
        //64*8*1953125=1000*1000*1000=1G(bits)
        //每次产生 Array_Size 字节长度的随机数，并存入 data.dat 文件中
        rng.GenerateBlock(output,Array_Size);
        file.write((const char*)output,Array_Size);    //将数据写入文件中
    }
    cout <<"数据生成完毕..."<< endl;
    cout <<"生成 1G(bits)数据总共耗时(秒): "<< tmer.ElapsedTimeAsDouble() << endl;
    file.close();                                        //关闭文件
    return 0;
}
```

执行程序，程序的输出结果如下：

```
开始生成数据...
数据生成完毕...
生成 1G(bits)数据总共耗时(秒): 5.40707
请按任意键继续...
```

从以上两个示例可以看出，CryptoPP 库中随机数发生器的使用方法如下：

(1) 定义一个随机数发生器对象，用种子(有的不需要)初始化随机数发生器。这里需要注意的是几种不同形式的初始化方式。

第一种类型，需要种子：

　　LC_RNG rng(123456);　　　　　//LC_RNG 的构造函数有一个参数，表示随机数发生器的种子

第二种类型，不要种子：

　　NonblockingRng rng;　　　　　//NonblockingRng 构造函数没有参数

第三种类型，类模板表示的随机数发生器：

用类模板表示随机数发生器框架，这种类型的随机数发生器在使用之前必须用其他的密码学组件进行实例化。如示例二：

　　AutoSeededX917RNG<AES>　　rng;　　　　　　//不需要外部输入种子

AutoSeededX917RNG 是一个类模板，表示一类随机数发生器。示例二中使用的随机数发生器相当于在 X917RNG 架构框架下，用 AES 算法实例化了一个随机数发生器。当然，我们也可以用其他分组密码算法类实例化 AutoSeededX917RNG 类模板。例如：

　　AutoSeededX917RNG< SM4>　　rng;　//用分组密码 SM4 实例化 AutoSeededX917RNG 并
　　　　　　　　　　　　　　　　　　　　　定义一个对象

　　AutoSeededX917RNG< DES>　　rng;　//用分组密码 DES 实例化 AutoSeededX917RNG 并
　　　　　　　　　　　　　　　　　　　　　定义一个对象

NIST 的 Hash_DRBG 和 HMAC_DRBG 随机数发生器也都是类模板，它们分别表示随机数发生器的一种架构。在这两个随机数发生器之前也必须用相应的模板参数实例化它们。例如：

　　Hash_DRBG<SHA256, 128, 440> rng;　//实例化 Hash_DRBG 随机数发生器并定义一个对象

　　HMAC_DRBG<SHA512, 256,256> rng; //实例化 HMAC_DRBG 随机数发生器并定义一个对象

(2) 根据需要调用其成员函数 GenerateBit()、GenerateByte()或 GenerateBlock()来产生所需要的随机数。

(3) 如果想向随机数增加额外的熵，要先判断(CanIncorporateEntropy())该随机数发生器是否允许添加额外的熵。如果允许，即可调用相应的成员函数(IncorporateEntropy())完成熵的添加。对于含有成员函数 Reseed()的随机数发生器，在需要时可调用此函数重置随机数发生器的内部状态。对于 Hash_DRBG 和 HMAC_DRBG 随机数发生器，还可调用它们内部的其他常成员函数查看随机数发生器的安全强度(SecurityStrength ())、种子长度(SeedLength ())、最小熵(MinEntropyLength ())和最大熵(MaxEntropyLength ())等(详见 CryptoPP 库的帮助文档)。

读者将示例二稍加改动即可实现对其他随机数发生器的测试，表 5.2 是编者在某台笔记本[①]电脑上让随机数发生器分别产生 1 G(bits)(约等于 119 MB)、3 G(bits)(约等于 357 MB)、5 G(bits)(约等于 596 MB)数量的随机数所花费的时间。

---

① 戴尔 DELL，型号 N4050，处理器 Intel(R) Core(TM) i3-2350M，CPU 2.3 GHz，安装内存 2.00 GB，操作系统 Windows 7 旗舰版(32 位) Service Pack 1。

表 5.2　不同的随机数发生器产生不同数量的随机数所花费的时间

随机数的类型	1 G(bits)	3 G(bits)	5 G(bits)	备　注
LC_RNG	2.53803(s)	7.40953(s)	12.542(s)	—
RandomPool	2.9865(s)	8.94241(s)	15.0937(s)	—
BlockingRng	—	—	—	无法使用
NonblockingRng	8.1266(s)	24.3038(s)	40.4698(s)	—
AutoSeededRandomPool	3.02365(s)	8.98436(s)	15.6238(s)	—
AutoSeededX917RNG	5.6624(s)	16.8631(s)	28.1479(s)	使用 AES
AutoSeededX917RNG	25.7369(s)	76.9026(s)	127.743(s)	使用 DES_EDE3
Hash_DRBG	6.61379(s)	19.3755(s)	33.6269(s)	使用 SHA256
Hash_DRBG	13.7731(s)	41.3922(s)	69.1429(s)	使用 SHA3_512
HMAC_DRBG	22.0601(s)	65.7341(s)	109.466(s)	使用 SHA256
HMAC_DRBG	74.3763(s)	221.004(s)	370.613(s)	使用 SHA3_512
MersenneTwister	0.76395(s)	3.48619(s)	6.44116(s)	使用 MT19937
MersenneTwister	0,794453(s)	3.17092(s)	6.31639(s)	使用 MT19937ar
RDRAND	—	—	—	无法使用
RDSEED	—	—	—	无法使用

从表 5.2 可以看出，有 3 个随机数发生器无法使用。这并不是 CryptoPP 库的问题，而是由于被测系统不支持某些函数调用或缺乏对某些硬件的支持。BlockingRng 随机数发生器是通过调用 Unix 系统底层 API 来产生随机数的，而我们的实验环境是 Windows系统，所以该随机数发生器无法使用。RDSEED 和 RDRAND 随机数发生器是利用英特尔新型 CPU 中内置的数字随机数发生器指令来产生随机数的。由于编者使用的计算机(戴尔 N4050)过于老旧，所以不支持这些新型的 CPU 指令。因此，这两个随机数发生器也无法在被测电脑上使用。若读者使用的是一台内置新式 Intel CPU 且安装了 Unix 系统的电脑，那么以上的所有算法都可以正常运行。

这里需要注意的是，RDSEED 和 RDRAND 随机数发生器是不一样的。前者是 CPU通过收集电路的热噪声来产生随机数，以这种方式得到的随机数是真随机数。而后者则是将 CPU 收集到的样本随机数输入到以 CTR 模式运行的 AES 算法中，快速地产生确定性的随机数列。不过，这两种方式产生的随机数都具备不可预测性。

5.3.3　示例三：以 Pipeling 范式技术方式使用 AutoSeededX917RNG 算法

在第 4 章提到了 CryptoPP 库为用户提供了强大的数据处理机制——Pipeling 范式数据处理技术。RandomNumberSource 类和 RandomNumberSink 类就是 CryptoPP 库中随机数发生器分别对应的 Source 和 Sink，这两个类同样也继承自 BufferedTransformation 类，它们均定义于头文件 filters.h 中。它们的所有构造函数如下：

```
RandomNumberSource (RandomNumberGenerator &rng, int length, bool pumpAll,
        BufferedTransformation *attachment = NULL) ；
```

这些参数的意义分别如下：

(1) rng：一个随机数发生器对象的引用，即将该随机数发生器作为 Source。

(2) length：从 rng 表示的数据源对象中取出 length 个字节的数据。

(3) pumpAll：标识是否将数据源中的数据全部输出至附加在其上的另外一个对象，也即是否允许数据全部流向 attachment 参数指向的对象。

(4) attachment：一个可选的数据转移附加对象。

```
RandomNumberSink();
RandomNumberSink (RandomNumberGenerator &rng);
```

rng 是一个随机数发生器对象的引用，即将该随机数发生器对象作为 Sink。这意味着将数据源(Source)中的数据输出至 rng 对象中，也即向 rng 对象补充熵。

下面用 Pipeling 范式技术实现示例二的功能：

```cpp
#include<osrng.h>                    //包含 AutoSeededX917RNG 算法的头文件
#include<aes.h>                      // AES 算法的头文件
#include<iostream>                   //使用 cout、cin
#include<files.h>                    //使用 FileSink、StringSource
#include<filters.h>                  //使用 RandomNumberSource、RandomNumberSink
#include<hrtimer.h>                  //使用 Timer
using namespace std;                 // std 是 C++的命名空间
using namespace CryptoPP;            // CryptoPP 是 CryptoPP 库的命名空间
#define Array_Size 64
int main()
{
    //定义一个 AutoSeededX917RNG 对象
    //用分组密码算法 AES 根据 X917RNG 框架构造一个随机数发生器
    AutoSeededX917RNG<AES>   rng;                //不需要外部输入种子
    string str = "I like Cryptography.";         //定义一个 string 对象
    //以字符串 str 为外部熵，输入至 rng 对象中
    StringSource sSrc(str,true,new RandomNumberSink(rng));
    //定义一个文件对象
    ofstream file("data.dat",ios_base::binary | ios_base::out |ios_base::app);
    cout <<"开始生成数据..."<< endl;
    Timer   tmer;                                //定义一个 Timer 对象，用于统计时间
    tmer.StartTimer();                           //开始计时
    for(int i=0; i < 1953125 ; ++i)
    {   //64*8*1953125=1000*1000*1000=1G(bits)
```

```
                                //每次产生 Array_Size 字节长度的随机数，并存入 data.dat 文件中
                                RandomNumberSource rSrc(rng,Array_Size,true,new FileSink(file));
                        }
                        cout <<"数据生成完毕..."<< endl;
                        cout <<"生成 1Gbits 数据总共耗时："<< tmer.ElapsedTimeAsDouble() << endl;
                        return 0;
                }
```

　　本例演示与随机数发生器相关的 Source 类和 Sink 类的使用方法。本示例在使用随机数发生器产生随机数前，向该随机数发生器补充了熵，其他地方与示例二基本上相同。

```
                StringSource sSrc(str,true,new RandomNumberSink(rng));
```

　　上述代码段表示以 str 字符串为 Source，并将其中的全部数据输出至以随机数发生器 rng 对象表示的真正 Sink 中，也即向 rng 表示的随机数发生器中输入熵。为了节省篇幅，这里在向 rng 对象输入熵前没有做是否可接受外部熵输入的判断，也没有做相应的异常捕获。

```
                RandomNumberSource rSrc(rng, Array_Size, true, new FileSink(file));
```

　　上述代码段表示以随机数发生器 rng 对象为 Source、以文件 file 对象为 Sink，每次从随机数发生器对象中取出 Array_Size 字节长度的随机数据并以追加的方式写入文件 file 对象中。在这个过程中，随机数发生器 rng 对象的 GenerateBlock()函数会被自动调用。

　　在这里读者可能会对上述第二个代码段感到疑惑——没有在帮助文档中看到 FileSink 类对象有可以接受 ofstream 对象参数的重载构造函数。FileSink 类的所有构造函数如下：

```
                FileSink ();
                FileSink (std::ostream &out);
                FileSink (const char *filename, bool binary = true);
```

　　在上述构造函数中，只看到第二个构造函数接受 I/O 流类型的参数 ostream。在 I/O 流类的继承关系中，ofstream 类是 ostream 类的子类。根据子类可以自动向父类转型的原则可知，在上面的第二个代码段中，FileSink 类是可以以 ofstream 类对象为参数的。在 C++ 中，I/O 流类之间的继承关系如图 5.9 所示。

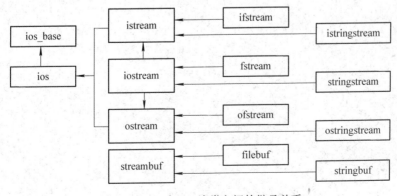

图 5.9　C++ 中 I/O 流类之间的继承关系

同样的，由于 ifstream 继承自 istream，因此下面的代码段也是正确的：

```
ifstream infile(/*...*/) ;
//......
FileSource fSrc(infile, /*...*/) ;
```

5.4 小　　结

本章首先介绍了密码学随机数发生器的概念、定义以及分类。然后，从程序设计层讲解 CryptoPP 库中随机数发生器的继承层次结构，读者应该记住 RandomNumberGenerator 类是库中所有随机数的基类，其提供了随机数发生器的公共接口，而具体的随机数发生器需要对这些接口进行实现。由于这些随机数发生器具有一致的接口，所以通过本节的示例程序读者应该学会使用库中所有的随机数发生器。本章详细地给出了每个随机数发生器的继承关系图，主要是为了让读者更好地理解和使用 CryptoPP 库。在后面的章节中则仅以某一个要讲解的算法为例，给出该类型的类在 CryptoPP 库中的继承关系。

在本章的最后，编者简单测试了 CryptoPP 库中的一些随机数发生器。从测试的结果可以发现，这些随机数发生器在产生随机数速度方面存在一定的差别。

CryptoPP 库含有多种类型的随机数发生器，用户可以根据实际的需求场景，选择合适的随机数发生器。如果是用在对安全强度要求较高的密码学，可以考虑使用 AutoSeededX917RNG 等随机数发生器；如果是用在计算机仿真或是仅要求产生的随机数均匀分布，则可以考虑使用 LC_RNG 等随机数发生器；如果要求产生的是真随机数，则可以考虑使用 RandomPool 等随机数发生器。

第 6 章 Hash 函数

密码学 Hash 函数(Hash Function)的主要目标是保证数据的完整性，它广泛应用于各种不同的安全领域和网络协议中。Hash 函数可以用于构造其他的密码学组件。例如，设计随机数发生器，第 5 章介绍的伪随机数发生器 Hash_DRBG 和 HMAC_DRBG，在构造时就用到 Hash 函数。又例如，它可以用于构造密钥派生函数 KDF，详见第 10 章。再例如，它还可以用于构造消息认证码算法和数字签名算法，分别见第 9 章和第 13 章的内容。Hash 函数还可以直接应用于口令保护、入侵检测和病毒检测等场合。

6.1 基 础 知 识

密码学 Hash 函数是一种特殊的压缩函数，它可以将任意可变长度的消息映射为固定长度的 Hash 值或消息摘要，如图 6.1 所示。

图 6.1 中所指的消息不一定是人类清晰、可辨的有意义的文字，也可以是任何图像文件、视频文件、声音文件，甚至可以是一些编译后的代码对象文件或可执行程序，如图 6.2 所示。无论消息的形式如何，Hash 函数都会将它们视为单纯的比特序列，根据比特序列计算出 Hash 值或消息摘要。每一个 Hash 函数通常会有固定长度的分组，例如，长度为 512 位，消息通常会被填充为分组的整数倍。为了提高消息被修改而保持 Hash 值不变的难度，消息的长度通常也会被填充至输入消息的末尾。

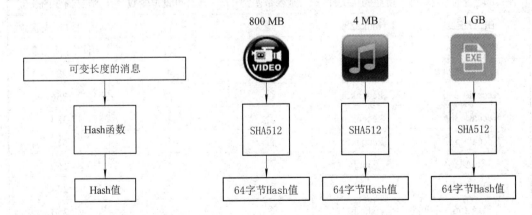

图 6.1 密码学 Hash 函数的工作过程　　　　图 6.2 Hash 函数能将可变长度的信息
压缩成固定长度的 Hash 值

为了便于描述 Hash 函数，通常用公式 $H(x) = y$ 表示 Hash 函数输入输出之间的关系，其中，H 表示 Hash 函数，x 表示 Hash 函数的输入消息，y 表示在输入为 x 的条件下得到的 Hash 值。

Hash 函数的主要目标是为需要认证的消息产生一个数字"指纹"。因此，它应满足以下条件：

(1) 函数的输入可以是任意长度。

(2) 函数的输出是固定长度。

(3) 已知输入 x，求 $H(x)$ 较为容易，易于软件和硬件实现。

(4) 已知 h，求解满足 $H(x) = h$ 的 x 在计算上是不可行的，这一性质称为单向性，也称 $H(x)$ 为单向 Hash 函数。

(5) 已知 x，找出 $y(y \neq x)$ 使得 $H(y) = H(x)$ 在计算上是不可行的。如果 Hash 函数满足这一性质，则称为弱单向 Hash 函数。

(6) 找出任意两个不同的输入 x、y，使得 $H(y) = H(x)$ 在计算上是不可行的。如果 Hash 函数满足这一性质，则称为强单向 Hash 函数。

(7) Hash 函数的输出满足伪随机性测试标准。

以上的条件(5)和(6)给出了 Hash 函数无碰撞性的概念，如果 Hash 函数对不同的输入可产生相同的输出，则称该 Hash 函数具有碰撞。条件(7)在传统观念中并没有作为密码学 Hash 函数的安全性需求，但在实际使用中却或多或少有所要求。Hash 函数常用于密钥产生、伪随机数发生器的构造以及消息完整性验证(详见第 9 章和第 13 章的相关内容)等场合，这些应用均要求 Hash 函数的输出是随机的。

6.2　CryptoPP 库中的 Hash 函数算法

CryptoPP 库供用户使用的密码学 Hash 函数有许多，如表 6.1 所示。

表 6.1　CryptoPP 库中的密码学 Hash 函数

Hash 函数的名称	所在的头文件	是否带密钥	是否可设定轮数	消息摘要的长度
BLAKE2s	blake2.h	是	否	用户可预先设置
BLAKE2b	blake2.h	是	否	用户可预先设置
Keccak_224	keccak.h	否	否	224
Keccak_256	keccak.h	否	否	256
Keccak_384	keccak.h	否	否	384
Keccak_512	keccak.h	否	否	512
SHA1	sha.h	否	否	160
SHA224	sha.h	否	否	224
SHA256	sha.h	否	否	256
SHA384	sha.h	否	否	384
SHA512	sha.h	否	否	512
SM3	sm3.h	否	否	256

续表

Hash 函数的名称	所在的头文件	是否带密钥	是否可设定轮数	消息摘要的长度
Tiger	tiger.h	否	否	192
SHA3_224	sha3.h	否	否	224
SHA3_256	sha3.h	否	否	256
SHA3_384	sha3.h	否	否	384
SHA3_512	sha3.h	否	否	512
RIPEMD128	ripemd.h	否	否	128
RIPEMD160	ripemd.h	否	否	160
RIPEMD256	ripemd.h	否	否	256
RIPEMD320	ripemd.h	否	否	320
SipHash	siphash.h	是	是	128 或 64
Whirlpool	whrlpool.h	否	否	512
MD2	md2.h	否	否	128
MD4	md4.h	否	否	128
MD5	md5.h	否	否	128

从表 6.1 可以看出，CryptoPP 库有许多的密码学 Hash 函数可供用户使用。我们可以将这些 Hash 函数分为如下两类：

(1) 用户可定制型 Hash 函数。在使用这类 Hash 函数时，用户可以选择是否输入密钥、设置 Hash 函数内部压缩算法执行的轮数甚至还可以选择最后得到的消息摘要的长度。例如，Hash 函数 SipHash。

(2) 用户不可定制型 Hash 函数。这类 Hash 函数不带密钥，用户不可以设置 Hash 函数内部压缩算法执行的轮数和最终产生的消息摘要的长度。例如，Hash 函数 SM3。

除密码学 Hash 函数外，CryptoPP 库还有一些非密码学的校验和算法，如 CRC32、Adler32 和 CRC32C 等算法。在 CryptoPP 库的子命名空间 Weak 中还包含一些其他的密码学 Hash 函数，如 MD2、MD4、MD5 等。需要注意的是，这些 Hash 函数都存在安全性问题。为了使得程序库向下兼容，CryptoPP 库保留了此类算法，在实际的项目中应尽量避免使用此类算法。

接下来，分别以 SHA384、CRC32 和 Adler32 为例，给出 CryptoPP 库中密码学 Hash 函数类和非密码学的校验和算法类的继承关系，分别如图 6.3、图 6.4 所示。

回顾第 5 章介绍的随机数发生器的相关内容，我们通过用"去枝叶，得躯干"的方法，讲解了哪些类是起"修饰"功能的，而哪个类才是所有伪随机数发生器派生类的接口基类。同样的，从图 6.3 和 6.4 可以发现，在 CryptoPP 库中所有的 Hash 函数(密码学和非密码学)都有共同的基类——HashTransformation 类。对于 SHA384 等密码学 Hash 函数而言，IteratedHashBase、IteratedHash、IteratedHashWithStaticTransform 等类模板起到的也是类似"修饰"的功能，它们共同的目的是：去实现 HashTransformation 类提供的不同接口。例如，IteratedHashBase 类模板提供了分组迭代的接口。对此感兴趣的读者可以阅读库的源代码。

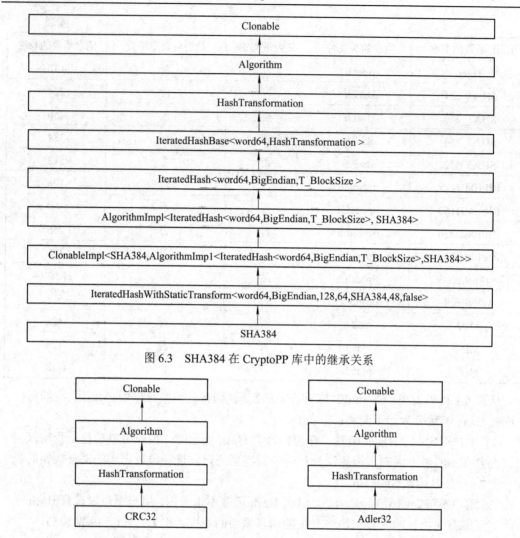

图 6.3　SHA384 在 CryptoPP 库中的继承关系

图 6.4　CRC32 和 Adler32 在 CryptoPP 库中的继承关系

6.3　使用 CryptoPP 库中的 Hash 函数算法

下面是 HashTransformation 类在头文件 cyptlib.h 中的完整定义：

```
class   HashTransformation : public Algorithm
{
public:
    virtual ~HashTransformation() {}
    HashTransformation& Ref() {return *this ;}
    virtual void Update(const byte *input, size_t length) =0 ;
    virtual byte * CreateUpdateSpace(size_t &size) {size=0; return NULLPTR;}
    virtual void Final(byte *digest)
```

```
    {
        TruncatedFinal(digest, DigestSize()) ;
    }
    virtual void Restart(){TruncatedFinal(NULLPTR, 0) ; }
    virtual unsigned int DigestSize() const =0 ;
    unsigned int TagSize() const {return DigestSize() ; }
    virtual unsigned int BlockSize() const {return 0 ;}
    virtual unsigned int OptimalBlockSize() const {return 1 ; }
    virtual unsigned int OptimalDataAlignment() const ;
    virtual void CalculateDigest(byte *digest, const byte *input, size_t length)
    {
        Update(input, length); Final(digest) ;
    }
    virtual bool Verify(const byte *digest)
    {
        return TruncatedVerify(digest, DigestSize()) ;
    }
    virtual bool VerifyDigest(const byte *digest, const byte *input, size_t length)
    {
        Update(input, length) ;
        return Verify(digest) ;
    }
    virtual void TruncatedFinal(byte *digest, size_t digestSize) =0 ;
    virtual void CalculateTruncatedDigest(byte *digest, size_t digestSize, const byte *input, size_t length)
    {
        Update(input, length); TruncatedFinal(digest, digestSize) ;
    }
    virtual bool TruncatedVerify(const byte *digest, size_t digestLength) ;
    virtual bool VerifyTruncatedDigest(const byte *digest, size_t digestLength, const byte
        *input, size_t length)
    {
        Update(input, length); return TruncatedVerify(digest, digestLength) ;
    }
protected:
    void ThrowIfInvalidTruncatedSize(size_t size) const ;
};
```

下面分别解释这些成员函数的具体含义：

• HashTransformation& Ref();

功能：提供本对象的引用。

返回值：HashTransformation&类型。本对象的引用。

· void Update(const byte *input, size_t length) =0 ；

功能：向 Hash 函数输入消息。

参数：

input——输入消息缓冲区的首地址。

Length——input 缓冲区的长度(字节)。

· byte * CreateUpdateSpace(size_t &size);

功能：为外部调用者提供一段可写入的内存空间。

参数：

size——当调用该函数时，size 表示用户申请的存储空间的大小(字节)。当函数返回后，size 变量可以取回 CreateUpdateSpace()函数实际向用户提供的存储空间大小(字节)。

返回值：byte* 类型。返回所申请的存储空间首地址。

· void Final(byte *digest);

功能：计算当前消息的 Hash 值或消息摘要。

参数：

digest——用于存放消息摘要的缓冲区首地址。该函数在内部通过调用 TruncatedFinal()函数来实现此功能。

返回值：无。

· void Restart();

功能：重置 Hash 函数当前的内部状态，为接收新的消息做准备。该函数在内部通过调用 TruncatedFinal()函数来实现此功能。

返回值：无。

· unsigned int DigestSize() const =0;

功能：常成员函数，提供该 Hash 函数的消息摘要的长度。

返回值：unsigned int 类型。返回消息摘要的长度(字节)。

· unsigned int TagSize() const;

功能：常成员函数，提供该 Hash 函数的标签长度。该函数在内部通过调用 DigestSize()函数来实现此功能。

返回值：unsigned int 类型。返回标签长度(字节)，与 DigestSize()函数的返回值大小一样。

· unsigned int BlockSize() const;

功能：常成员函数，提供该 Hash 函数处理数据时的分组大小。

返回值：unsigned int 类型。如果 Hash 函数是基于分组而实现的，那么将返回分组的大小(字节)；如果不是，则返回 0。

· unsigned int OptimalBlockSize() const;

功能：常成员函数，提供该 Hash 函数最优的输入分组大小。

返回值：unsigned int 类型。返回 Hash 函数的最优分组大小(字节)，以该大小向 Hash 函数输入消息时，其效率达到最佳。

· unsigned int OptimalDataAlignment() const;

功能：常成员函数，提供数据的最佳对齐大小。

返回值：unsigned int 类型。返回 Hash 函数输入和输出数据的最佳对齐大小。

- void CalculateDigest(byte *digest, const byte *input, size_t length);

功能：用外部的输入消息更新 Hash 函数，并计算当前消息的消息摘要。该函数在内部依次调用 Update()函数和 Final()函数来实现此功能。如果待计算 Hash 值的消息位于一块缓冲区中，只要调用该函数即可得到输入消息的 Hash 值。同时，该函数会自动重置内部状态，以准备接收下一个要处理的消息。

参数：

digest——存储所计算的消息摘要的缓冲区首地址。

Input——外部输入消息的缓冲区首地址。

Length——input 缓冲区的长度(字节)。

返回值：无。

- bool Verify(const byte *digest);

功能：验证当前消息的 Hash 值是否与给定的 Hash 值相等。该函数在内部通过调用 TruncatedVerify()函数来实现此功能。该函数会重置 Hash 函数的内部状态，以准备接收下一个要处理的消息。

参数：

digest——存储待比较 Hash 值的缓冲区首地址。

返回值：bool 类型。如果 digest 指向的 Hash 值与当前消息的 Hash 值相等，那么返回 true；否则，返回 false。如果给定的 Hash 值的长度超过了当前 Hash 函数的消息摘要的长度，则 ThrowIfInvalidTruncatedSize()函数会抛出异常。

- bool VerifyDigest(const byte *digest, const byte *input, size_t length);

功能：判断外部输入消息的 Hash 值与给定的 Hash 值是否相等。该函数在内部依次调用 Update()函数和 Verify()函数来实现此功能。该函数会重置 Hash 函数的内部状态，以准备接收下一个要处理的消息。

参数：

digest——存储给定 Hash 值的缓冲区首地址。

Input——外部输入消息的缓冲区首地址。

Length——input 缓冲区的长度(字节)。

返回值：bool 类型。若 digest 指向的 Hash 值与当前消息的 Hash 值相等，则返回 true；否则，返回 false。若给定的 Hash 值的长度超过当前 Hash 函数的消息摘要的长度，则 ThrowIfInvalidTruncatedSize()函数会抛出异常。

- void TruncatedFinal(byte *digest, size_t digestSize) =0;

功能：计算已接收消息的截断 Hash 值。该函数会重置 Hash 函数的内部状态，以准备接收下一个要处理的消息。

参数：

digest——接收消息截断 Hash 值的缓冲区首地址。

digestSize——digest 指向的缓冲区长度(字节)。允许 digestSize 小于 Hash 函数消息摘要的长度，此时仅复制 Hash 值的前 digestSize 个字节至 digest 缓冲区。

返回值：无。

• void CalculateTruncatedDigest(byte *digest, size_t digestSize, const byte *input, size_t length);

功能：计算给定消息的截断 Hash 值。该函数在内部依次调用 Update()函数和 TruncatedFinal()函数来实现此功能。

参数：

digest—— 存储消息截断 Hash 值的缓冲区首地址。

digestSize—— digest 所指向缓冲区的长度(字节)。允许 digestSize 小于 Hash 函数消息摘要的长度，此时仅复制 Hash 值的前 digestSize 个字节内容至 digest 缓冲区。

Input—— 外部输入消息的缓冲区首地址。

Length—— input 缓冲区的长度(字节)。

返回值：无。

• bool TruncatedVerify(const byte *digest, size_t digestLength);

功能：验证当前消息的截断 Hash 值是否与给定的 Hash 值相等。该函数会重置 Hash 函数的内部状态，以准备接收下一个要处理的消息。

参数：

digest—— 待比较 Hash 值的缓冲区首地址。

digestLength—— 缓冲区 digest 的长度。

返回值：bool 类型。若 digest 指向的 Hash 值与当前消息的截断 Hash 值相等，则返回 true；否则，返回 false。若给定的 Hash 值的长度超过当前 Hash 函数的消息摘要的长度，则 ThrowIfInvalidTruncatedSize()函数会抛出异常。

• bool VerifyTruncatedDigest(const byte *digest, size_t digestLength, const byte *input, size_t length);

功能：计算外部输入消息的 Hash 值，并判断此 Hash 值与给定的截断 Hash 值是否相等。该函数会重置 Hash 函数的内部状态，以准备接收下一个要处理的消息。

参数：

digest—— 给定的截断 Hash 值的缓冲区首地址。

digestLength—— 待比较 Hash 值的长度(字节)，即缓冲区 digest 的长度。

Input—— 外部输入消息的缓冲区首地址。

Length—— 外部输入消息的长度(字节)，即 input 指向的缓冲区长度。

返回值：bool 类型。若 digest 指向的 Hash 值与当前消息的截断 Hash 值相等，则返回 true；否则，返回 false。若给定 Hash 值的长度超过当前 Hash 函数消息摘要的长度，则 ThrowIfInvalidTruncatedSize()函数会抛出异常。

• void ThrowIfInvalidTruncatedSize(size_t size) const;

功能：验证截断 Hash 值的大小。

参数：

size—— 要求的 Hash 值的长度(字节)。

返回值：无。如果 Hash 值不能截断成要求的 Hash 值的长度，那么抛出 InvalidArgument 类型的异常。

下面用 CryptoPP 库中 Hash 函数，分别演示计算字符串和文件的 Hash 值的方法。

6.3.1　示例一：计算字符串的 Hash 值

本示例演示使用 Hash 函数计算消息摘要的方法。对于放在一块连续存储空间里的短消息，直接调用 CalculateDigest()函数即可。而对于较长的消息，则需要先使用 Update()函数将消息全部输入 Hash 函数，然后，再调用 Final()函数计算 Hash 值。完整示例代码如下：

```cpp
#include<sha.h>                        //使用 SHA384
#include<iostream>                     //使用 cout、cin
using namespace std;                   // std 是 C++的命名空间
using namespace CryptoPP;              // CryptoPP 是 CryptoPP 库的命名空间
int main()
{
    try
    {
        SHA384 sha; //定义一个 SHA384 的类对象
        cout <<"BlockSize="<< sha.BlockSize()*8 << endl;              //分组长度(字节)
        cout <<"DigestSize="<< sha.DigestSize()*8 << endl;           // Hash 值的长度(字节)
        cout <<"TagSize="<< sha.TagSize()*8 << endl;                 //等于 DigestSize
        cout <<"OptimalBlockSize = "<< sha.OptimalBlockSize()*8 << endl;    //最优分组大小(字节)
        //最优输入输出数据对齐大小(字节)
        cout <<"OptimalDataAlignment = "<< sha.OptimalDataAlignment() << endl;
        byte msg[] = "I like cryptography very much";
        byte msg1[] = "I like cryptography ";                        //最后有空格
        byte msg2[] = "very much";
        //先计算 msg1+msg2 拼接后的消息的 Hash 值
        //向 Hash 函数输入消息 msg1
        sha.Update(msg1,sizeof(msg1)-1);          //去掉字符串最后的'\0'
        //向 Hash 函数输入消息 msg2
        sha.Update(msg2,sizeof(msg2)-1);          //去掉字符串最后的'\0'
        //求拼接后的消息"I like cryptography very much"的 Hash 值
        size_t len1=sha.DigestSize();
        byte* digest1=sha.CreateUpdateSpace(len1);     //申请内存空间，以存放消息摘要
        if(len1 < sha.DigestSize())
        {
            cout <<"分配的内存不足"<< endl;
            return 0;
        }
        sha.Final(digest1);                    //计算 Hash 值，同时重置 Hash 函数内部状态
        cout <<"digest1=";
```

```
        for(size_t i=0; i < sha.DigestSize(); ++i)
        {//以十六进制输出 Hash 值
            printf("%02X",digest1[i]);
        }
        cout << endl;
        SecByteBlock digest2(sha.DigestSize());        //申请内存空间，以存放消息摘要
        // CalculateDigest()相当于 Update()+Final()
        sha.CalculateDigest(digest2, msg, sizeof(msg)-1);
        cout <<"digest2=";
        for(size_t i=0; i < sha.DigestSize(); ++i)
        {//以十六进制输出 Hash 值
            printf("%02X",digest2[i]);
        }
        cout << endl;
        //计算 msg 消息的 Hash 值
        bool res;
        res=sha.VerifyDigest(digest2,                   //可能抛出异常
                msg, sizeof(msg)-1);                    //去掉字符串最后的'\0'
        cout <<"res = "<< boolalpha << res << endl;
        delete[] digest1;                              //释放内存
    }
    catch(const exception& e)
    {//出现异常
        cout << e.what() << endl;                      //异常原因
    }
    return 0;
}
```

执行程序，程序的输出结果如下：

BlockSize=1024

DigestSize=384

TagSize=384

OptimalBlockSize=1024

OptimalDataAlignment = 8

digest1 = AA2DCB5FB010CDFE5FE83075EB219DA9B4AD9432D4DD06951171462F35ED13
C96326643033FAA4C7A82FA2F8C6BAF2D1

digest2=AA2DCB5FB010CDFE5FE83075EB219DA9B4AD9432D4DD06951171462F35ED13
C96326643033FAA4C7A82FA2F8C6BAF2D1

res = true

请按任意键继续...

6.3.2　示例二：计算文件的 Hash 值

当向外界发布一款软件时，通常伴随软件包公布还有一些 Hash 函数的 Hash 值，如图 6.5 所示。

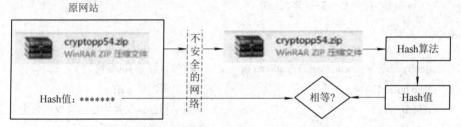

图 6.5　WinMD5 软件的 MD5 消息摘要

在 CryptoPP 库的官方网站下载某个版本的源代码时也会遇到这种情况。有时为了检验从第三方网站或者其他途径获得的源代码包的完整性，我们可以比较计算的 Hash 值并与官网公布的结果是否相等。如果我们发现最终计算的 Hash 值和 CryptoPP 库的官网中公布的一致，那么说明获取的源代码包是完整的。否则，表明源代码文件有可能被篡改。这是 Hash 函数的一个直接应用——消息完整性检验。该检验过程如图 6.6 所示。

图 6.6　Hash 函数用于消息完整性检验的过程

本示例程序以 CryptoPP54.zip 源代码包为例，演示如何用 Hash 函数计算文件的 Hash 值。代码如下：

```
#define _CRT_SECURE_NO_WARNINGS
#include<sha.h>                              //使用 SHA1、SHA256、SHA512
#include<string>                             //使用 string
#include<whrlpool.h>                         //使用 Whirlpool
#include<iostream>                           //使用 cout、cin
using namespace std;                         // std 是 C++的命名空间
using namespace CryptoPP;                    // CryptoPP 是 CryptoPP 库的命名空间
//功能：用 Hash 函数求文件 CryptoPP54.zip 的消息摘要，并在标准输出设备上打印计算的结果
//参数：name—— 打印输出计算的 Hash 的前缀信息，Hash—— 一个 Hash 函数对象的引用
void PerformHash(const string& name,HashTransformation& hash);
int main()
{
    SHA1    sha1;                            //定义一个 SHA1 对象
    PerformHash("SHA1",sha1);                //计算文件的 Hash 值
```

```
    SHA256 sha256;                          //定义一个 SHA256 对象
    PerformHash("SHA256",sha256);           //计算文件的 Hash 值
    SHA512 sha512;                          //定义一个 SHA512 对象
    PerformHash("SHA512",sha512);           //计算文件的 Hash 值
    Whirlpool whpool;                       //定义一个 Whirlpool 对象
    PerformHash("Whirlpool",whpool);        //计算文件的 Hash 值
    return 0;
}
void PerformHash(const string& name,HashTransformation& hash)
{
    cout << name<<":"<<endl;
    FILE*   fp;                             //定义文件指针，也可使用 C++ 的文件操作方法
    fp = fopen("CryptoPP54.zip","rb");      //打开文件
    if(!fp)
    {
        cout <<"打开文件失败"<< endl;
        return ;
    }
    SecByteBlock digest(hash.DigestSize()); //存放计算的 Hash 值
    byte buffer[1024];                      //定义缓冲区 buffer
    int len;                                //用于存储从文件中实际读取的数据长度
    while(!feof(fp) && !ferror(fp))         //判断文件流当前的状态
    {
        len = fread(buffer,sizeof(byte),1024,fp);   //从文件中读取数据
        hash.Update(buffer,(len < 1024 ? len:1024 ));  //用读取的数据更新 Hash 函数
    }
    hash.Final(digest);                     //计算 Hash 值
    for(int i=0; i < hash.DigestSize();++i)
    {//以十六进制的形式输出 Hash 值
        printf("%02X",digest[i]);           //也可以使用 C++ 的输出操作方式
    }
    cout << endl;
    fclose(fp);                             //关闭文件
}
```

执行程序，程序的输出结果如下：

SHA1:

88F6534B713FBBF5C1AF5FDDDC402B221EEA73BF

SHA256:

FA9ACEB1B46C886B5C13FE5AA3D0CDBD74B4A2DD894E290CBDBFD17FE8A7FE5A

SHA512:

C97AD75D0240F6CD907267CACFBCDF3B6EDC22412DF6A0C9CEDAB7B1159C44BB601

F880F1F147462350BF5B17796421CDE40DD444BBDD31CAC848087429A434D

Whirlpool:

9B83F4A1CFD7F49CE5E123169D0AB291929D5D3B82355F22BEDA39DF47E1035B53AA5

D1A20A5662214E9BF4A07028792D219EEDF7C888D45BF653181AECEC839

请按任意键继续...

　　细心的读者可能已经注意到，在示例二的程序中，自定义函数 PerformHash()的第二个参数类型是 HashTransformation 类的引用。在主调函数 main()中，可以将任何具体的 Hash 函数对象实参赋值给该形参，并且该函数在内部调用的是对应实参的 Update()函数和 Final()函数，这就是多态性的体现。假如没有这样的机制，那么 PerformHash()函数中的代码将不能被复用，示例二的代码会变得冗长杂乱。在后面的章节中，某些示例程序也会出现类似的函数定义形式。下面的函数声明与此在功能上等价：

　　　　void PerformHash(const string& name,HashTransformation* phash);

　　从上面两个示例可以看出，CryptoPP 库中的 Hash 函数使用步骤如下：

　　(1) 定义一个 Hash 函数对象，通常像示例一、二那样。需要注意的是，对于有些带密钥的或可以设置轮数的 Hash 函数，在定义对象时，要设置好相关参数。例如：

```
AutoSeededX917RNG<DES> prng;              //定义随机数发生器
SecByteBlock key(16) ;                    //申请内存，存放密钥
prng.GenerateBlock(key, key.size());      //产生密钥
SipHash<2,4,false> hash(key, key.size()); //设定相关参数
hash.Update(...);
hash.Final(...);
```

　　对于带密钥的 Hash 函数，可以用于产生消息认证码，即 MAC(Message Authentication Codes)，相关内容见后续章节。

　　(2) 接收外部的消息。例如，调用 Update()函数。

　　(3) 计算消息的 Hash 值。例如，调用 Final()函数。

6.3.3　示例三：以 Pipeling 范式技术方式使用 Hash 函数

　　在第 4 章中，我们学习了两个特殊的 Filter 类——Redirector 类和 ChannelSwitch 类，使用它们可以将一个 Source 中的数据重定向至多条数据流。CryptoPP 库为用户提供的处理消息 Hash 值的专用 Filter 类——HashFilter 类，利用该类很容易实现示例二的功能。HashFilter 类可用于在 Pipeling 范式数据处理链中计算消息的 Hash 值，它定义于头文件 filters.h 中，该类只有一个构造函数，如下所示：

```
HashFilter(HashTransformation &hm, BufferedTransformation *attachment = NULL,
    bool putMessage = false,
    int truncatedDigestSize = -1, conststd::string &messagePutChannel = DEFAULT_CHANNEL,
```

```
                    const std::string &hashPutChannel = DEFAULT_CHANNEL) ;
```

下面分别解释这个构造函数各个参数的意义：

(1) hm：一个 HashTransformation 类对象，即一个 Hash 函数对象。

(2) attachment：一个可选的附加数据转移对象。

(3) putMessage：原消息是否传递到附加对象上。

(4) truncatedDigestSize：要获取的消息摘要的长度。

(5) messagePutChannel：消息应该被输出到的 channel。

(6) hashPutChannel：消息摘要应该被输出到的 channel。

下面以 Pipeling 范式技术实现示例二的功能：

```cpp
#include<iostream>            //使用 cout、cin
#include<channels.h>          //使用 ChannelSwich
#include<string>              //使用 string
#include<files.h>             //使用 FileSource
#include<sha.h>               //使用 SHA1、SHA256、SHA512
#include<filters.h>           //使用 HashFilter、Redirector
#include<hex.h>               //使用 HexEncoder
#include<whrlpool.h>          //使用 Whirlpool
using namespace std;          //std 是 C++的命名空间
using namespace CryptoPP;     //CryptoPP 是 CryptoPP 库的命名空间
int main()
{
    string filename = "CryptoPP54.zip";
    string s1,s2,s3,s4;       //定义 4 个 string 对象分别用于存放求得的 Hash 值
    SHA1 sha;                 //定义 SHA1 对象
    SHA256 sha256;            //定义 SHA256 对象
    SHA512 sha512;            //定义 SHA512 对象
    Whirlpool  whipool;       //定义 Whirlpool 对象
    HashFilter f1(sha,new HexEncoder(new StringSink(s1)));     //定义 HashFilter 对象
    HashFilter f2(sha256,new HexEncoder( new StringSink(s2))); //定义 HashFilter 对象
    HashFilter f3(sha512,new HexEncoder( new StringSink(s3))); //定义 HashFilter 对象
    HashFilter f4(whipool,new HexEncoder( new StringSink(s4))); //定义 HashFilter 对象
    ChannelSwitch  cs;        //定义 ChannelSwitch 对象
    cs.AddDefaultRoute(f1);   //添加第 1 条数据链
    cs.AddDefaultRoute(f2);   //添加第 2 条数据链
    cs.AddDefaultRoute(f3);   //添加第 3 条数据链
    cs.AddDefaultRoute(f4);   //添加第 4 条数据链
    //让 filename 表示的文件中的数据分别流向上述 4 条数据链
    FileSource ss(filename.c_str(),true,new Redirector(cs));
```

```
//此时，s1、s2、s3、s4 中分别存放了计算的相应 Hash 值
cout <<"SHA1:"<< s1 << endl;                          //打印输出
cout <<"SHA256:"<< s2 << endl;                        //打印输出
cout <<"SHA512:"<< s3 << endl;                        //打印输出
cout <<"Whirlpool:"<< s4 << endl;                     //打印输出
return 0;
}
```

执行以上程序，我们可以看到它的输出结果与示例二完全相同。本示例程序使用 CryptoPP 库的 Pipeling 范式数据处理技术，它与示例二的功能几乎一样。通过对比可以发现，使用这种方法可以使程序更加简洁。

Hash 函数的另一个直接应用是口令存储，即存储口令的 Hash 值而不是将口令以明文的形式存储在本地文件或数据库中。由于 Hash 函数具有单向性，因此其他用户或数据库管理员即使在有权读取存储口令的 Hash 值的情况下依然无法得到口令明文。这样就对用户的口令提供了保护，该过程如图 6.7 所示。

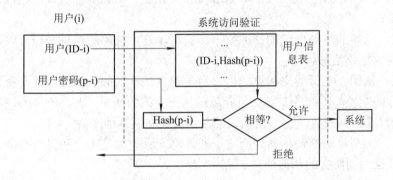

图 6.7　使用 Hash 函数进行口令存储和执行系统访问验证的过程

在图 6.7 中，当用户需要访问系统时，首先要输入访问系统的 ID 和口令或密码。系统的访问验证程序会根据用户输入的 ID 在用户信息表中找到该 ID 对应的口令的 Hash 值，同时系统会根据用户输入的口令计算出一个新的 Hash 值。然后，系统的验证程序比较计算所得的 Hash 值与从系统用户信息表中获得的 Hash 值是否相等。若两者相等，则允许该用户访问系统；否则，拒绝访问。

6.4　小　　结

本章首先介绍了 Hash 函数的基本概念，然后介绍了 CryptoPP 库中的 Hash 函数。接下来，用三个示例程序演示了 CryptoPP 库中 Hash 函数的使用方法。HashTransformation 类是 CryptoPP 库中所有 Hash 函数的共同基类，并且它为 Hash 函数提供了一致的接口。这使得 CryptoPP 库中的 Hash 函数比较容易使用。通过学习本章的示例程序，读者应该能够使用程序库中剩余的 Hash 函数。

第 7 章　流　密　码

流密码(Stream Cipher)常用于对数据流进行加密和解密的场合。例如，在网页浏览连接情形下，流密码就是很好的解决方案。

7.1　基 础 知 识

流密码是对称密码的一个重要组成部分。对称密码的加、解密过程（即简化模型）如图 7.1 所示。它主要由明文、密钥、加密算法、密文、解密算法五部分组成，各部分含义分别如下：

(1) 明文：原始的待处理或加密的数据，既可以是可理解的消息，也可以是任何类型需要保密的数据或信息。

(2) 密钥：密钥独立于明文和算法，它是加密算法输入的一部分。通常密钥决定了算法内部执行的变换，不同的密钥会引起算法执行不同的变换，进而产生不同的输出。

(3) 加密算法：加密算法会根据输入的密钥对明文做各种变换。

(4) 密文：加密算法的输出称为密文，通常密文看起来是完全随机而杂乱的，并且根据密文无法推测到明文的任何信息。

(5) 解密算法：解密算法本质上是加密算法的逆运算，将密钥和密文输入至解密算法，可以得到原始的明文。

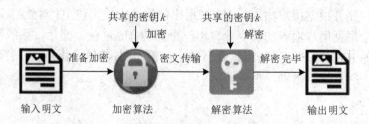

图 7.1　对称密码的加、解密过程

对称密码最显著的特征就是加密算法和解密算法使用相同的密钥，而非对称密码(公钥密码)使用的加密密钥和解密密钥不相同。流密码和分组密码都属于对称密码。

流密码类似于"一次一密"，所不同的是，"一次一密"使用的是真正的随机数流，而流密码所使用的是伪随机数流。流密码的基本思想是利用密钥流 k 产生一个密钥流 $z = z_0 z_1 \ldots$，并使用一定的方式对明文串 $x = x_0 x_1 \ldots$ 进行加密，即

$$y = y_0 y_1 \ldots = E_{z_0}(x_0) E_{z_1}(x_1) \ldots$$

其中，密钥流由密钥流发生器 f 产生：$z_i = f(k, \sigma_i)$，σ_i 表示加密器件中记忆元件在时刻 i 的状态，f 是关于密钥 k 和 σ_i 的密钥流产生函数。明文、密文以及密钥流之间的关系，即流密码的加、解密过程如图 7.2 所示。

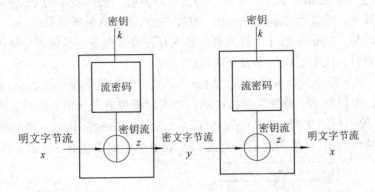

图 7.2 流密码的加、解密过程

流密码在执行的过程中，将待加密的明文视为连续的数据流，它一次可以对 1 比特、8 比特或 32 比特(甚至更多)的数据单元执行加密或解密操作。这就要求流密码产生的密钥流应该有足够长的周期，密钥流的统计特性也应该尽可能地接近真随机数流。

7.2 CryptoPP 库中的流密码算法

与随机数发生器、Hash 函数相比，CryptoPP 库中包含的流密码算法相对较少，如表 7.1 所示。

表 7.1 CryptoPP 库中的流密码算法

流密码的名字	所在的头文件	轮数是否可选	初始向量 iv(或 IV)长度	密钥 key 长度
XSalsa20	salsa.h	是(8, 12, 20)	24	32
SEAL	seal.h	否	4	20
Salsa20	salsa.h	是(8, 12, 20)	8	[16, 32]
PanamaCipher	panama.h	否	32	32
ChaCha8	chacha.h	否	8	[16, 32]
ChaCha12	chacha.h	否	8	[16, 32]
ChaCha20	chacha.h	否	8	[16, 32]
Sosemanuk	sosemanuk.h	否	16	[1, 32]

在表 7.1 中，初始向量长度和密钥长度均以字节为单位。在密钥长度一栏中，中括号表示密钥实际的可选范围。例如，"[16, 32]"表示该算法的密钥最小长度可取 16 个字节，而最大长度可取 32 个字节。在轮数一栏中，小括号表示轮数的可选值。例如，"(8, 12, 20)"表示算法相关模块可选的执行轮数为 8、12 和 20。

对于可以设置轮数的流密码算法，在默认情况下，它们均以最多的轮数来执行算法。

对于密钥长度可变的算法，除 Sosemanuk 算法(缺省密钥长度为 16 个字节)以外，在默认情况下它们均选择以最大长度的密钥来执行算法。

除表 7.1 中的流密码外，CryptoPP 库将在 7.0 以后的版本中包含 HC-128 和 HC-256 算法，可能还会包含 Rabbit 算法。在本书写至此章节时，最新版本的 CryptoPP 库中还不能使用这些算法。读者可以到 CryptoPP 库的官方网站了解最新消息。

需要注意的是，PanamaCipher 等流密码算法存在安全问题，尽量避免使用。为了保持程序库向下兼容，保留了这些不安全的算法。

与第 5 章、第 6 章不同，本章及以后的章节将直接给出某个模块在 CryptoPP 库中的简化继承关系，不再对其"修饰"类做讲解。如果读者想更进一步了解相关内容，可以参考 CryptoPP 库的帮助文档。在 CryptoPP 库中，StreamTransformation 类为所有的流密码类提供了公共的接口。具体的流密码类在 CryptoPP 库中的简化继承关系如图 7.3 所示。

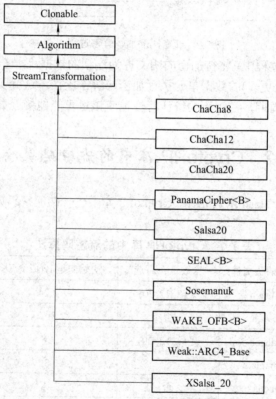

图 7.3　CryptoPP 库中流密码的简化继承关系

从 CryptoPP 库的源代码中可以看出，每一个流密码算法的实现都相当复杂。与前面介绍的随机数发生器和 Hash 函数不同，流密码算法类(以 Salsa20 为例)在内部通过嵌套的方式分别定义了加密器类和解密器类。所不同的是，它并没有直接定义类。它先定义了符合特定规格的类(如 Salsa20_Info、Salsa20_Policy 类等)，然后以这些类为模板参数去实例化对称密码算法相关的类模板，进而产生加密器类和解密器类实例。

下面是与 Salsa20 算法相关的类定义：

```
struct Salsa20_Info : public VariableKeyLength<32, 16, 32, 16,
    SimpleKeyingInterface::UNIQUE_IV, 8>
```

```
{
    static std::string StaticAlgorithmName() { return "Salsa20"; }
};
class Salsa20_Policy : public AdditiveCipherConcretePolicy<word32, 16>
{
protected:
    void CipherSetKey(const NameValuePairs &params, const byte *key, size_t length);
    void OperateKeystream(KeystreamOperation operation,
        byte *output, const byte *input, size_t iterationCount);
    void CipherResynchronize(byte *keystreamBuffer, const byte *IV, size_t length);
    bool CipherIsRandomAccess() const { return true; }
    void SeekToIteration(lword iterationCount);
#if (CRYPTOPP_BOOL_X86 || CRYPTOPP_BOOL_X32 || CRYPTOPP_BOOL_X64)
    unsigned int GetAlignment() const;
    unsigned int GetOptimalBlockSize() const;
#endif
    FixedSizeAlignedSecBlock<word32, 16> m_state;
    int m_rounds;
};
struct Salsa20 : public Salsa20_Info, public SymmetricCipherDocumentation
{
    typedef SymmetricCipherFinal<ConcretePolicyHolder<Salsa20_Policy,
        AdditiveCipherTemplate<>>, Salsa20_Info> Encryption;
    typedef Encryption Decryption;
};
```

从功能上来讲，由于流密码算法在执行加、解密的过程中所使用的各种参数是一样的，并且对数据处理的方式也是一致的，所以加密算法和解密算法本质上也是相同的。因此，可以只用一个类表示流密码算法，而我们既可以用这个类执行加密，也可以用这个类执行解密。然而，CryptoPP 库并没有这样做。考虑到算法的易用性和对其他模块的兼容性，CryptoPP 库用两个不同的名字分别表示加密器类和解密器类。在流密码算法类内部，利用 typedef 语句将类模板实例化后产生的加密器类命名为 Encryption，而将解密器类命名为 Decryption。

对于表 7.1 中任何一个流密码算法而言，我们可以认为每个流密码算法类中仅含有两个成员，即一个加密器类 Encryption 和一个解密器类 Decryption。在程序中可以通过如下的方式定义 Salsa20 算法的加密器对象和解密器对象。

```
Salsa20::Encryption enc;        //定义加密器对象
Salsa20::Decryption dec;        //定义解密器对象
```

对于库的使用者来说，若要在程序中使用流密码算法，从来不必关注表 7.1 之外的类。只需先按照上面的方式定义加、解密对象，然后用密钥和初始向量初始化它们，之后就可以使用它们执行数据的加、解密工作。若要向库中添加新的流密码算法，则只需像 Salsa20 的实现一样，先向库中添加一些形如 Salsa20_Info 类、Salsa20_Policy 类的中间类，然后再向库中添加一个供客户端使用的 Salsa20 类。

通过观察流密码算法类之间的继承关系可以发现，无论是实例化后产生的加密器类还是解密器类，它们本质上都是 StreamTransformation 类的子类。因此，上面定义的加密器对象 enc 和解密器对象 dec 都可转化为 StreamTransformation 类的子对象。

7.3　使用 CryptoPP 库中的流密码算法

StreamTransformation 类是流密码算法的接口基类，它定义于头文件 cryptlib.h 中，其完整定义如下：

```
class    StreamTransformation : public Algorithm
{
public:
    virtual ~StreamTransformation() {}
    StreamTransformation& Ref() {return *this;}
    virtual unsigned int MandatoryBlockSize() const {return 1;}
    virtual unsigned int OptimalBlockSize() const {return MandatoryBlockSize();}
    virtual unsigned int GetOptimalBlockSizeUsed() const {return 0;}
    virtual unsigned int OptimalDataAlignment() const ;
    virtual void ProcessData(byte *outString, const byte *inString, size_t length) =0 ;
    virtual size_t ProcessLastBlock(byte *outString, size_t outLength, const byte *inString,
                size_t inLength) ;
    virtual unsigned int MinLastBlockSize() const {return 0 ;}
    virtual bool IsLastBlockSpecial() const {return false ;}
    inline void ProcessString(byte *inoutString, size_t length)
    {
        ProcessData(inoutString, inoutString, length) ;
    }
    inline void ProcessString(byte *outString, const byte *inString, size_t length)
    {
        ProcessData(outString, inString, length);
    }
    inline byte ProcessByte(byte input)
    {
        ProcessData(&input, &input, 1) ;
        return input ;
    }
```

```
        virtual bool IsRandomAccess() const =0 ;
        virtual void Seek(lword pos)
        {
            CRYPTOPP_UNUSED(pos) ;
            CRYPTOPP_ASSERT(!IsRandomAccess()) ;
            throw NotImplemented("StreamTransformation: this object doesn't support random access") ;
        }
        virtual bool IsSelfInverting() const =0 ;
        virtual bool IsForwardTransformation() const =0 ;
    };
```

下面分别解释这些成员函数的具体含义：

· StreamTransformation& Ref() ;

功能：提供本对象的引用。

返回值：StreamTransformation&类型。返回本对象的引用。

· unsigned int MandatoryBlockSize() const ;

功能：常成员函数，提供强制的分组大小(字节)。

返回值：unsigned int 类型。如果数据必须以分组的形式处理，那么返回分组的大小；否则，返回 1。

· unsigned int OptimalBlockSize() const ;

功能：常成员函数，提供密码算法最佳的分组大小(字节)。

返回值：unsigned int 类型。返回高效处理输入数据时最佳的分组大小。

· unsigned int OptimalDataAlignment() const ;

功能：常成员函数，提供输入输出数据性能最佳时的对齐大小(字节)。

返回值：unsigned int 类型。返回性能最佳时输入数据的对齐大小(字节)。

· unsigned int GetOptimalBlockSizeUsed() const ;

功能：常成员函数，提供以最优分组方式处理数据时已经使用的当前分组字节数。

返回值：unsigned int 类型。返回以最优分组方式处理数据时已经使用的当前分组字节数。

· void ProcessData(byte *outString, const byte *inString, size_t length) =0 ;

功能：加密或解密字节型缓冲区中的数据。

参数：

outString——输出缓冲区首地址。

inString——输入缓冲区首地址。

Length——输入数据和输出缓冲区的长度(字节)。

返回值：无。

· size_t ProcessLastBlock(byte *outString, size_t outLength, const byte *inString, size_t inLength) ;

功能：加密或解密最后一个分组数据。

参数：

outString——输出缓冲区首地址。

outLength——输出缓冲区 outString 的长度(字节)。

inString——输入缓冲区首地址。

inLength——输入缓冲区 inString 的长度(字节)。

返回值：size_t 类型。返回输出缓冲区被使用的长度。

- unsigned int MinLastBlockSize() const ;

功能：提供最后一个分组数据的大小(字节)。

返回值：unsigned int 类型。返回最后一个分组数据的最小值。

- bool IsLastBlockSpecial() const ;

功能：确定是否为最后一个分组做特殊处理。

返回值：bool 类型。如果需要做特殊处理，那么返回 true；否则，返回 false。

- void ProcessString(byte *inoutString, size_t length) ;

功能：加密或解密一个字符串。

参数：

inoutString——指向待处理的字符串缓冲区首地址。

Length——缓冲区 inoutString 的长度(字节)。

返回值：无。

- void ProcessString(byte *outString, const byte *inString, size_t length) ;

功能：加密或解密一个字符串。

参数：

outString——输出缓冲区的首地址。

inString——输入缓冲区的首地址。

Length——缓冲区 inString 的长度。

返回值：无。

- byte ProcessByte(byte input) ;

功能：加密或解密一个字节。

参数：

input——待处理的输入数据。

返回值：byte 类型。返回输入数据的处理结果。

- bool IsRandomAccess() const =0 ;

功能：确定这个密码算法是否支持随机访问。

返回值：bool 类型。如果支持，那么返回 true；否则，返回 false。

- void Seek(lword pos) ;

功能：找到一个绝对位置。

参数：

pos——要找到的绝对位置。

返回值：无。

- bool IsSelfInverting() const =0 ;

功能：确定这个算法是否可逆。

返回值：bool 类型。如果是可逆的，那么返回 true；否则，返回 false。

- bool IsForwardTransformation() const =0；

功能：确定这个密码是否正在进行前向操作。

返回值：bool 类型。若 DIR(表示方向的常量)等于 ENCRYPTION(表示加密操作)，则返回 true；否则，返回 false。

7.3.1 示例一：使用 XSalsa20 算法加、解密字符串

下面以流密码算法 XSalsa20 为例，演示加密和解密字符串的一般方法：

```
#include<salsa.h>                   //包含 XSalsa20 算法的头文件
#include<iostream>                  //使用 cin、cout
#include<osrng.h>                   //使用 AutoSeededRandomPool 算法
#include<secblock.h>                //使用 SecByteBlock
using namespace std;                // std 是 C++的命名空间
using namespace CryptoPP;           // CryptoPP 是 CryptoPP 库的命名空间
//功能：以十六进制数的形式将 pb 缓冲区的数据打印至标准输出设备
//参数 pb：待打印输出的缓冲区首地址
//参数 length：缓冲区 pb 的长度(字节)
//返回值：无
void printHex(byte* pb,size_t length);
int main()
{
    XSalsa20::Encryption enc;        //定义加密器对象
    XSalsa20::Decryption dec;        //定义解密器对象
    cout <<"缺省密钥长度(字节):"<< enc.DefaultKeyLength() << endl;
    cout <<"最小的密钥长度(字节):"<< enc.MinKeyLength() << endl;
    cout <<"最大的密钥长度(字节):"<< enc.MaxKeyLength() << endl;
    cout <<"缺省的初始向量大小(字节):"<< enc.DefaultIVLength() << endl;
    cout <<"最小的初始向量大小(字节):"<< enc.MinIVLength() << endl;
    cout <<"最大的初始向量大小(字节)"<< enc.MaxIVLength() << endl << endl;
    //定义一个随机数发生器，用于产生随机的密钥 key 和初始向量 iv
    AutoSeededRandomPool prng;          //定义随机数发生器对象
    // plain: 存储待加密的明文，cipher: 存储加密后的密文，recover: 存储解密后的明文
    string plain("I like cryptography very much"), cipher, recover;
    //动态申请空间以存储接下来生成的密钥 key 和初始向量 iv
    SecByteBlock key(enc.DefaultKeyLength()), iv(enc.DefaultIVLength());
    prng.GenerateBlock(key,key.size());         //产生随机的密钥 key
    prng.GenerateBlock(iv,iv.size());           //产生随机的初始向量 iv
    cout <<"key:";
```

```
        printHex(key, key.size());                         //以十六进制的形式打印 key
        cout <<endl<<"IV:";
        printHex(iv,iv.size());                            //以十六进制形的式打印 iv
        //加密和解密准备
        enc.SetKeyWithIV(key,key.size(),iv,iv.size());     //设置加密器的密钥 key 和初始向量 iv
        dec.SetKeyWithIV(key,key.size(),iv,iv.size());     //设置解密器的密钥 key 和初始向量 iv
        cipher.resize(plain.size());                       //分配存储空间
        enc.ProcessData((CryptoPP::byte*)&cipher[0], (CryptoPP::byte*)plain.c_str(), plain.size());
        //执行加密
        cout << endl <<"plain:" ;
        printHex((CryptoPP::byte*)plain.c_str(), plain.length());        //以十六进制数的形式打印明文
        cout << endl <<"cipher:";
        printHex((CryptoPP::byte*)&cipher[0], cipher.size());            //以十六进制数的形式打印密文
        //执行解密操作
        recover.resize(cipher.size());                                  //分配存储空间
        dec.ProcessData((CryptoPP::byte*)&recover[0], (CryptoPP::byte*)cipher.c_str(), cipher.size());
        cout << endl <<"recover:";
        printHex((CryptoPP::byte*)&recover[0], recover.size());
        //以十六进制数的形式输出解密后的明文
        cout << endl;
        return 0;
    }
    void printHex(byte* pb, size_t length)
    {//以十六进制输出 pb 缓冲区的数据
        for(size_t i=0; i < length; ++i)
        {
            printf("%02X", pb[i]);                  //也可以使用 C++ 的操作方式
        }
    }
```

执行程序，程序的输出结果如下：

缺省密钥长度(字节):32

最小的密钥长度(字节):32

最大的密钥长度(字节):32

缺省的初始向量大小(字节):24

最小的初始向量大小(字节):24

最大的初始向量大小(字节):24

key:33A086EFE0E2491FAC824556C4EDFE3903CADD16F0FEF6A25A589B43BF92B976

IV:4F5D2208EFF0E9C6E5D36352CF33FC0CDF8FAD3257C04D3D

plain:49206C696B652063727970746F6772617068792076657279206D756368 cipher:2D99EDD93F0E2BF2C14BD43E4F328F033AD99469B683FD7E96AB7F6337

recover:49206C696B652063727970746F6772617068792076657279206D756368

请按任意键继续...

7.3.2 示例二：使用 ChaCha20 算法加、解密文件

下面以流密码算法 ChaCha20 为例，演示加密和解密文件的方法：

```
#define _CRT_SECURE_NO_WARNINGS
#include<chacha.h>                      //包含 ChaCha20 算法的头文件
#include<iostream>                      //使用 cin、cout
#include<osrng.h>                       //使用 AutoSeededRandomPool 算法
#include<secblock.h>                    //使用 SecByteBlock
#include<string>                        //使用 string
using namespace std;                    // std 是 C++的命名空间
using namespace CryptoPP;               // CryptoPP 是 CryptoPP 库的命名空间
//功能：使用流密码算法将文件 srcfile 中的内容加密或解密，并把加密或解密结果存储于
        文件 desfile 中
//参数 srcfile——待加密或解密的文件
//参数 encdec——使用的流密码算法
//参数 desfile——存放加密或解密结果的文件
//返回值：无
void EncOrDecFile(const string& srcfile,StreamTransformation& encdec,const string& desfile);
int main()
{   ChaCha20::Encryption enc;            //定义加密器对象
    ChaCha20::Decryption dec;            //定义解密器对象
    //定义一个随机数发生器，用于产生随机的密钥 key 和初始向量 iv
    AutoSeededRandomPool prng;           //定义随机数发生器对象
    //动态申请空间以存储接下来生成的密钥 key 和初始向量 iv
    SecByteBlock key(enc.DefaultKeyLength()), iv(enc.DefaultIVLength());
    //产生随机的 key 和 iv
    prng.GenerateBlock(key, key.size());          //利用随机数发生器产生随机的密钥 key
    prng.GenerateBlock(iv, iv.size());            //利用随机数发生器产生随机的初始向量 iv
    //加密和解密准备
    enc.SetKeyWithIV(key, key.size(), iv, iv.size()); //设置加密器的密钥 key 和初始向量 iv
    dec.SetKeyWithIV(key, key.size(), iv, iv.size()); //设置解密器的密钥 key 和初始向量 iv
    //执行加密：将文件"stream_02.cpp"中的数据加密后存放于文件"cipher.txt"中
    EncOrDecFile("stream_02.cpp", enc, "cipher.txt");
    //执行解密：将文件"cipher.txt"中的数据加密后存放于文件"recover.txt 中
    EncOrDecFile("cipher.txt", dec, "recover.txt");
```

```
    return 0;
}
void EncOrDecFile(const string& srcfile, StreamTransformation& encdec, const string& desfile)
{//用流密码对象 encdec 实现对文件 srcfile 的加密或解密操作，并将操作的结果
 //存放于文件 desfile 中
    FILE* infp = fopen(srcfile.c_str(), "rb");          //打开待加密或解密的文件，也可用 C++ 的文
                                                        //件操作方式
    FILE* outfp = fopen(desfile.c_str(), "wb");         //打开存放操作结果的文件
    if(!infp || !outfp)                                 //文件打开错误
    {   cout <<"文件打开失败"<< endl;
        return ;
    }
    int readlength;
    SecByteBlock readstr(1024);                         //动态申请 1024 个字节的存储空间
    while(!feof(infp))
    {   //文件没有读取结束
        //从待加密或解密的 srcfile 文件中读取数据
        readlength=fread(readstr,sizeof(SecByteBlock::value_type),readstr.size(),infp);
        //确定实际读取到的数据长度
        readlength = readlength < readstr.size() ? readlength:readstr.size();
        encdec.ProcessString(readstr,readlength); //执行加密或解密操作
        //将加密或解密的结果存放于 desfile 文件中
        fwrite(readstr,sizeof(SecByteBlock::value_type),readlength,outfp);
    }
    fclose(infp); //关闭文件
    fclose(outfp); //关闭文件
}
```

执行该程序，待程序运行完毕后，当前工程的目录下面会产生两个文件，它们分别是 cipher.txt 和 recover.txt，如图 7.4 所示。其中，cipher.txt 文件是 stream_02.cpp 文件被加密后对应的密文文件。recover.txt 文件是 cipher.txt 文件被解密后对应的明文文件。

名称 ▲	修改日期	类型	大小
Release	2018/9/30 21:23	文件夹	
cipher.txt	2018/12/6 11:14	文本文档	3 KB
CryptoPPRelease.props	2018/8/8 17:41	PROPS 文件	1 KB
recover.txt	2018/12/6 11:14	文本文档	3 KB
stream_02.cpp	2018/9/14 19:10	C++ Source	3 KB
stream_02.vcxproj	2018/9/14 16:36	VCXPROJ 文件	5 KB
stream_02.vcxproj.fi...	2018/9/14 16:36	VC++ Project F...	1 KB

图 7.4   当前工程所在目录下的内容

由于对源代码文件 stream_02.cpp 进行了加密，所以用记事本程序打开 cipher.txt 文件后，发现它的内容是一些无法读懂的"乱码"。当对 cipher.txt 文件进行解密后，就可以用记事本程序打开它对应的明文文件(recover.txt 文件)，可以发现，它的内容与 stream_02.cpp 文件是一样的。注意，源代码文件 stream_02.cpp 本质上是一个文本文件，也可直接用记事本程序打开。

由上面的两个示例可以看出，在 CryptoPP 库中，流密码算法的使用步骤如下：

(1) 定义流密码算法对应的加密器和解密器对象。

(2) 产生流密码算法使用的加、解密密钥 key 和初始向量 iv。例如，在本章所给的示例程序中，我们使用随机数发生器来产生这些信息。

(3) 调用加密器对象和解密器对象相应的成员函数，完成加、解密密钥 key 和初始向量 iv 的设置。需要注意的是，加密器类和解密器类也属于 SimpleKeyingInterface 类的子类，该类中包含设置密钥、初始向量等的接口。CryptoPP 库中的每一种密码算法都派生于多个基类，不同层次的基类提供了不同种类的操作。读者可以通过帮助文档了解这些基类。

(4) 调用相应的成员函数执行加密或解密操作。例如，使用 ProcessData()、ProcessString()等函数。

7.3.3 示例三：以 Pipeling 范式技术方式使用 ChaCha12 算法

为了使用户可以在 Pipeling 范式数据处理中使用流密码算法，CryptoPP 库为用户提供了一个特殊 Filter 类——StreamTransformationFilter 类。这个类定义于头文件 filters.h 中，它只有一个构造函数，其声明形式如下：

StreamTransformationFilter (StreamTransformation &c, BufferedTransformation *attachment = NULL, BlockPaddingScheme padding = DEFAULT_PADDING);

各参数含义如下：

(1) c：对 StreamTransformation 类对象的引用，通常是对流密码或分组密码加、解密器对象的引用。

(2) attachment：一个可选的数据转移附加对象。

(3) padding：BlockPaddingScheme 枚举类型。它表示该密码算法使用的填充方案，以下有 6 种可选类型：

① NO_PADDING：表示无填充。

② ZEROS_PADDING：表示用 0 来填充。

③ PKCS_PADDING：表示用 PKCS #5 规定的方式来填充。

④ ONE_AND_ZEROS_PADDING：表示用 1 和 0 来填充。

⑤ W3C_PADDING：表示以 W3C 规定的方式来填充。

⑥ DEFAULT_PADDING：表示缺省的填充方式。

由前面的分析可知，无论是流密码的加密器对象 enc 还是解密器对象 dec，它们都可转化为 StreamTransformation 类的子对象。因此，可以以如下的方式在 Pipeling 范式技术中使用流密码算法：

```
StreamTransformationFilter(enc,……);    //使用加密器对象 enc 加密数据流
StreamTransformationFilter(dec,……);    //使用解密器对象 dec 解密数据流
```

下面以流密码算法 ChaCha12 为例，演示如何用 CryptoPP 库的 Pipeling 范式技术实现文件的加、解密。完整示例代码如下：

```
#include<chacha.h>                //包含 ChaCha12 算法的头文件
#include<iostream>                //使用 cin、cout
#include<osrng.h>                 //使用 AutoSeededRandomPool 算法
#include<secblock.h>              //使用 SecByteBlock
#include<string>                  //使用 string
#include<files.h>                 //使用 FileSource、FileSink
#include<filters.h>               //使用 StreamTransformationFilter
using namespace std;              // std 是 C++ 的命名空间
using namespace CryptoPP;         // CryptoPP 是 CryptoPP 库的命名空间
int main()
{
    ChaCha12::Encryption enc;               //定义加密器对象
    ChaCha12::Decryption dec;               //定义解密器对象
    //定义一个随机数发生器，用于产生随机的密钥 key 和初始向量 iv
    AutoSeededRandomPool prng;              //定义一个随机数发生器对象
    //动态申请空间以存储接下来生成的密钥 key 和初始向量 iv
    SecByteBlock key(enc.DefaultKeyLength()), iv(enc.DefaultIVLength());
    //产生随机的 key 和 iv
    prng.GenerateBlock(key, key.size());    //产生随机的加、解密密钥 key
    prng.GenerateBlock(iv, iv.size());      //产生随机的初始向量 iv
    //加密和解密准备
    enc.SetKeyWithIV(key,key.size(), iv, iv.size());   //设置加密器对象的加密密钥 key 和初始向量 iv
    dec.SetKeyWithIV(key,key.size(), iv, iv.size());   //设置解密器对象的解密密钥 key 和初始向量 iv
    //加密文件—将文件 stream_03.cpp 用 enc 流密码加密，并把密文存储于 cipher.txt 文件中
    FileSource fenc("stream_03.cpp",true,
        new StreamTransformationFilter(enc, new FileSink("cipher.txt")));
    //解密文件—将文件 cipher.txt 用 dec 流密码解密，并把明文存储于 recover.txt 文件中
    FileSource fdec("cipher.txt", true,
        new StreamTransformationFilter(dec,new FileSink("recover.txt")));
    return 0;
}
```

本示例与示例二的目标是一样的，它们都实现了对文件的加、解密。所不同的是：第一，示例三使用了 Pipeling 范式技术；第二，当以这种方式使用流密码算法执行加密时，我们还可以选择预定义的填充方案。在本示例程序中，我们采用了缺省的填充方案。下面对程序的关键代码段进行分析：

```
FileSource fenc("stream_03.cpp", true,
        new StreamTransformationFilter(enc, new FileSink("cipher.txt")));
```

在上面这段代码中，以文件 stream_03.cpp 为 Pipeling 数据链中的真实 Source，以文件 cipher.txt 为数据链末端真实的 Sink，数据从 Source 流向 Sink 的过程中会经过流密码算法 ChaCha12 加密 Filter，即数据以明文的形式从文件 stream_03.cpp 流出，以密文的形式流入文件 cipher.txt。

```
FileSource fdec("cipher.txt", true,
        new StreamTransformationFilter(dec, new FileSink("recover.txt")));
```

在上面这段代码中，以文件 cipher.txt 为 Pipeling 数据链中的真实 Source，以文件 recover.txt 为数据链末端真实的 Sink，数据从 Source 流向 Sink 的过程中会经过流密码算法 ChaCha12 解密 Filter，即数据以密文的形式从文件 cipher.tx 流出，以明文的形式流入文件 recover.txt。

7.4 小 结

本章主要介绍 CryptoPP 库中的流密码算法。CryptoPP 库中可供使用的流密码算法相对较少。本章通过一些示例程序演示了流密码的基本使用方法。与前面的章节类似，本章演示了流密码的 Pipeling 范式技术使用方法。对比示例二和示例三可知，使用 Pipeling 范式数据处理技术不仅会大幅缩短程序的代码量，而且还能够减少程序出错的可能性。此外，它还给程序处理数据带来了一定的灵活性。从第 8 章开始，本书所有示例代码将只以 Pipeling 范式技术的方式呈现。

第 8 章　分　组　密　码

分组密码(Block Cipher)和流密码是对称密码系统的重要组成部分。分组密码不仅用于加密而且还常用于构造诸如伪随机数发生器、流密码、消息认证码(MAC)和 Hash 函数等密码学组件。

8.1　基　础　知　识

分组密码是一类将明文消息(x)划分成特定长度的分块 $x = (x_0, x_1, x_2, \cdots, x_n)$，并在密钥流 $k = (k_1, k_2, k_3, \cdots, k_n)$ 的作用下将明文分组变成等长密文分组 $y = (y_0, y_1, y_2, \cdots, y_n)$ 的一类密码算法，它的加、解密过程如图 8.1 所示。

图 8.1　分组密码执行加、解密的过程

分组密码每次只处理一个分组的数据，数据处理完毕就意味着操作结束，因此其不需要通过内部状态来记录加密或解密的进度。流密码则与之不同，它可以对一串连续的数据流进行处理，因此需要有内部状态来记录加密或解密的进度。

分组密码在设计中通常用到代换、扩散和混淆的思想，扩散和混淆能够增强密码系统的抗密码分析能力，是设计分组密码的基础。

(1) 代换：明文的每一个分组都能产生一个与之对应的等长的密文分组，并且这种变换还是可逆的，我们把明文分组到密文分组的这种可逆变换叫做代换。

(2) 扩散：将明文的统计特性散布到密文中，使得产生的密文中的每一位都受多位明文的影响。

(3) 混淆：目的是让密文和密钥之间的统计关系变得尽可能复杂，使得敌手无法得到密钥。

分组密码一次只能加密固定长度的明文，而实际待加密的消息会大于一个分组且长度是不确定的，这就需要对分组密码进行迭代，对分组密码的迭代称为分组密码的操作模式。分组密码有多种操作模式，例如，电码本模式、密文分组链接模式、密文反馈模式、输出反馈模式、计数器模式等。

1. 电码本模式

电码本模式(Electronic Code Book Mode，ECB)是一种最简单的分组密码运行模式，它一次可以对若干比特的明文分组进行加密，而且每次加密使用的密钥都是相同的。然而，当同一明文分组在消息中出现时，ECB 模式产生的密文分组也相同。对于较长的消息，以该模式运行的分组密码可能被破译。因此，该模式不适合长消息的加密。

2. 密文分组链接模式

ECB 模式存在着消息中重复明文分组会产生重复密文分组的缺点，而密文分组链接模式(Cipher Block Chaining Mode, CBC)可以让重复的明文分组产生不同的密文分组。CBC 模式每次也是加密一个分组块，而且每次加密也使用相同的密钥，加密算法的输入是当前明文分组和前一次密文分组的异或。因为加密算法的输入不会显示出与这次输入的明文分组之间的关系，所以重复的明文分组在密文分组中不会暴露出这种重复关系。该模式存在不支持并行加密、错误传播的缺点，但适合加密长消息。

3. 密文反馈模式

密文反馈模式(Cipher FeedBack Mode，CFB)可以将分组密码变为自同步的流密码。有时需要加密的对象是一系列的字符流，可以使用流密码对单个的字符直接加密。流密码不需要对消息进行填充而且运行也是实时的。CFB 模式、OFB 模式、CTR 模式均可以将分组密码转化成流密码。

4. 输出反馈模式

输出反馈模式(Output FeedBack Mode，OFB)的结构与 CFB 模式类似。它们的主要不同之处在于，OFB 模式是将加密算法的输出反馈到移位寄存器，而 CFB 模式是将密文单元反馈到移位寄存器。

5. 计数器模式

与 OFB 模式工作原理类似，计数器模式(Counter Mode，CTR)模式也可将分组密码转变为流密码。它通过递增内部加密计数器以产生连续的密钥流。其中，计数器可以是任意保证不产生长时间重复输出的函数。CTR 模式允许在解密时进行随机存取。由于加密和解密过程均可以进行并行处理，所以 CTR 模式可用于多处理器的硬件上。CTR 模式要求在加密不同的明文分组时，计数器对应的值必须不同。典型地，计数器首先被初始化为某一个值，然后随着消息分组数的增加也相应地加 1。

CryptoPP 库不仅包含基本的分组密码操作模式，还提供了基于这些基本模式的扩展模式以及具有认证功能的操作模式。CryptoPP 库提供了三种具有保证机密性和认证性的分组密码操作模式，它们分别是 CCM 模式、GCM 模式和 EAX 模式。其中，CCM 和 GCM 模式分别是 NIST 的 SP800-38C 和 SP800-38D 指定的两种标准的数据机密性和认证性分组密码模式，而 EAX 模式是 NIST 候选的数据机密性和认证性分组密码模式，CryptoPP 库对此算法也做了实现，用户亦可以使用。

1) 密码分组链接消息认证码型计数器模式

密码分组链接消息认证码型计数器模式 (Counter With CBC-MAC Mode，CCM)是 CTR 模式和 CBC-MAC 消息认证码算法的组合。该模式先使用 CBC-MAC 消息认证码算法对消息进行认证，再使用 CTR 模式对消息进行加密。任何分组大小为 128 比特的分组密码都能用于构造 CCM 分组模式，如 AES 分组密码算法。

2) 认证加密传输模式

认证加密传输模式 (Encryption with Authentication for Transfer Mode，EAX)是 CCM 模式的优化和改进，并用于替代 CCM 模式。该模式使用 OMAC 算法(有额外填充的 CBC-MAC 算法变种)认证消息，使用 CTR 模式加密消息。与 CCM 模式不同，EAX 模式对构造运行模式中使用的分组密码原语没有分组大小方面的限制，产生的消息认证码也随分组大小的变化而改变，它支持任意长度的输入消息。

3) 伽罗华/计数器模式

伽罗华/计数器模式(Galois/Counter Mode，GCM)是 CTR 模式和定义于二元伽罗华有限域上的通用 Hash 函数的组合。该模式先使用 Hash 函数对消息进行认证，再使用 CTR 模式对消息进行加密。由于没有使用定义于 127 比特整数域的 Carter-Wegman 多项式哈希，所以它避免执行代价高昂的乘法操作，仅仅使用移位和异或操作就可实现 $GF(2^{128})$ 上的乘法运算。另外，二元域在硬件上实现时需要的电路深度较小，因此该模式节省存储空间、通用性强。

表 8.1 列举了这三种模式在可证明安全、专利、并行性等方面的比较。

表 8.1　CCM 模式、EAX 模式、GCM 模式的比较

特　性	CCM 模式	EAX 模式	GCM 模式
可证安全	是	是	是
专利	无	无	无
任意长度 nonce	否	是	是
支持 on-line	否	是	是
静态头信息预处理	否	是	是
并行性	否	否	是

上面三种模式均涉及消息认证的概念。关于消息认证码算法，详见第 9 章。

8.2　CryptoPP 库中的分组密码算法和操作模式

CryptoPP 库中含有许多的分组密码算法，如表 8.2 所示。在表 8.2 中，分组长度和密钥长度均以字节为单位。在密钥长度一栏中，中括号表示密钥实际的可选范围。例如，"[16, 32]"表示该算法的密钥最小可取长度为 16 个字节而最大可取长度为 32 个字节。除了表中所列的分组密码外，CryptoPP 库还包含 BTEA、LR<T>等分组密码算法。BTEA 算法在写此书时还在测试中，可能下一个版本能够使用。LR<T>算法是根据单向 Hash 函数构造的一种分组密码算法，详见 CryptoPP 库的帮助文档。

表 8.2 CryptoPP 库中的分组密码算法

分组密码的名字	所在的头文件	密钥长度	分组大小
AES	aes.h	[16, 32]	16
ARIA	aria.h	[16, 32]	16
Blowfish	blowfish.h	[4, 56]	8
Camellia	camellia.h	[16, 32]	16
CAST128	cast.h	[5, 16]	8
CAST256	cast.h	[16, 32]	16
DES	des.h	8	8
DES_EDE2	des.h	16	8
DES_EDE3	des.h	24	8
DES_XEX3	des.h	24	8
GOST	gost.h	32	8
IDEA	idea.h	16	8
Kalyna128	kalyna.h	[16, 32]	16
Kalyna256	kalyna.h	[32, 64]	32
Kalyna512	kalyna.h	64	64
MARS	mars.h	[16, 56]	16
RC2	rc2.h	[1, 128]	8
RC5	rc5.h	[0, 255]	8
RC6	rc6.h	[16, 32]	16
SAFER_K	safer.h	[8, 16]	8
SAFER_SK	safer.h	[8, 16]	8
SEED	seed.h	16	16
Serpent	serpent.h	[16, 32]	16
SHACAL2	shacal2.h	[16, 64]	32
SHARK	shark.h	16	8
SKIPJACK	skipjack.h	10	8
SM4	sm4.h	16	16
Square	square.h	16	16
TEA	tea.h	16	8
ThreeWay	3way.h	12	12
Threefish256	threefish.h	32	32
Threefish512	threefish.h	64	64
Threefish1024	threefish.h	128	128
Twofish	twofish.h	[16, 32]	16
XTEA	xtea.h	16	8

　　分组密码在使用时必须选择适当的操作模式，CryptoPP 库中的分组密码操作模式分为两类，它们分别是普通的操作模式和具有认证功能的操作模式。前者只能提供机密性，后者不仅能够提供机密性且还具有认证的功能。CryptoPP 库提供的分组密码操作模式如表 8.3 所示。

表 8.3　CryptoPP 库中的分组密码操作模式

分组模式的名字	所在的头文件	是否具有认证功能	分组模式的名字	所在的头文件	是否具有认证功能
CFB_Mode	modes.h	否	ECB_Mode_ExternalCipher	modes.h	否
CFB_Mode	modes.h	否	CBC_Mode	modes.h	否
CFB_FIPS_Mode	modes.h	否	CBC_Mode_ExternalCipher	modes.h	否
CFB_FIPS_Mode_ExternalCipher	modes.h	否	CBC_CTS_Mode	modes.h	否
OFB_Mode	modes.h	否	CBC_CTS_Mode_ExternalCipher	modes.h	否
OFB_Mode_ExternalCipher	modes.h	否	CCM	ccm.h	是
CTR_Mode	modes.h	否	EAX	eax.h	是
CTR_Mode_ExternalCipher	modes.h	否	GCM	gcm.h	是
ECB_Mode	modes.h	否			

　　在表 8.3 中，位于头文件 modes.h 中的模式是基本操作模式及其扩展模式，它们是没有认证功能的分组密码操作模式，主要是 CFB、OFB、CTR、ECB、CBC 模式及其扩展模式。表 8.3 中最后三种分组密码操作模式不仅能够用于加密，而且还具有认证的功能，建议在使用过程中优先考虑此类型的分组密码操作模式。

　　CryptoPP 库中所有分组密码都间接地继承于 BlockTransformation 类，该类为所有具体的分组密码提供了公共的接口，其简化的继承关系如图 8.2 所示。

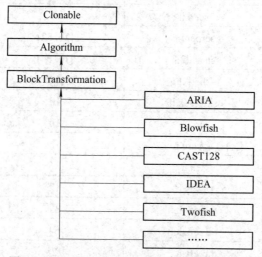

图 8.2　CryptoPP 库中分组密码的简化继承关系

　　CryptoPP 库的所有普通分组模式直接派生于 CipherModeBase，它们间接地继承自 SymmetricCipher 类、StreamTransformation 类、SimpleKeyingInterface 类，并在具体的派

生模式中对这些类提供的各种接口做了具体的实现。由于分组模式的继承关系图较复杂，这里仅以 CBC 分组模式类为例，给出其详细的继承关系，如图 8.3 所示。

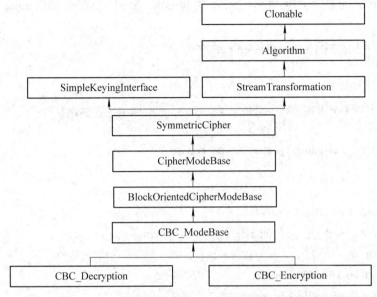

图 8.3　CBC 分组模式类在 CryptoPP 中的详细继承关系

在这些类中，StreamTransformation 类需要重要关注，子类必须实现它提供的接口。因为当以 Pipeling 范式数据处理技术实现加、解密时，分组密码和相应的操作模式组合后必须转化为 StreamTransformation 类的引用，也可从 StreamTransformationFilter 类的构造函数中看出这一点。

StreamTransformationFilter(StreamTransformation &c, BufferedTransformation *attachment = NULL,

BlockPaddingScheme padding = DEFAULT_PADDING);

在 Pipeling 范式数据处理技术中，分组密码、分组密码运行模式、StreamTransformation 类以及 StreamTransformationFilter 类之间的关系如图 8.4 所示。其中，只有带箭头的实线表示类与类之间的继承关系，其他线条起指示说明的作用。

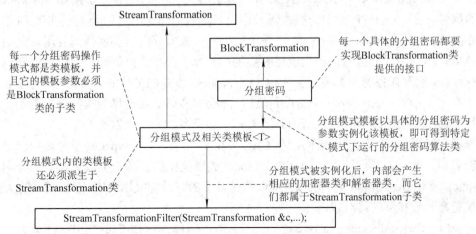

图 8.4　在 Pipeling 数据处理范式中可以使用分组密码的原理

因此，将加密算法和分组操作模式组合后，供外部用户调用的方法基本和流密码是一致的。读者可以参考前面章节对流密码基类 StreamTransformation 的解释说明。

CBC_Encryption 类、CBC_Decryption 类和 CBC_Mode 类在头文件 modes.h 中的定义如下：

```
class   CBC_Encryption : public CBC_ModeBase
{
public:
     void ProcessData(byte *outString, const byte *inString, size_t length);
};
class   CBC_Decryption : public CBC_ModeBase
{
public:
    virtual ~CBC_Decryption() {}
    void ProcessData(byte *outString, const byte *inString, size_t length);
protected:
    virtual void ResizeBuffers();
    AlignedSecByteBlock m_temp;
};
template <class CIPHER>
struct CBC_Mode : public CipherModeDocumentation
{
    typedef CipherModeFinalTemplate_CipherHolder<typename CIPHER::Encryption,
        CBC_Encryption> Encryption;
    typedef CipherModeFinalTemplate_CipherHolder<typename CIPHER::Decryption,
        CBC_Decryption> Decryption;
};
```

CBC_Encryption 类和 CBC_Decryption 类分别实现了以 CBC 模式加密和解密数据所执行的操作。在 CryptoPP 库中分组密码操作模式基本上都是用 C++类模板实现的(如表示 CBC 运行模式的 CBC_Mode 类)，通过类模板可较大程度地实现代码复用。例如，CBC_Mode 是一个以分组密码类为模板参数的类模板，而在其内部则分别以分组密码算法和执行加、解密任务的分组模式类(CBC_Encryption 类和 CBC_Decryption 类)为模板参数去实例化类模板 CipherModeFinalTemplate_CipherHolder。实例化的最终结果就是：产生运行于特定操作模式下的分组密码算法类——加密器类和解密器类。

为了方便用户记忆和使用它们，在 CBC_Mode 类内部使用 typedef 重命名加密器类和解密器类。此时，我们可以认为 CBC_Mode 类模板仅包含两个类成员，它们分别是 Encryption 类和 Decryption 类。所以，可以通过以下的方式定义以 CBC 运行模式的 AES 算法加密器对象和解密器对象：

```
CBC_Mode<AES>::Encryption enc;          //加密器对象—以 CBC 模式运行 AES 算法
CBC_Mode<AES>::Decryption dec;          //解密器对象—以 CBC 模式运行 AES 算法
```

由图 8.4 及其说明可知，上述定义的加密器对象 enc 和解密器对象 dec 都可转化为 StreamTransformation 类的子对象。因此，可以以如下的方式在 Pipeling 范式技术中使用分组密码算法：

```
StreamTransformationFilter(enc,...);    //使用加密器对象 enc 加密数据流
StreamTransformationFilter(dec,...);    //使用解密器对象 dec 解密数据流
```

作为库的使用者，若要使用 CBC 模式，我们在客户端程序中直接使用 CBC_Mode 类即可，而不必关心除它之外的类。对于表 8.3 中的其他分组模式也是如此。只有当向库中添加新的分组模式类时，我们才需要深入研究与它们相关的其他类。

8.3 使用 CryptoPP 库中的分组密码算法

当使用分组密码对分组操作模式类模板进行实例化后，无论是执行加密还是解密操作，调用的都是分组模式内加密器和解密器提供的接口。然而，这些接口在内部却是通过调用分组密码相应的接口来执行加密和解密的。因此，有必要了解分组密码的接口基类。在 CryptoPP 库中，分组密码的接口基类是 BlockTransformation，它在头文件 cryptlib.h 中的完整定义如下：

```cpp
class   BlockTransformation : public Algorithm
{
public:
    virtual ~BlockTransformation() {}
    virtual void ProcessAndXorBlock(const byte *inBlock, const byte *xorBlock,
                                    byte *outBlock) const = 0;
    void ProcessBlock(const byte *inBlock, byte *outBlock) const
    {
        ProcessAndXorBlock(inBlock, NULLPTR, outBlock);
    }
    void ProcessBlock(byte *inoutBlock) const
    {
        ProcessAndXorBlock(inoutBlock, NULLPTR, inoutBlock);
    }
    virtual unsigned int BlockSize() const =0;
    virtual unsigned int OptimalDataAlignment() const;
    virtual bool IsPermutation() const {return true;}
    virtual bool IsForwardTransformation() const =0;
    virtual unsigned int OptimalNumberOfParallelBlocks() const {return 1;}
    enum FlagsForAdvancedProcessBlocks {
        BT_InBlockIsCounter=1,
        BT_DontIncrementInOutPointers=2,
```

```
        BT_XorInput=4,
        BT_ReverseDirection=8,
        BT_AllowParallel=16
    };
    virtual size_t AdvancedProcessBlocks(const byte *inBlocks, const byte *xorBlocks, byte
                            *outBlocks, size_t length, word32 flags) const;
    inline CipherDir GetCipherDirection() const
    {
        return IsForwardTransformation() ? ENCRYPTION : DECRYPTION;
    }
};
```

下面分别解释这些成员函数的具体含义：

· void ProcessAndXorBlock(const byte *inBlock, const byte *xorBlock, byte *outBlock) const = 0；

功能：加密或解密一个分组的数据。

参数：

inBlock——待处理的输入消息缓冲区首地址。

xorBlock——一个可选的 XOR 掩码缓冲区首地址。

outBlock——消息被处理后的结果所存储的缓冲区首地址。

返回值：无。

· void ProcessBlock(const byte *inBlock, byte *outBlock) const ；

功能：加密或解密一个分组的数据。该函数在内部调用的是 ProcessAndXorBlock() 函数，它被调用的方式为：ProcessAndXorBlock(inBlock, NULLPTR, outBlock)；

参数：

inBlock——待处理的输入消息缓冲区首地址。

outBlock——消息被处理后的结果所存储的缓冲区首地址。

返回值：无。

· void ProcessBlock(byte *inoutBlock) const；

功能：加密或解密一个分组的数据。该函数在内部调用的是 ProcessAndXorBlock() 函数，它被调用的方式为：ProcessAndXorBlock(inoutBlock, NULLPTR, inoutBlock)；

参数：

inoutBlock——待处理的输入消息和消息被处理后的结果所存储的缓冲区首地址。

返回值：无。

· unsigned int BlockSize() const =0；

功能：常成员函数，提供密码算法的分组大小。

返回值：usigned int 类型。返回该算法的分组大小(字节)。

· unsigned int OptimalDataAlignment() const；

功能：常成员函数，提供输入、输出数据的最佳对齐大小。

返回值：usigned int 类型。返回该算法最佳的数据对齐大小(字节)。

- bool IsPermutation() const ;

功能：常成员函数，确定这个变换是否为置换。

返回值：bool 类型。如果是置换，那么返回 true；否则，返回 false。

- bool IsForwardTransformation() const =0;

功能：常成员函数，确定这个算法是否正在执行前向操作。

返回值：bool 类型。如果 DIR 等于 ENCRYPTION，那么返回 true；否则，返回 false。

- unsigned int OptimalNumberOfParallelBlocks() const;

功能：常成员函数，确定可以并行处理的分组数。

返回值：usigned int 类型。返回可以并行处理的分组数，目的是为了实现 Bit-Slicing。Bit-Slicing 常用于改善或最小化时序攻击。

- enum FlagsForAdvancedProcessBlocks {
      BT_InBlockIsCounter = 1,
      BT_DontIncrementInOutPointers=2,
      BT_XorInput = 4,
      BT_ReverseDirection = 8,
      BT_AllowParallel = 16
  };

功能：定义一些枚举常量，用于控制函数 AdvancedProcessBlocks()的行为。

参数：

BT_InBlockIsCounter——inBlocks 是一个计数器。

BT_DontIncrementInOutPointers——不应该修改 block 指针。

BT_XorInput——执行变换前输入 Xor 数据。

BT_ReverseDirection——逆序执行变换。

BT_AllowParallel——允许并行变换。

- size_t AdvancedProcessBlocks(const byte *inBlocks, const byte *xorBlocks, byte *outBlocks, size_t length, word32 flags) const;

功能：用附加的 flags 加密或 XOR 多个分组。

参数：

inBlocks——待处理的输入消息缓冲区首地址。

xorBlock——一个可选的 XOR 掩码缓冲区首地址。

outBlock——消息被处理后的结果所存储的缓冲区首地址。

length——数据块的大小(字节)。

flags——用于控制数据处理的附加标记。详见对 FlagsForAdvancedProcessBlocks 的解释说明。

返回值：size_t 类型。返回已被处理的数据的长度(字节)。如果设置 BT_InBlockIs-Counter 标记，那么 inBlocks 最后一个字节的数据可能被修改。

- CipherDir GetCipherDirection() const ;

功能：常成员函数，提供密码算法执行的方向，该函数在内部调用的是 IsForwardTransformation()函数。

返回值：CipherDir 类型。如果 IsForwardTransformation()是 true，那么返回
ENCRYPTION 常量；否则，返回 DECRYPTION 常量。

例如，当调用加密器或解密器的成员函数 ProcessString()或 ProcessBlock()来处理待加
密或解密的数据时，它在内部调用的是更底层的分组密码成员函数 ProcessAndXorBlock()
或 AdvancedProcessBlocks()。

8.3.1　示例一：以 CBC 模式运行分组密码 Camellia

下面以分组密码 Camellia 的 CBC 运行模式为例，演示如何用分组密码执行加密和
解密等相关操作。完整示例代码如下：

```
#include<iostream>              //使用 cout、cin
#include<camellia.h>            //使用 Camellia
#include<osrng.h>               //使用 AutoSeededRandomPool
#include<secblock.h>            //使用 SecByteBlock
#include<filters.h>             //使用 StringSource、StreamTransformationFilter
#include<hex.h>                 //使用 HexEncoder
#include<files.h>               //使用 FileSink
#include<modes.h>               //使用 CBC_Mode
using namespace std;            // std 是 C++ 的命名空间
using namespace CryptoPP;       // CryptoPP 是 CryptoPP 库的命名空间
int main()
{
    Camellia::Encryption cam;          //定义加密对象
    cout <<"缺省的密钥长度(字节)："<< cam.DefaultKeyLength() << endl;
    cout <<"最小的密钥长度(字节)："<< cam.MinKeyLength() << endl;
    cout <<"最大的密钥长度(字节)："<< cam.MaxKeyLength() << endl;
    cout <<"分组长度(字节)："<< cam.BlockSize() << endl;
    AutoSeededRandomPool rng;           //定义随机数发生器对象，用于产生密钥和初始向量
    SecByteBlock key;              //用于存放密钥
    string plain = "I like cryptography very much.";       //待加密的明文字符串
    string cipher, recover;       //定义两个 string 对象，分别存储加密后的密文和解密后的明文
    SecByteBlock iv;         //用于存放初始向量
    try
    {  //加密
    CBC_Mode<Camellia>::Encryption enc;        //定义加密器对象
        cout <<"缺省的初始向量长度(字节)："<< enc.DefaultIVLength() << endl;
        cout <<"最小的初始向量长度(字节)："<< enc.MinIVLength() << endl;
        cout <<"最大的初始向量长度(字节)："<< enc.MaxIVLength() << endl;
        cout <<"plain:";                                //以十六进制打印输出待加密的明文
```

```
        StringSource sSrc(plain, true, new HexEncoder(new FileSink(cout)));
        key.resize(enc.DefaultIVLength());              //为 key 分配存储空间
        iv.resize(enc.DefaultIVLength());               //为 iv 分配存储空间
        rng.GenerateBlock(key, key.size());             //生成一个随机的密钥
        rng.GenerateBlock(iv, iv.size());               //产生初始向量 iv
        enc.SetKeyWithIV(key, key.size(), iv, iv.size());   //设置密钥和初始向量
        //加密字符串—利用 enc 加密字符串 plain，并将加密结果存放于 cipher 中
        StringSource Enc(plain, true, new StreamTransformationFilter(enc, new
        StringSink(cipher)));
        cout << endl <<"cipher:";           //以十六进制打印输出加密的结果，即密文
        StringSource sCipher(cipher, true, new HexEncoder(new FileSink(cout)));
    }
    catch (const Exception& e)
    {   //出现异常
        cout << e.what() << endl;                       //异常原因
        return 0;
    }
    try
    {

        //解密
        CBC_Mode< Camellia >::Decryption dec;           //定义解密器对象
        dec.SetKeyWithIV(key, key.size(), iv, iv.size());   //设置密钥和初始向量
        //解密字符串—利用 dec 解密字符串 cipher，并将解密结果存放于 recover 中
        StringSource Dec(cipher, true, new StreamTransformationFilter(dec, new
        StringSink(recover)));
        cout << endl <<"recover:";                      //以十六进制打印输出解密结果
        StringSource sRecover(recover, true, new HexEncoder(new FileSink(cout)));
        cout << endl;
    }
    catch (const Exception& e)
    {
        //出现异常
        cout << e.what() << endl;                       //异常原因
    }
    return 0;
}
```

执行程序，程序的输出结果如下：

　　缺省的密钥长度(字节)：16

　　最小的密钥长度(字节)：16

　　　　最大的密钥长度(字节)：32

　　　　分组长度(字节)：16

　　　　缺省的初始向量长度(字节)：16

　　　　最小的初始向量长度(字节)：16

　　　　最大的初始向量长度(字节)：16

　　　　plain:49206C696B652063727970746F677261706879207665727920206D7563682E

　　　　cipher:C463CC4251EDAFE798EFE964B7E07E9D3527B7F1E4371298B5AFC31F76CA5437

　　　　recover:49206C696B652063727970746F677261706879207665727920206D7563682E

　　　　请按任意键继续...

　　本示例演示了如何以 CBC 模式运行分组密码 Camellia，并使用它完成字符串的加密和解密。在程序的开始部分，我们先定义了 Camellia 算法(没有设置运行模式)的加密器对象 cam。

　　　　Camellia::Encryption cam;　　　//定义加密对象

　　接下来，我们通过 cam 对象访问 Camellia 算法的相关属性：缺省密钥长度、最小密钥长度、最大密钥长度。之后，我们定义了随机数发生器对象 rng、用于存储密钥和初始向量的 SecByteBlock 类对象等。

　　在第一个 try 语句块内，我们首先定义一个以 CBC 模式运行的 Camellia 算法加密器对象，并通过这个对象访问算法的相关属性：缺省的初始向量长度、最小的初始向量长度、最大的初始向量长度。定义如下：

　　　　CBC_Mode< Camellia >::Encryption enc; //定义加密器对象

　　然后，利用随机数发生器对象 rng 产生加密器对象所使用的密钥和初始向量：

　　　　rng.GenerateBlock(key, key.size());　　　　　　　　//生成一个随机的密钥

　　　　rng.GenerateBlock(iv, iv.size());　　　　　　　　　//产生初始向量 iv

　　　　enc.SetKeyWithIV(key, key.size(), iv, iv.size());　　　//设置密钥和初始向量

　　在第一个 try 语句块末尾，我们先使用 Pipeling 范式技术完成字符串 plain 的加密，然后以十六进制的形式打印密文。

　　　　StringSource Enc(plain, true, new StreamTransformationFilter(enc, new StringSink(cipher)));

　　在以上这段代码中，plain 对象中的明文数据从 Source 流出，途经 Filter(数据筛)时被加密器对象 enc 加密，最终密文又流至 cipher 对象中。

　　在第二个 try 语句块内，先定义解密器对象，然后使用 Pipeling 范式技术完成对密文 cipher 的解密。从输出的密文长度可以看出，算法在执行加密的过程中自动采用了缺省的填充方案。读者只需更改相应的 Source 和 Sink 即可实现对文件的加、解密。

　　对于一个密码系统(算法)而言，秘密密钥的机密程度决定了整个系统(算法)的安全性。通常我们会将秘密密钥严密保管，而对所使用的初始向量、盐值(详见第 10 章)则没有这方面的要求，它们可以保密也可以公开。一般对初始向量有如下要求：

　　(1) 保密性：对于初始向量而言，保密性是可选的。但是，必须让解密者知道加密时所使用的初始向量，在实践中加密者可以使用的办法有许多，例如，将初始向量以明文的形式插入密文头部或者附加至密文尾部。

　　(2) 产生方式：对于每个消息来说，必须保证它们在加密时使用不同的初始向量，

同时还必须确保初始向量是不可预测的。因此,可以像本程序一样,使用密码学随机数
发生器来产生它。此外,NIST SP800-56A 还推荐我们使用一个共享的秘密信息从密钥派
生函数(详见第 10 章)产生初始向量、密钥等信息,但是以这种方式产生的初始向量必须
保持保密。例如,第 15 章所给的范例程序就是以这种方式产生初始向量的。

　　对于 CBC、ECB 等具体的分组模式,NIST SP800-38A 还对使用的初始向量给出了
更为具体的说明。

　　在上面的示例中,分组密码是以 CBC 模式运行的,该模式仅能保证机密性而无法提
供认证性(详见第 9 章)。这时可以考虑使用具有认证功能的分组模式来运行分组密码算
法。然而,仅仅将示例中的 CBC_Mode 替换为认证性分组模式是不正确的。这是因为
CryptoPP 库中普通的分组模式与具有认证功能的分组模式派生于不同的基类。普通的分
组模式继承关系如图 8.3 所示。而具有认证功能的分组模式的继承关系如图 8.5 所示。从
所提供的功能考虑,这种简单的"替换"也是不可行的,普通的操作模式只提供加、解
密的功能,而具有认证功能的分组模式不仅要提供加、解密的功能,还要具备产生消息
验证码(详见第 9 章)的功能。从图 8.5 可以发现,MessageAuthenticationCode 类提供了产
生消息认证码的功能,而 StreamTransformation 类则提供了执行加、解密的功能。因此,
AuthenticatedSymmetricCipher 类是具有这两种功能的最上层类。

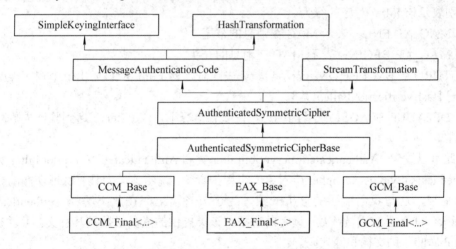

图 8.5　具有认证功能的分组模式的继承关系

　　总而言之,如果想在 Pipeling 范式技术中使用 CryptoPP 库提供的具有认证功能的分组
模式,不能使用 StreamTransformationFilter 类。事实上,CryptoPP 库为我们提供了另外两个
特殊的 Filter 类,这两个 Filter 可以使我们在 Pipeling 范式技术中使用具有认证功能的分组
模式,它们分别是 AuthenticatedEncryptionFilter 类和 AuthenticatedDecryptionFilter 类,前者
可以在加密的同时完成认证,而后者可以在验证通过后完成解密。这两个类均定义于头文件
filters.h 中,它们各有一个构造函数:

```
AuthenticatedEncryptionFilter (AuthenticatedSymmetricCipher &c,
        BufferedTransformation *attachment = NULL,
        bool putAAD = false, int truncatedDigestSize = -1,
        const std::string &macChannel = DEFAULT_CHANNEL,
```

```
            BlockPaddingScheme padding = DEFAULT_PADDING) ;
    AuthenticatedDecryptionFilter (AuthenticatedSymmetricCipher &c,
            BufferedTransformation *attachment=NULL,
            word32 flags=DEFAULT_FLAGS, int truncatedDigestSize=-1,
            BlockPaddingScheme padding=DEFAULT_PADDING) ;
```

它们的定义及参数的意义分别如下：

(1) c：一个 AuthenticatedSymmetricCipher 对象的引用，也即具有认证和机密性的分组密码加密器和解密器对象。在 CryptoPP 库中，分组密码操作模式 CCM、EAX、GCM (2K tables)、GCM (64K tables)内的加密器类和加密器类产生的对象均满足这一性质。

(2) attachment：一个可选的数据转移附加对象。

(3) putAAD：是否将 AAD 传递到附加的对象。

(4) truncatedDigestSize：消息摘要的长度。

(5) macChannel：MAC 应该被输出到的 Channel。

(6) padding：加、解密过程中执行的填充方案。详见第 7 章对 StreamTransformationFilter 类的解释说明。

(7) flags：表示该 Filter 的具体行为。在该 Filter 内部定义了一组枚举类型的变量，它们分别表示该 Filter 对应的行为。

① MAC_AT_END：表示 MAC 在消息的末尾。

② MAC_AT_BEGIN：表示 MAC 在消息的开头。

③ THROW_EXCEPTION：表示当验证失败时，该 Filter 应该抛出一个相应类型的异常—— HashVerificationFailed 类型。

④ DEFAULT_FLAGS：缺省的标记，在缺省情况下，该 Filter 在遇到验证失败时会抛出异常。

由此可以发现，AuthenticatedEncryptionFilter 类和 AuthenticatedDecryptionFilter 类均以 AuthenticatedSymmetricCipher 类对象的引用为参数，说明该类为具有认证功能的分组模式的基类，这与我们前面的分析一致。为了节省篇幅，在此不解释 Authenticated-SymmetricCipher 类的成员函数。读者若想了解该类提供的成员函数及其意义，可以参考 CryptoPP 库的帮助文档和源代码。

需要注意的是，虽然具有认证功能的分组模式与普通的分组模式使用不同的接口，但是它们的使用方式完全一致。使用认证性分组模式替换示例一中的普通分组模式，即可实现具有认证性加密器对象和解密器对象的定义。

还需要注意的是，以下面的方式得到的加密器对象 enc 和解密器对象 dec 都可以转化为 AuthenticatedSymmetricCipher 类的子对象。

```
        EAX< Camellia >::Encryption enc;        //加密器对象—以 EAX 模式运行 Camellia 算法
        EAX< Camellia >::Decryption dec;        //解密器对象—以 EAX 模式运行 Camellia 算法
```

因此，可以以如下的方式在 Pipeling 范式技术中使用它们：

```
    AuthenticatedEncryptionFilte(enc,…);        //使用加密器对象 enc 加密和认证数据流
    AuthenticatedDecryptionFilter(dec,…);       //使用解密器对象 dec 验证和解密数据流
```

关于上面两点的原理，读者可以类比对普通分组模式的解释说明。

8.3.2 示例二：以 EAX 模式运行分组密码 Camellia

下面仍以分组密码 Camellia 为例，演示认证性 Filter 的使用方法：

```
#include<iostream>                    //使用 cout、cin
#include<camellia.h>                  //使用 Camellia
#include<osrng.h>                     //使用 AutoSeededRandomPool
#include<secblock.h>                  //使用 SecByteBlock
#include<filters.h> //使用 StringSource、AuthenticatedEncryptionFilter、AuthenticatedDecryptionFilter
#include<hex.h>                       //使用 HexEncoder
#include<files.h>                     //使用 FileSink
#include<eax.h>                       //使用 EAX
using namespace std;                  // std 是 C++ 的命名空间
using namespace CryptoPP;             // CryptoPP 是 CryptoPP 库的命名空间
int main()
{
    AutoSeededRandomPool rng;         //定义随机数发生器对象，用于产生密钥和初始向量
    SecByteBlock key;                 //存储产生的密钥 key
    string plain = "I like cryptography very much.";    //待加的密明文字符串
    string cipher,recover;   //定义两个 string 对象，分别存储加密后的密文和解密后的明文
    SecByteBlock iv;         //存储初始向量
    try
    {//加密
        EAX< Camellia >::Encryption enc;      //定义加密器对象
        key.resize(enc.DefaultKeyLength());   //申请一段空间，用于存放密钥
        rng.GenerateBlock(key,key.size());    //生成一个随机的密钥
        cout <<"plain:" ;                     //以十六进制打印输出待加密的明文
        StringSource sSrc(plain,true,new HexEncoder (new FileSink(cout)));
        iv.resize(enc.DefaultIVLength());     //为 iv 分配存储空间
        rng.GenerateBlock(iv,iv.size());      //产生初始向量 iv
        enc.SetKeyWithIV(key,key.size(),iv,iv.size()); //设置密钥和初始向量
        //加密字符串—利用 enc 加密字符串 plain，并将加密结果存放于 cipher 中
        StringSourceEnc(plain,true,newAuthenticatedEncryptionFilter(enc,new
        StringSink(cipher)));
        cout << endl <<"cipher:" ;            //以十六进制打印输出加密的结果，即密文
        StringSource sCipher(cipher,true,new HexEncoder (new FileSink(cout)));
    }
    catch(const Exception& e)
    {//出现异常
```

```
            cout << e.what() << endl;                    //异常原因
            return 0;
        }
        try
        {//解密
            EAX< Camellia >::Decryption dec;         //定义解密器对象
            dec.SetKeyWithIV(key,key.size(),iv,iv.size());    //设置密钥和初始向量
            //解密字符串—利用 dec 解密字符串 cipher，并将解密结果存放于 recover 中
            StringSourceDec(cipher,true,newAuthenticatedDecryptionFilter(dec,new
            StringSink(recover)));
            cout << endl <<"recover:" ;                 //以十六进制打印输出解密结果
            StringSource sRecover(recover,true,new HexEncoder (new FileSink(cout)));
            cout << endl;
        }
        catch(const Exception& e)
        {//出现异常
            cout << e.what() << endl;                    //异常原因
        }
        return 0;
    }
```

执行程序，程序的输出结果如下：

```
plain:49206C696B652063727970746F6772617068792076657279206D7563682E
cipher:B334AFF08DEAB4D250A8053536F01BD47FFFF2D1789641594161E6D3A88CB0AA233CBC202
54D8A1137172BFB8E71
recover:49206C696B652063727970746F6772617068792076657279206D7563682E
请按任意键继续...
```

由输出结果可以发现，明文和密文的长度明显不同，密文比明文要长而且多余出来的密文超过分组密码一个分组的大小。这是由于本示例使用的分组模式具有认证功能，多余出来的部分主要用于在解密时验证消息的完整性。该示例与示例一基本一致，在此不再解释说明。

通常提供机密性和认证性的算法被分成两类，它们分别是认证加密(Authenticated Encryption，AE)和有附加数据的认证加密(Authenticated Encryption with Additional Data，AEAD)。NIST 提出的 CCM 模式和 GCM 模式以及候选的 EAX 模式均属于 AEAD 类型。因此，当使用 CryptoPP 库中具有认证功能的分组密码模式时，会出现密文长度大于明文长度的现象，这些多余出来的数据叫做附加数据。

如果采用示例一中的方法加密消息，则消息在不安全的信道中传输时，虽然敌手无法读懂被加密后的消息，但是他却可以修改消息，例如，追加、删除，接收者无法察觉到消息是否被敌手做了这样的篡改，如图 8.6 所示。

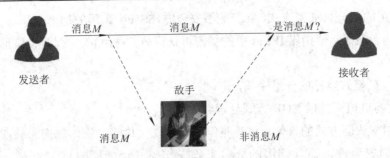

图 8.6　无认证的密文在传输过程中可能被篡改

如果使用示例二中的方法加密消息，则消息在不安全的信道中传输时，随消息一起发送给接收者的还有一个特殊的"标签"。由于这个标签由消息和收发双方共享的秘密信息产生，因此敌手无法同时修改消息和这个消息的标签，并且使得接收者确信该消息是由真实的发送者所发送，如图 8.7 所示。

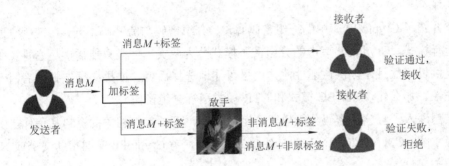

图 8.7　被认证的密文可以在信道中安全传输

这里所说的标签指的是消息认证码，关于消息认证码的内容详见第 9 章。建议读者在实际方案中尽可能地使用具有认证功能的分组模式。在 CryptoPP 库中，如果使用的分组模式具有认证功能，那么用户不必考虑加密和认证的顺序。如果使用的分组模式不具有认证功能而用户还想使方案具有认证性，那么就必须考虑加密和认证的顺序。2001 年 Hugo Krawczyk 发表了"The Order of Encryption and Authentication for Protecting Communications"一文。该文章研究了三种广泛使用的机密性和认证性组合方法，这些方法被很多著名的协议所采用，如 SSL、IPSec、SSH 等。

SSL：$a = \text{Auth}(x)$，$C = \text{Enc}(x, a)$，传输 C，该方式被简记为 AtE(Authenticate then Encrypt)。

IPSec：$C = \text{Enc}(x)$，$a = \text{Auth}(C)$，传输 (C, a)，该方式被简记为 EtA(Encrypt then Authenticate)。

SSH：$C = \text{Enc}(x)$，$a = \text{Auth}(x)$，传输 (C, a)，该方式被简记为 E&A(Encrypt and Authenticate)。

其中，x 表示消息；Enc(·) 表示一个对称加密算法；Auth(·) 表示消息认证码；表达式中的","表示字符串连接。

2014 年 Krawczyk 对原来的研究结果进行重审，他认为当以 CBC 模式运行分组密码时，SSL 中采用的认证再加密方式（AtE）是不安全的，SSH 中采用的加密且认证方式(E&A)也是不安全的。然而，他指出 IPSec 中的加密再认证方式(EtA)在下列两种情形下是可证明安全的：

(1) 以 CBC 模式运行的分组密码。

(2) 有伪随机填充并以 XOR 方式处理数据的流密码。

这两种加密认证方式的具体示例详见第 9 章的相关内容。不仅加密和认证的顺序能够影响算法的安全性，而且使用的分组密码操作模式也能影响算法的安全性。Niels Ferguson 在《Cryptography Engineering》一书中对 5 种基本的分组模式做了深入分析。出于安全性考虑，他建议我们在实践中使用 CBC 模式和 CTR 模式。

8.4　小　　结

本章介绍了 CryptoPP 库中的分组密码算法。分组密码与流密码不同，在使用它时需要指定运行模式。CryptoPP 库中的分组密码模式分为两类：一类只能提供机密性；另一类不仅提供机密性且还提供认证性，建议尽可能地选择后者。如果必须选择前者且还想提供认证性，那么建议以 CBC 模式和 CTR 模式运行分组密码。

如果想深入了解分组密码分组模式的运行原理，可以参考相关的资料和著作。如果想进一步了解 CCM、GCM、EAX 等分组模式，可以参考 CryptoPP 库的帮助文档或 NIST 发布的相关文献。

第 9 章　消息认证码

在第 8 章介绍分组密码的 CCM 和 GCM 等运行模式时，我们提到了"认证"的概念。数据认证的概念最早出现于 1970 年。考虑这样一个场景：在银行和客户之间进行数据传输的过程中，虽然敌手无法解密被加密过的数据，但是它却可以将所传送数据中的某一个比特位进行翻转。由于对数据仅仅进行了加密而没有认证，所以银行将无法察觉到敌手对密文所做的这种操作。这就有可能导致被加密的消息由"发送 100 元"变成"发送 800 元"。因此，需要采取一种方法来检测敌手对密文执行的这种操作，即消息认证。

9.1　基　础　知　识

信息安全面临的基本攻击类型分为主动攻击和被动攻击，前者主要包括对消息的伪造、篡改和重放，后者主要包括业务流分析和获取消息的内容。通过加密的手段可以有效抵抗被动攻击，采用认证技术则可以抗击主动攻击。认证可以通过消息认证码和数字签名来实现。本章主要讲解消息认证码，关于数字签名的相关内容详见第 13 章。

消息认证码(Message Authentication Code，MAC)是一种对称密码技术，主要用于验证接收到的消息的真实性、完整性、顺序性和时间性。从本质上来说，消息认证码就是一种根据消息而产生的校验和。通常这个校验和会随消息一起发送给接收方，接收方利用 MAC 算法和秘密信息去验证消息的完整性。数据认证和验证的一般过程如图 9.1 所示。其中，MAC 算法用来执行消息认证，k 是它所使用的密钥，MAC 是由 MAC 算法产生的消息认证码。

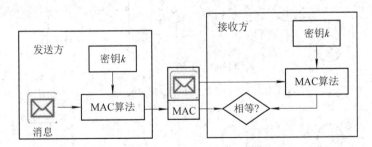

图 9.1　数据认证和验证的一般过程

图 9.1 的详细执行过程如下：

(1) 发送方以消息和密钥 k 作为输入，利用公开已知的 MAC 算法产生一个 MAC 值。

(2) 发送者将消息和经过计算得到的 MAC 值一起发送给接收方。假定消息是以明文的形式发送的，因为在这里仅仅关注对消息源的认证而不考虑机密性。如果需要保证机密性，则要对消息进行加密。

(3) 接收者在收到消息和该消息附加的 MAC 值后，首先以接收到的消息和密钥为输入，利用相同的 MAC 算法再次计算一个 MAC 值。

(4) 接收者比较计算所得的 MAC 值是否与发送者发送过来的 MAC 值相等。如果两者相等，那么接受该消息并可以确信该消息确实为目标发送者所发送；否则，接收者就拒绝该消息，因为该消息很可能已被篡改或根本不是目标发送者所发送。

上述过程对消息提供了认证功能。如果接收者计算所得的 MAC 值与发送者发送过来的 MAC 值相等，那么接收者可以相信收到的消息未被篡改且确实为目标发送者所发送。这是因为只有收发双方知道秘密密钥，所以任何第三方都没有能力同时修改消息和计算出正确的 MAC 值，使得接收者验证通过并接受该消息。

在实际的应用场景中，根据不同的安全需求——对消息及其认证码的保护程度，将消息认证分为明文认证、密文认证和明文认证后再加密这三种形式，如图 9.2 所示。其中，M 表示待加密或认证的消息，E 表示对称密码加密算法，D 表示对称密码解密算法，K 或 $K2$ 表示对称密码算法所使用的密钥，C 表示消息认证码算法，$K1$ 表示消息认证码算法所使用的密钥，$\|$ 表示字符串的连接。

对于图 9.2(a)，由于消息未被加密，所以不能够提供机密性。图 9.1 所述的认证方式就属于这种类型。

对于图 9.2(b)，由于先将消息进行认证，之后又对消息及其认证码进行加密，所以它既可以提供机密性，又能够提供认证性。

对于图 9.2(c)，由于先将消息进行加密，之后又对消息进行认证，所以它既可以提供机密性，又可以提供完整性。

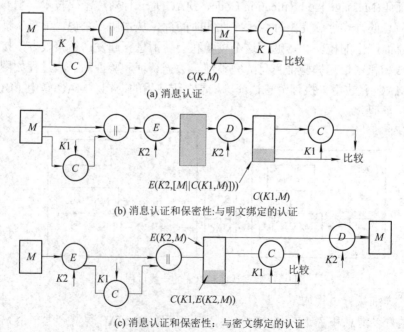

(a) 消息认证

(b) 消息认证和保密性:与明文绑定的认证

(c) 消息认证和保密性:与密文绑定的认证

图 9.2　消息认证的形式

通常 MAC 主要有两种构造方式：第一种是基于分组密码，如 CryptoPP 库的 VMAC、

GCM 等；第二种是基于密码学 Hash 函数，如 CryptoPP 库的 HMAC、BLAKE2s 等。下面以第二种构造方式为例，着重介绍一下如何使用 Hash 函数构造 MAC 算法。

使用 Hash 函数来提供消息认证的基本方法有 4 种，如图 9.3 所示。其中，M 表示待加密或认证的消息，E 表示对称密码加密算法，D 表示对称密码解密算法，K 表示对称密码算法所使用的密钥，H 表示密码学 Hash 函数，S 表示收发双方所共享的秘密信息，‖ 表示字符串的连接。

对于图 9.3(a)，由于只有收发双方知道密钥 K，所以接收者在验证通过的情况下可以确信消息确实发自真实的发送方。又因为 Hash 值和消息都被加密，所以该方法不仅能够保证机密性，而且还提供了认证性。

对于图 9.3(b)，由于只对消息的 Hash 值加密，所以该方法只适用于消息 M 不需要保密而消息认证码需要保密的场合。

对于图 9.3(c)，在收发双方共享秘密信息 S 的情况下，使用密码学 Hash 函数来实现消息认证与图 9.3(b)一样，该方法也只适用于消息 M 不需要保密的应用。

对于图 9.3(d)，由于在图 9.3(c)所示的方案的基础上增加了对消息和 Hash 值的加密操作，所以它能够同时提供认证性和保密性。

由于消息的 Hash 值的长度通常较消息本身短许多，所以如果方案不要求保密性，则图 9.3(b)和(c)所示的方案是不错的选择，它们减少了对整个消息加密的操作。如果要求保密性，则可以考虑采用图 9.3(a)和(d)所示的方案。

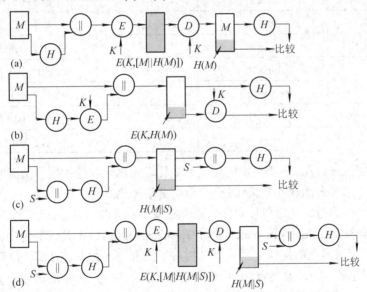

图 9.3　使用 Hash 函数来提供消息认证的基本方法

Hash 函数和 MAC 算法都可以将任意长度的输入压缩成固定长度的输出，两者的主要区别在于 Hash 函数执行压缩的过程中不需要密钥而 MAC 算法需要密钥。CryptoPP 库中的 Hash 函数和 MAC 算法均继承自 HashTransformation 接口类，这一点也印证了两者之间的相似性。

目前有许多的 MAC 算法都是基于 Hash 函数构造的，RFC2104 中的 HMAC 算法就是其中之一。通常将 Hash 函数作为 HMAC 算法的一个模块。将 Hash 函数作为一个黑盒子来使用有两个优点：一是 HMAC 中的很大一部分代码已经预先被准备好，直接拿过来即可使用；二是当有新的、性能优良的 Hash 函数出现时，只需要用新的 Hash 函数替换旧的 Hash 函数模块即可。

9.2　CryptoPP 库中的消息认证码算法

CryptoPP 库提供的 MAC 算法不多，但是它们大多都是类模板，即是一种 MAC 算法框架，如 HMAC、VMAC 等。我们可以将第 6 章中介绍的任意一个 Hash 函数作为 HMAC 类模板的模板参数，从而组合出各种规格的 MAC 算法。同样的，用户也可以将第 8 章中介绍的任意一个分组密码算法作为 VMAC 类模板的模板参数，亦可组合出各种规格的 MAC 算法。表 9.1 列举了 CryptoPP 中包含的消息认证码算法。

表 9.1　CryptoPP 库中的 MAC 算法

消息认证码的名字	所在的头文件	是否为类模板	备　　注
BLAKE2b	blake2.h	否	基于 Hash 函数
BLAKE2s	blake2.h	否	基于 Hash 函数
CBC_MAC	cbcmac.h	是	基于分组密码
CMAC	cmac.h	是	基于分组密码
DMAC	dmac.h	是	基于分组密码
GCM (GMAC)	gcm.h	是	基于分组密码
HMAC	hmac.h	是	基于 Hash 函数
Poly1305	poly1305.h	是	基于分组密码
TTMAC	ttmac.h	否	基于 Hash 函数
VMAC	vmac.h	是	基于分组密码

需要注意的是，Poly1305 类模板的模板参数比较特殊，它的模板参数必须是一个密钥长度为 16 个字节和分组大小也为 16 个字节的分组密码算法。

从 CryptoPP 库的帮助文档可以看出，无论是哪一种类型的消息认证码，它们均直接或间接地继承自 SimpleKeyingInterface 类和 HashTransformation 类。前者为算法提供了设置密钥和访问密钥属性的接口，而后者则提供了处理输入数据并计算 MAC 值的相关接口，它计算消息的 MAC 值的方法与 Hash 函数计算消息的 Hash 值的方法类似。关于 HashTransformation 类的详细介绍，详见第 6 章的内容。由于 MAC 算法与 Hash 函数有着类似的接口，所以在 Pipeling 范式数据处理技术中，我们也可以使用 HashFilter 类来计算数据流的 MAC 值。

为方便用户使用 Pipelintg 范式数据处理技术编写程序，CryptoPP 库提供了一个与计算消息 MAC 值对应的 Filter 类——HashVerificationFilter 类，使用该 Filter 可以进行 MAC 值的验证。HashVerificationFilter 类定义于头文件 filters.h 中，它有一个唯一的构造函数，如下所示：

HashVerificationFilter(HashTransformation &hm, BufferedTransformation *attachment = NULL,

word32 flags = DEFAULT_FLAGS, int truncatedDigestSize = -1) ;

(1) hm：一个 HashTransformation 类对象的引用，也即一个具体 MAC 算法对象的引用。

(2) attachment：一个可选的附加数据转移对象。

(3) flags：该 Filter 行为的标记。flags 标记的值是一些可选的枚举变量，它们定义于该 Filter 类的内部，每个可选值的意义如下：

① HASH_AT_END：该标记表示在"消息 + MAC"类型的待验证数据中，MAC 值在数据的末尾。

② HASH_AT_BEGIN：该标记表示在"消息 + MAC"类型的待验证数据中，MAC 值在数据的开头。

③ PUT_MESSAGE：该标记表示消息本身是否应该被传递到附加的数据转移对象中。

④ PUT_HASH：该标记表示消息的 Hash 值(或 MAC 值)是否应该被转移到附加的数据转移对象中。

⑤ PUT_RESULT：该标记表示验证的结果是否被转移到附加的数据转移对象中。

⑥ THROW_EXCEPTION：该标记表示当验证失败时，该 Filter 应该抛出异常。

⑦ DEFAULT_FLAGS：该标记为默认的 flags 标记设置。它通常是 HASH_AT_BEGIN 和 PUT_RESULT 标记的叠加。

(4) truncatedDigestSize：消息摘要的长度，即 MAC 算法产生的 MAC 值的长度。它的默认值是-1，表示有效的消息摘要的长度等于所使用 Hash 函数或 MAC 算法实际产生的 Hash 值或 MAC 值的长度，即等于"hm.DigestSize();"。

9.3 使用 CryptoPP 库中的消息认证码算法

9.3.1 示例一：使用 HMAC 算法

下面以图 9.2(c)所描述的过程为例，演示加密、认证、验证和解密的具体过程。其中，用分组密码算法 AES(以 CBC 模式运行)实现对消息的加密。利用 Hash 函数 SHA3_512 算法来实例化 HMAC 类模板并构造一个 MAC 算法，并用这个 MAC 算法认证加密后的消息。在本例中，我们仍然使用 Pipeling 范式数据处理技术，示例程序的完整代码如下：

```
#include<iostream>          //使用 cout、cin
#include<osrng.h>           //使用 AutoSeededRandomPool
#include<secblock.h>        //使用 SecByteBlock
#include<filters.h>         //使用 StringSource、StreamTransformationFilter
#include<hex.h>             //使用 HexEncoder
#include<files.h>           //使用 FileSink
#include<string>            //使用 string
#include<hmac.h>            //使用 HMAC
#include<sha3.h>            //使用 SHA3_512
```

```cpp
#include<aes.h>                        //使用 AES
#include<modes.h>                      //使用 CBC_Mode
using namespace std;                   // std 是 C++的命名空间
using namespace CryptoPP;              // CryptoPP 是 CryptoPP 库的命名空间
int main()
{
    string message = "I like cryptography very much.";        //待加密和认证的消息
    string cipher,recover;             // cipher 存放加密后的密文，recover 存放解密后的明文
    HMAC<SHA3_512> hmac;               //利用 HMAC 框架和 SHA3_521 构造一种 MAC 算法
    SecByteBlock hkey(hmac.DefaultKeyLength());          //申请一段内存空间，存储 hmac 所使用的密钥
    AutoSeededRandomPool rng;                            //定义一个随机数发生器对象
    rng.GenerateBlock(hkey,hkey.size());                 //产生随机的密钥
    hmac.SetKey(hkey,hkey.size());                       //设置 MAC 所使用的密钥
    //以 CBC 模式来运行分组密码
    //使用分组密码来加密消息，使用 MAC 来对消息进行认证
    CBC_Mode<AES>::Encryption cbc_aes_enc;    //定义以 CBC 模式运行的 AES 加密对象
    CBC_Mode<AES>::Decryption cbc_aes_dec;    //定义以 CBC 模式运行的 AES 解密对象
    //申请一段内存空间，存储分组密码使用的密钥 key
    SecByteBlock aes_key(cbc_aes_enc.DefaultKeyLength());
    SecByteBlock aes_iv(cbc_aes_enc.DefaultIVLength()); //申请一段内存空间，存储初始向量 iv
    rng.GenerateBlock(aes_key,aes_key.size());           //产生随机的密钥 key
    rng.GenerateBlock(aes_iv,aes_iv.size());             //产生随机的初始向量 iv
    //设置加密对象和解密对象所使用的 key 和 iv
    cbc_aes_enc.SetKeyWithIV(aes_key, aes_key.size(), aes_iv, aes_iv.size());
    cbc_aes_dec.SetKeyWithIV(aes_key, aes_key.size(), aes_iv, aes_iv.size());
    cout <<"plain:";                   //以十六进制的形式打印输出待加密消息 message
    StringSource plainSrc(message, true, new HexEncoder(new FileSink(cout)));
    //先加密数据，再完成认证
    StringSource encSrc(message, true,
        new StreamTransformationFilter(cbc_aes_enc,      //完成加密
        new HashFilter(hmac,           //计算 MAC 值
        new StringSink(cipher),        //将加密和认证后的结果存储于 cipher 中
        true)));
    cout << endl <<"cipher:";          //以十六进制的形式打印输出消息被加密和认证后的结果
    StringSource cipherSrc(cipher, true, new HexEncoder(new FileSink(cout)));
    //先验证，再完成解密
    StringSource decSrc(cipher, true,
        new HashVerificationFilter(hmac,                 //完成数据的验证
        new StreamTransformationFilter(cbc_aes_dec,      //完成数据的解密
```

new StringSink(recover)),   //将解密的数据存储于 recover 中

HashVerificationFilter::HASH_AT_END | HashVerificationFilter::PUT_MESSAGE |

HashVerificationFilter::THROW_EXCEPTION));

cout << endl <<"recover:";   //以十六进制的形式打印输出解密后的明文

StringSource recoverSrc(recover, true, new HexEncoder(new FileSink(cout)));

cout << endl;

return 0;

    }

执行程序，程序的输出结果如下：

plain:49206C696B652063727970746F6772617068792076657279206D7563682E

cipher:F11839008EEB1A5711416A6F15DFB4EE83269D7E5FF9152A82F1DE51FDBFE5B532EFB091D

37B6C210D3FEEB4F2D0D2E6C5EC73A20DA01671C5E2FCF2CE2DF07EA21C898986BE275B9FBC25

7B4FDAF1676760D5CE8FEE50E2B9AFD4DC6744F2C3

recover:49206C696B652063727970746F6772617068792076657279206D7563682E

请按任意键继续...

在程序的开始部分，我们首先利用 SHA3_512 算法对 HMAC 类模板进行实例化，并定义一个对应的消息认证码算法对象 hmac。

HMAC<SHA3_512> hmac; //利用 HMAC 框架和 SHA3_521 构造一种 MAC 算法

然后，使用随机数发生器对象 rng 产生一个随机数，并把它作为 hmac 算法的密钥。

rng.GenerateBlock(hkey,hkey.size());   //产生随机的密钥

hmac.SetKey(hkey,hkey.size());   //设置 MAC 所使用的密钥

然后，我们分别定义 AES 算法(以 CBC 模式运行)的加密器对象(cbc_aes_en)和解密器对象(cbc_aes_dec)，并使用随机数发生器为它们产生随机的密钥和初始向量。

rng.GenerateBlock(aes_key,aes_key.size());   //产生随机的密钥 key

rng.GenerateBlock(aes_iv,aes_iv.size());   //产生随机的初始向量 iv

//设置加密对象和解密对象所使用的 key 和 iv

cbc_aes_enc.SetKeyWithIV(aes_key,aes_key.size(), aes_iv, aes_iv.size());

cbc_aes_dec.SetKeyWithIV(aes_key,aes_key.size(), aes_iv, aes_iv.size());

最后，我们使用 Pipeling 范式技术实现数据的加密和认证、验证和解密。其数据流的流向如图 9.4 所示。

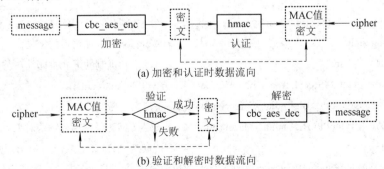

图 9.4 示例一中加密和认证、验证和解密时数据流的流向

在图 9.4 中，图中的虚线框表示数据流在 Pipeling 范式数据处理链中的存在状态，图中的实线框表示处理数据流的密码算法。

从示例程序的最终输出可以看出，密文变长且大于分组密码 AES 的一个分组。HashFilter 类构造函数的第三个参数表明是否将输入至该 Filter 的数据和该 Filter 计算得到的 MAC 值一起输出至附加在其上的 Sink 或 Filter。在该示例程序中，我们将该参数设置为 true，即将加密后的数据和加密后的消息的 MAC 值一起输出至 cipher。因此，密文的末尾会被附加 512 比特的消息认证码。这就是 cipher 对应的输出结果长于密文实际大小的原因。在执行解密前，我们先使用 HashVerificationFilter 完成数据完整性验证。如果验证通过，那么会继续执行密文的解密。如果验证失败，那么程序则会抛出相应的异常。本示例程序没有做异常处理，读者在写程序时务必加上异常处理的相关代码。

本示例程序也遵循 Krawczyk 提出的加密和认证的原则(详见第 8 章)：

(1) 先加密，再认证，即 EtA。

(2) 以 CBC 模式来运行分组密码 AES。

9.3.2　示例二：利用 Hash 函数自定义消息认证码算法

下面演示如何实现图 9.3(d)所示的方案。在本示例中，我们以 Hash 函数 SM3 作为 MAC 算法，以流密码 SEAL 作为加密算法。代码如下：

```
#include<iostream>              //使用 cout、cin
#include<filters.h>   //使用 StringSource、StringSink、StreamTransformationFilter、ArraySource
#include<files.h>               //使用 FileSink
#include<hex.h>                 //使用 HexEncoder
#include<string>                //使用 string
#include<osrng.h>              //使用 AutoSeededRandomPool
#include<secblock.h>           //使用 SecByteBlock
#include<seal.h>               //使用 SEAL
#include<sm3.h>                //使用 SM3
using namespace std;            // std 是 C++的命名空间
using namespace CryptoPP;       // CryptoPP 是 CryptoPP 库的命名空间
int main()
{
    string M = "I like cryptography very much.";    //待加密和认证的消息
    string cipher;                                   // cipher 存放加密后的密文
    cout <<"plain:" ;                                //以十六进制的形式打印输出待加密明文
    StringSource MSrc(M, true, new   HexEncoder (new FileSink(cout)));
    SEAL<CryptoPP::BigEndian>::Encryption enc;   //定义流密码 SEAL 加密对象
    SEAL<CryptoPP::BigEndian>::Decryption dec;   //定义流密码 SEAL 解密对象
    SM3   H;                                      //直接用 Hash 函数作为 MAC 算法
    AutoSeededRandomPool rng;  //定义一个随机数发生器，用于产生随机的秘密信息
```

```
//动态申请空间，以存储接下来生成的密钥 key、初始向量 iv 以及 MAC 算法的秘密信息
SecByteBlock key(enc.DefaultKeyLength()), iv(enc.DefaultIVLength());
SecByteBlock S(64);                    //存储 MAC 算法的秘密信息
//产生随机的 key 和 iv
rng.GenerateBlock(key, key.size());
rng.GenerateBlock(iv, iv.size());
rng.GenerateBlock(S, S.size());
//设置加密和解密对象所使用的 key 和 iv
enc.SetKeyWithIV(key, key.size(), iv, iv.size());
dec.SetKeyWithIV(key, key.size(), iv, iv.size());
string tmp;                            //将秘密信息 S 转存至 tmp 中
ArraySource arraySrc(S,S.size(), true, new StringSink(tmp));
Tmp = M+tmp;                           //将消息和秘密信息 S 进行连接
string digest;                         //存储消息和秘密信息连接在一起的 SM3 消息摘要
StringSource hashSrc(tmp, true, new HashFilter(H, new StringSink(digest)));
tmp=M+digest;                          //将消息和计算的消息摘要连接在一起
//加密连接在一起的消息和消息摘要
StringSource encSrc(tmp, true, new StreamTransformationFilter(enc, new StringSink(cipher)));
cout << endl <<"cipher:" ;            //以十六进制的形式打印输出密文
StringSource cipherSrc(cipher, true, new    HexEncoder (new FileSink(cout)));
tmp.clear();                           //清空 tmp
//解密连接在一起的消息和消息摘要的密文
StringSource decSrc(cipher, true, new StreamTransformationFilter(dec, new StringSink(tmp)));
//将 tmp 表示的明文和消息摘要分离
string dig(tmp.begin()+tmp.length()-H.DigestSize(), tmp.end()); //得到消息摘要，存储于 dig 中
string recover(tmp.begin(), tmp.begin()+tmp.length()-H.DigestSize()); //recover 存放解密后的明文
tmp.clear();                           //清空 tmp
//将消息 recover 和秘密信息连接在一起
ArraySource arrSrc(S, S.size(), true, new StringSink(tmp));
tmp = recover+tmp;
//计算消息摘要并比较
bool bmatch = H.VerifyDigest((CryptoPP::byte*)dig.c_str(),
    (CryptoPP::byte*)tmp.c_str(), tmp.length());
if(bmatch)
{//验证成功
    cout << endl <<"recover:" ;        //以十六进制的形式打印输出解密后的明文
    StringSource recoverSrc(recover, true, new    HexEncoder (new FileSink(cout)));
}
else
```

```
            {                              //验证失败
                cout << endl <<"验证失败！"<< endl;
            }
            cout << endl ;
            return 0;
        }
```

执行程序，程序的输出结果如下：

　　plain:49206C696B652063727970746F6772617068792076657279206D7563682E

　　cipher:507C389E892AB58E83C98BE77A731C1CB42435F4E15F296B63F5233268780BC8D292E6932

　　A2A89F9DD10B39814BEE56023D8037B6E4E04C279C1255057C0

　　recover:49206C696B652063727970746F6772617068792076657279206D7563682E

　　请按任意键继续...

本示例实现了图 9.3(d)所示的方案，即以带密钥的 Hash 函数作为 MAC 算法。在示例程序中，首先将秘密信息 S 与消息 M 连接并计算 Hash 值，这个 Hash 值也叫做消息 M 的 MAC 值，该操作实现对消息 M 的认证。然后，将消息 M 和该消息的 MAC 值连接在一起并用流密码算法 SEAL 进行加密。

之后，将加密的结果解密并从解密的结果中分离出消息 M 和该消息对应的 MAC 值。再次根据解密出来的消息 M 以及秘密信息 S 计算出一个新的 MAC 值。最后，比较解密所得的 MAC 值与计算的 MAC 值是否相等。

在示例二中，用到另外一个 Source 类—— ArraySource 类，该类定义于头文件 filters.h 中，它是 StringSource 类的一个别名，其定义如下：

```
        DOCUMENTED_TYPEDEF(StringSource, ArraySource)
```

而 DOCUMENTED_TYPEDEF 是一个宏，它在头文件 config.h 中的定义如下：

```
        #define DOCUMENTED_TYPEDEF(x, y) typedef x y;
```

ArraySource 类有一个特殊的构造函数，它以一个 byte 类型的指针和该指针指向的缓冲区长度为参数，它可以将缓冲区中指定长度的数据作为真实的数据源(Source)数据源。CryptoPP 库中的 ArraySink 类是这个类对应的 Sink。在本示例中，使用该 Source 将 SecByteBlock 对象中存储的秘密信息转移至 string 对象中。例如：

```
        ArraySource arraySrc(S,S.size(),true,new StringSink(tmp));
```

示例一选择对密文进行认证，而本示例则先对明文进行认证，再对明文及其消息认证码进行加密。

9.4　小　　结

本章主要介绍在对称密码中认证消息时所采用的方法—— 消息认证码算法。许多程序员错误地以为只要对数据加密，就可以保证安全。因此，在一些公开的源代码中，只能看到大量加密算法被使用，却很少见到使用认证性算法的情形。

加密只能提供保密性，即除收发双方外无人能读懂传输的信息。然而，接收者却无法确定该消息是否为目标发送者所发送以及该消息在发送过程中是否被篡改。这就需要使用消息认证码算法或数字签名算法(详见第 13 章)对消息进行认证。

在对称密码中，除了使用本章介绍的消息认证码算法来对消息进行认证外，我们也可以在 CryptoPP 库中选择具有认证功能的分组模式来实现在加密的同时进行认证(详见第 8 章的相关内容)。

本章的最后给出了两个示例程序。示例一实现了图 9.2(c)所描述的认证方式，即对密文进行认证。示例二则实现了图 9.3(d)所描述的认证方式，即先对明文进行认证，然而再对消息及其认证码进行加密。在示例二中，我们直接将 Hash 函数作为 MAC 算法，读者可以尝试用 Hash 函数实现图 9.3 中其余的三种认证方式。

第 10 章　密钥派生和基于口令的密码

密钥的随机性对于密码系统的安全性来说至关重要。但是，有些系统仅将口令作为验证用户访问受保护数据的依据。由于输入的这些口令随机性差且熵值也很低，所以它们不适合直接作为密码算法的密钥，如利用它们去保护存储介质上的数据。然而，对于这些系统而言，口令却是执行数据保护的密码算法唯一可用的秘密信息。这就需要一种可以从输入的口令中产生密码学质量密钥的方法。本章介绍的密钥派生函数就能够满足这一需求。

10.1　基 础 知 识

与前面章节类似，本章的标题也来自 CryptoPP 库的帮助文档主页。然而，由于本章的重点是介绍"基于口令的密钥派生函数"，而非"基于口令的密码系统"。因此，编者认为把"密钥派生和基于口令的密钥派生"(Key Derivation and Password-based Cryptography)作为本章的标题更为妥当，这样能突出本章的主题。

基于口令的密钥派生函数(Password-based Key Derivation Function，PBKDF)可以根据输入的口令和盐值等信息派生一个密码学强度的密钥(如图 10.1 所示)，这个派生的密钥也称为主密钥(Master Key，MK)。

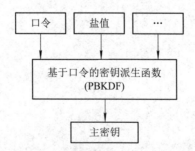

图 10.1　基于口令的密钥派生函数产生密钥的过程

主密钥主要有以下两种用途：

(1) 产生一个或者更多的数据保护密钥[①](Data Protection Key，DPK)去保护数据。

---

① 数据保护密钥，即用于加密数据的密钥，它也被称为内容加密密钥(Content Encryption Key，CEK)。与之对应的是密钥保护密钥(Key Protection Key，KPK)，即用于加密密钥的密钥，它也被称为密钥加密密钥(Key Encryption Key，KEK)。

(2) 供密钥派生函数(Key Derivation Function，KDF)使用，并由该函数产生一个或更多的中间密钥去保护一个或更多的数据保护密钥。

密钥派生函数可以根据一个秘密的输入值派生出一个或更多的密码算法密钥。一般这个输入的秘密值(秘密信息)是具有密码学强度的密钥。例如，通信双方使用密钥协商算法(详见第 14 章)产生了一个秘密的共享值，而这个值的长度过短，不能同时作为对称密码的密钥和初始向量以及消息认证码算法的密钥。此时，就可以使用密钥派生算法将协商的秘密信息扩展成所需长度的密钥。

由此可知，基于口令的密钥派生函数可用于从一个口令中产生一个或者更多个可供密码算法使用的密钥，而密钥派生函数则用于将一个已存在的密钥(k)扩展成一个或者更多的密钥(k_1, k_2, k_3)，它具有密钥扩展的功能。同时，它还可以将已派生的密钥(k_1、k_2 或 k_3)扩展成一个或者更多的密钥($k_{i,1}$, $k_{i,2}$, $i = 1, 2, 3$)。这样就形成了一个密钥继承图谱，如图 10.2 所示。

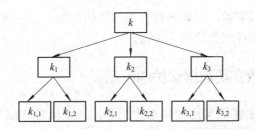

图 10.2　由密钥派生函数产生的密钥继承图谱

10.1.1　密钥派生函数的其他参数

除了秘密信息(口令)外，密钥派生函数还以一些其他的参数作为输入。例如，盐值(salt)和内部伪随机函数的迭代次数(Iteration Count)，甚至在一些应用中还允许向盐值前添加一个目的(Purpose)前缀，它通常由用户指定的变量、应用程序的消息等组成。这里所说的伪随机数函数多指 Hash 函数。

对于输入的口令，若长度太短，则容易带来安全隐患；若它的长度过长，则不便于记忆。NIST 建议用户的口令至少应由 10 个字符组成，并且不允许包含容易被他人知道的个人信息，例如，生日、电话号码、名字、家庭住址等。

1. 盐值

盐值是一个随机数，它和口令一起被作为密钥派生算法的输入。盐值使得密钥派生算法的输入看起来完全随机。在不知道盐值的情况下，对于用户输入的同一个口令而言，攻击者则需要产生大量对应的密钥集。因此，它使得产生的密钥可以有效防止字典攻击。

字典攻击是一种事先进行计算并准备好候选密钥列表的方法。若没有加盐值，攻击者可以事先产生大量的候选密钥。当攻击者获取到受保护的数据后，就要尝试将它解密。此时，它只要利用事先生成的候选密钥，就能够大幅缩短尝试时间，这就是字典攻击。

NIST 建议应该使用具有密码学强度的随机数发生器(详见第 5 章)来产生盐值，并且盐值长度至少为 128 比特(或 16 个字节)。

2. 迭代次数

在密钥派生算法中,对伪随机函数的多次迭代被称为密钥拉伸(Key Stretching)。为了增加派生一个密钥产生的开销,可以让密钥派生算法内部的伪随机函数迭代执行多次。例如,将迭代的次数设置为 5000 次。对于单个用户来说,执行 5000 次伪随机函数的迭代不会带来多大的影响(与用户输入口令耗费的时间相比,伪随机函数的执行时间几乎可以忽略不计)。对于主动攻击的敌手来说,他必须进行大量的尝试才能找出正确的口令,这是一个不小的开销。

由于用户使用的系统千差万别(从智能卡到有很强计算能力的工作站或服务器),所以迭代次数的设置取决于所使用的系统平台和用户可忍受的时延。NIST 建议设置的迭代次数应该不少于 1000 次,而对于计算能力强且用户对时延要求不高的系统来说,可以考虑将迭代次数设置为 10 000 000 次,甚至更多。

3. 目的前缀

目的前缀是一个可选参数,它通常被作为盐值的前缀,这样就可以避免其他也使用了这一盐值的程序和本程序之间的相互干扰。

10.1.2   使用派生函数实现数据保护的模型

本节介绍两种使用主密钥实现数据保护的方法。这两种方法都使用数据保护密钥(DPK)实现电子数据的保护,并且它们还提供验证 DPK 是否正确的机制(加密和认证),如图 10.3 所示。从图中可以看出,数据保护分为直接保护和间接保护。

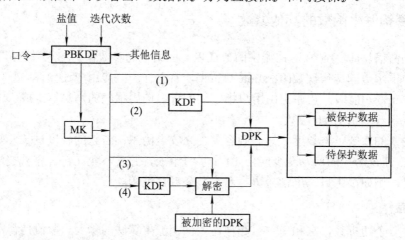

图 10.3   使用密钥方法访问受保护数据的过程

1. 直接保护

当用户需要访问受保护的数据时,首先根据口令、盐值和预设的迭代次数等产生一个主密钥(MK)。然后,直接将主密钥作为数据保护密钥(DPK)(如图 10.3(a)所示),或使用一个密钥派生函数(KDF)从主密钥(MK)中产生一个数据保护密钥(DPK)(如图10.3(b)所示)。接着,利用产生的数据保护密钥(DPK)访问受保护的数据(先验证完整性,再解密)。需要注意的是,这里说的数据保护密钥(DPK)可能是一个密钥的集合(用于加密、认证等)。

从图 10.3 中可以看出，方法(1)和方法(2)使用由口令等信息产生的 DPK 直接作用于受保护的数据。因此，当口令发生改变时，必须用旧的口令恢复数据并用新的口令重新保护数据。

2. 间接保护

与直接的数据保护方式不同，间接的数据保护方法选择保护一个随机产生的数据保护密钥(DPK)。当用户需要访问受保护的数据时，首先根据口令、盐值和预设的迭代次数等产生一个主密钥(MK)。然后，直接使用这个主密钥(MK)解密被加密的数据保护密钥(DPK)(如图 10.3 中的方法(3)所示)，或者利用密钥派生函数(KDF)从主密钥派生一个密钥并用它解密被加密的数据保护密钥(DPK)(如图 10.3 中的方法(4)所示)。接着，利用解密恢复出来数据保护密钥(DPK)访问受保护的数据(先验证完整性，再解密)。

从图 10.3 可以看出，图 10.3 中的方法(3)和图 10.3 中的方法(4)先使用由口令等信息产生的密钥，并将这个密钥作用于被加密的数据保护密钥(DPK)。因此，当口令发生改变时，需要用旧的口令恢复受保护的 DPK 并用新的口令重新保护 DPK。由于受保护的数据可能很大，而一般受保护的 DPK 则很小，所以恢复并重新保护被加密的 DPK 比恢复并重新保护受保护的数据要容易。

需要注意的是，以上的保护和恢复分别指的是加密和解密操作。

10.2　CryptoPP 库中的密钥派生和基于口令的密码算法

CryptoPP 库为用户提供了几种密钥派生函数和基于口令的密钥派生函数，如表 10.1所示。

表 10.1　CryptoPP 库提供的密钥派生函数和基于口令的密钥派生函数

密钥派生算法的名字	所在的头文件	类模板	模板参数
HKDF	hkdf.h	是	HashTransformation 类
PKCS12_PBKDF	pwdbased.h	是	HashTransformation 类
PKCS5_PBKDF1	pwdbased.h	是	HashTransformation 类
PKCS5_PBKDF2_HMAC	pwdbased.h	是	HashTransformation 类

表 10.4 中的 4 种密钥派生(基于口令的密钥派生)算法都是类模板，这些类模板分别表示不同标准下的密钥派生算法框架，它们均以 Hash 函数为模板参数。其中，HKDF和 PKCS5_PBKDF2_HMAC 是基于 HMAC 构造的，而 PKCS12_PBKDF 和 PKCS5_PBKDF1 是基于 Hash 函数构造的。如果读者想更深入地了解这些算法，可以参考RFC2898(PKCS#5)、RFC5869 和 RFC7292(PKCS#12)等规范。

除了上面列举的几种密钥派生算法外，CryptoPP 库还有另外一个密钥派生算法——Scrypt，我们在帮助文档主页上看不到该算法，它定义于头文件 scrypt.h 中。由于受 C++自身数据类型的限制，该算法产生的派生密钥长度最大不超过 SIZE_MAX，而不是通常认为的$(2^{32} - 1) \times 32$。关于该算法的详细描述，可以参考 RFC7914 等文档。

CryptoPP 库中的密钥派生函数和基于口令的密钥派生函数之间的完整继承关系如图 10.4 所示。密钥派生类算法既没有使用 Hash 函数的接口，也没有使用 HMAC 的接口。它使用了一些新的接口，这些接口由它们的共同基类 KeyDerivationFunction 提供。

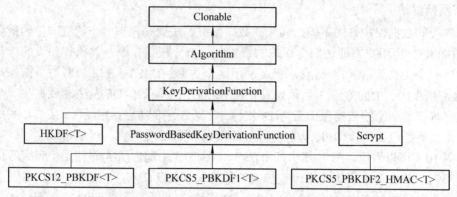

图 10.4　CryptoPP 库中的密钥派生函数和基于口令的密钥派生函数之间的完整继承关系

10.3　使用 CryptoPP 库中的密钥派生和基于口令的密码算法

在 CryptoPP 库中，KeyDerivationFunction 抽象类为密钥派生函数和基于口令的密码提供了公共的接口，它也是整个库中最简单的接口类之一。该类同样定义于头文件 cryptlib.h 中，它的类定义(摘要)如下：

```
class    KeyDerivationFunction : public Algorithm
{
public:
    virtual ~KeyDerivationFunction() {}
    virtual std::string AlgorithmName() const =0;
    virtual size_t MinDerivedLength() const;
    virtual size_t MaxDerivedLength() const;
    virtual size_t GetValidDerivedLength(size_t keylength) const =0;
    virtual bool IsValidDerivedLength(size_t keylength) const
    {
        return keylength == GetValidDerivedLength(keylength);
    }
    virtual size_t DeriveKey(byte *derived, size_t derivedLen, const byte *secret,
        size_t secretLen, const NameValuePairs& params = g_nullNameValuePairs) const =0;
    virtual void SetParameters(const NameValuePairs& params);
protected:
    virtual const Algorithm & GetAlgorithm() const =0;
    void ThrowIfInvalidDerivedLength(size_t length) const;
```

  };

下面分别解释这些成员函数的含义：

- std::string AlgorithmName() const =0;

功能：常成员函数，提供这个算法的名字。

返回值：string 类型。返回本算法的标准名字。

- size_t MinDerivedLength() const;

功能：常成员函数，确定最小的字节数。

返回值：size_t 类型。本算法可以派生的密钥的最小字节数。

- size_t MaxDerivedLength() const;

功能：常成员函数，确定最大的字节数。

返回值：size_t 类型。返回本算法可以派生的密钥的最大字节数。

- size_t GetValidDerivedLength(size_t keylength) const =0;

功能：常成员函数，提供函数派生的有效密钥长度(字节)。

参数：

keylength——要求派生的密钥长度(字节)。

返回值：size_t 类型。返回实际派生的有效密钥长度(字节)。

- bool IsValidDerivedLength(size_t keylength) const

功能：确定 keylength 是否为一个有效的密钥长度。

参数：

keylength——要求派生的密钥长度(字节)。

返回值：bool 类型。若 keylength 长度的密钥是有效的，则返回 true；否则，返回 false。

- size_t DeriveKey(byte *derived, size_t derivedLen, const byte *secret, size_t secretLen, const NameValuePairs& params = g_nullNameValuePairs) const =0;

功能：派生一个密钥。

参数：

derived——存储派生密钥的缓冲区首地址。

derivedLen—— derived 指向的缓冲区长度(字节)。

Secret——存储秘密信息的缓冲区首地址。

secretLen—— secret 指向的缓冲区长度(字节)。

params—— 一个 NameValuePairs 类对象的引用，该参数可以提供一些额外的信息来初始化本对象。

返回值：size_t 类型。返回算法迭代执行的次数。需要注意的是，对于不需要迭代次数的算法，该函数会返回 1，如 HKDF 算法。

- void SetParameters(const NameValuePairs& params);

功能：设置或改变一些参数。

参数：

params—— 配置本对象的附加初始化参数。

返回值：无。

10.3.1　示例一：使用密钥派生函数 HKDF

下面以密钥派生函数 HKDF 为例，演示 CryptoPP 库中密钥派生类算法的使用方法。完整示例代码如下：

```cpp
#include<iostream>              //使用 cout、cin
#include<hkdf.h>                //使用 HKDF
#include<osrng.h>               //使用 AutoSeededRandomPool
#include<sha3.h>                //使用 SHA3_512
#include<filters.h>             //使用 ArraySink
#include<hex.h>                 //使用 HexEncoder
#include<files.h>               //使用 FileSink
#include<secblock.h>            //使用 SecByteBlock
using namespace std;            // std 是 C++的命名空间
using namespace CryptoPP;       // CryptoPP 是 CryptoPP 库的命名空间
int main()
{
    //定义一个随机数发生器，用于产生一些随机信息
    AutoSeededRandomPool rng;
    HKDF<SHA3_512> hkdf;                      //用 SHA3_512 实例化一个密钥派生函数
    //申请一些存储空间，存储生成的随机信息
    SecByteBlock salt(16) ;                   // 16 个字节的盐值
    SecByteBlock info(16) ;                   // 16 个字节的附加信息
    SecByteBlock secret(32);                  // 32 个字节的秘密信息
    //利用随机数发生器产生这些随机信息
    rng.GenerateBlock(salt, salt.size());     //产生盐值
    rng.GenerateBlock(info, info.size());     //产生附加信息
    rng.GenerateBlock(secret, secret.size()); //产生秘密信息
    SecByteBlock derived_key(128);            //存储派生的密钥(长度为 128 个字节)
    hkdf.DeriveKey(derived_key, derived_key.size(), secret, secret.size(),
            salt, salt.size(), info, info.size()); //派生密钥
    cout <<"最大的密钥派生长度："<< hkdf.MaxDerivedLength() << endl;
    cout <<"最小的密钥派生长度："<< hkdf.MinDerivedLength() << endl;
    cout <<"有效的密钥派生长度："<< hkdf.GetValidDerivedLength(derived_key.size()) << endl;
    cout <<"salt:" ;                          //输出打印 salt
    ArraySource saltSrc(salt, salt.size(), true,
            new HexEncoder(new FileSink(cout)));  //以十六进制的形式打印显示 salt
    cout << endl <<"info:" ;                  //输出打印 info
```

```
ArraySource infoSrc(info, info.size(),
    true, new HexEncoder(new FileSink(cout)));          //以十六进制的形式打印显示 info
cout << endl <<"secret:";          //输出打印 secret
ArraySource secretSrc(secret, secret.size(),
    true, new HexEncoder(new FileSink(cout)));          //以十六进制的形式打印显示 secret
cout << endl <<"derived_key:" ;          //输出打印 derived_key
ArraySource derived_keySrc(derived_key, derived_key.size(),
    true, new HexEncoder(new FileSink(cout)));  //以十六进制的形式打印显示 derived_key
cout << endl;
return 0;
}
```

执行程序，程序的输出结果如下：

最大的密钥派生长度：16320

最小的密钥派生长度：0

有效的密钥派生长度：128

salt:7179A5DA758CD07BF2D87EB9F1EE0555

info:D08DE3AA101A8412E776B8079283DDA7

secret:4BE1EACB3E8FAAF449F08CDECF48C5F4AF6032AFF01F5D7DDA8A66A4C220928A

derived_key:C80E35F6AC28726B17AFC52953C1102E62441F99D880FA93AD7368B9554F79073F

B8BF4E2AA4DD09498A13C88F0290581EBCAEF52C3E881428A06030CE2E1CD8FF016152D09

58237B44D79EED77472EA939464317C69B34672CA2C3D0C096936B31F3B8C0EDC54B4C35BE9

D5377AE9D5804062DD2C435F112F356650B3F50D2C

请按任意键继续...

从本示例可以看出，CryptoPP 库中的密钥派生类算法使用比较简单。当对密钥派生类算法初始化后，只需要调用 DeriveKey()函数即可得到派生的密钥。需要注意的是，不同类型的密钥派生算法对这个函数的定义略有不同。例如，CryptoPP 库的密钥派生函数 HKDF 和基于口令的密钥派生函数 PKCS12_PBKDF 对该函数的定义分别如下：

```
size_t DeriveKey (byte *derived, size_t derivedLen, const byte *secret, size_t secretLen,
    const byte *salt, size_t saltLen, const byte *info, size_t infoLen) const; //HKDF
size_t DeriveKey (byte *derived, size_t derivedLen, byte purpose, const byte *secret,
    size_t secretLen, const byte *salt,size_t saltLen, unsigned int iterations,
    double timeInSeconds) st ; // PKCS12_PBKDF
```

这些参数的含义分别如下：

(1) derived：存储派生密钥的缓冲区首地址。

(2) derivedLen：缓冲区 derived 长度(字节)。

(3) info：存储附加输入的缓冲区首地址。

(4) infoLen：缓冲区 info 的长度(字节)。

(5) secret：存储秘密信息的缓冲区首地址。

(6) secretLen：缓冲区 secret 长度(字节)。

(7) salt：存储盐值的缓冲区首地址。

(8) saltLen：缓冲区盐值的长度(字节)。

(9) purpose：一个字节类型的数据。

(10) iterations：伪随机函数迭代的次数。

(11) timeInSeconds：伪随机函数迭代的时间。如果 timeInSeconds 大于 0，那么算法会迭代 timeInSeconds 秒。如果 timeInSeconds 等于 0，那么算法会迭代执行 iterations 次。

从上面可以看出，PKCS12_PBKDF 算法的 DeriveKey()函数包含的参数要比 HKDF 算法多。PKCS12_PBKDF 算法不仅允许用户在派生密钥时指定盐值和秘密信息，还允许用户设置伪随机函数迭代的次数和迭代的时间。在 CryptoPP 库中，其他密钥派生函数的成员函数 DeriveKey()的参数基本与这两个算法类似。

需要注意的是，PKCS #5 要求 PKCS5_PBKDF1 算法的盐值应该是 8 个字节，而 CryptoPP 库允许该算法的盐值可以是任意长度。

10.3.2　示例二：利用基于口令的密钥派生函数实现数据保护

下面以基于口令的密钥派生算法 PKCS12_PBKDF 为例，演示如何通过口令实现数据保护。在本程序中，待保护或访问的数据是磁盘上的一个文件，它的基本原理如图 10.3(c)所示。为了更好地向读者演示基于口令的数据保护过程，我们将程序分为两部分，即基于口令的数据保护端和基于口令的数据访问端。由于它们含有的头文件基本一致，为了节省篇幅，这里仅罗列一次，如下所示：

```
#include<iostream>              //使用 cout、cin
#include<osrng.h>               //使用 AutoSeededRandomPool
#include<secblock.h>            //使用 SecByteBlock
#include<gcm.h.>                //使用 GCM
#include<eax.h>                 //使用 EAX
#include<aes.h>                 //使用 AES
#include<sm4.h>                 //使用 SM4
#include<ripemd.h>              // RIPEMD320
#include<pwdbased.h>            // PKCS12_PBKDF
#include<string>                //使用 string
#include<filters.h>             //使用 AuthenticatedEncryptionFilter、AuthenticatedDecryptionFilter
#include<files.h>>              //使用 FileSink、FileSource
#include<hex.h>                 //使用 HexEncoder
using namespace std;            //使用 C++ 标准命名空间 std
using namespace CryptoPP;       //使用 CryptoPP 库的命名空间
```

基于口令的数据保护端程序示例代码如下：

```
//======程序包含的头文件======
int main()
{
```

```
try
{
    string password;                        //存储用户输入的口令
    cout <<"请输入保护数据的口令(不少于 10 个字符)："<< endl;
    getline(cin, password);                 //用户输入口令
    AutoSeededRandomPool rng;               //定义随机数发生器对象
    SecByteBlock salt(128);                 //存储盐值，大小为 128*8=1024 比特
    size_t count = 100000;                  //迭代次数，大小为 10 万次
    EAX<SM4>::Encryption eax_sm4_enc;       //定义保护数据的加密器对象
    GCM<AES>::Encryption gcm_aes_enc;       //定义保护 DPK 的加密器对象
    size_t dpk_len = eax_sm4_enc.DefaultKeyLength() + eax_sm4_enc.DefaultIVLength();
    SecByteBlock DPK(dpk_len);      //产生 dpk_len 长度的数据，作为 SM4 算法的密钥和初始向量
    size_t mk_len = gcm_aes_enc.DefaultKeyLength() + gcm_aes_enc.DefaultIVLength();
    SecByteBlock MK(mk_len);        //产生 mk_len 长度的主密钥，作为 AES 算法的密钥和初始向量
    // 1. 产生 MK
    rng.GenerateBlock(salt, salt.size());   //利用随机数发生器产生随机的盐值
    PKCS12_PBKDF<RIPEMD320> pbkdf;   //定义基于口令的密钥派生函数对象
    pbkdf.DeriveKey(MK, MK.size(),          //存储派生的主密钥
        static_cast<byte>('M'),             //目的前缀
        (CryptoPP::byte*)password.c_str(), password.size() ,   //口令(秘密信息)
        salt, salt.size(),                  //盐值
        count,                              //迭代次数
        0.0);                               //运行时间
    cout <<"salt："";                       //以十六进制的形式打印输出盐值(salt)
    ArraySource salt_Src(salt, salt.size(), true, new HexEncoder(new FileSink(cout)));
    cout << endl;
    // 2. 产生 DPK
    rng.GenerateBlock(DPK, DPK.size());     //利用随机数发生器产生随机的 DPK
    string dpk_enc;                         //存储被加密的 DPK 密文
    gcm_aes_enc.SetKeyWithIV(MK, gcm_aes_enc.DefaultKeyLength(),         //设置 key
        MK+gcm_aes_enc.DefaultKeyLength(), gcm_aes_enc.DefaultIVLength());  //设置 iv
    ArraySource enc_dpk_Src(DPK, DPK.size(), true,
        new AuthenticatedEncryptionFilter(gcm_aes_enc,  //加密并认证
        new StringSink(dpk_enc)));          //将加密认证的结果存储于 dpk_enc
    cout <<"dpk_enc："";                     //以十六进制的形式打印输出被加密和认证的 DPK
    StringSource dpk_enc_Src(dpk_enc, true, new HexEncoder(new FileSink(cout)));
    cout << endl;
    //将盐值(salt)和加密认证后的 DPK 存储到磁盘上，供用户访问数据时使用
    FileSink fSink("salt_dpkenc.txt");
```

```
fSink.Put(salt, salt.size());                    //先将盐值存入文件
//再将加密认证后的 DPK 存入文件
fSink.Put((CryptoPP::byte*)dpk_enc.c_str(), dpk_enc.length());
fSink.MessageEnd();                              //关闭文件
// 3. 保护文件
eax_sm4_enc.SetKeyWithIV(DPK, eax_sm4_enc.DefaultKeyLength(),        //设置 key
    DPK + eax_sm4_enc.DefaultKeyLength(), eax_sm4_enc.DefaultIVLength());   //设置 iv
FileSource enc_file_Src("protecting_data.txt", true,    // protecting_data.txt—
                                                        待加密和认证的文件
    new AuthenticatedEncryptionFilter(eax_sm4_enc,              //执行加密和认证
        new FileSink("protected_data.txt")));       //将密文存储于 protected_data.txt 文件
}
catch (const Exception& e)
{//出现异常
    cout << e.what() << endl;          //异常原因
}
return 0;
}
```

执行程序，并输入一个口令(hanlulu1234567890cryptopp)，运行结果如图 10.5 所示。

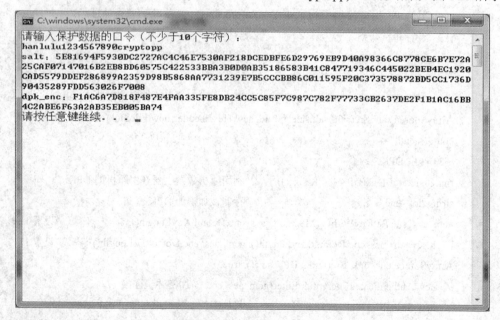

图 10.5　数据保护端程序运行结果

程序执行过程的详细说明如下：

在主函数 main()开始处，先定义程序在后面使用的一些算法和存储数据的变量，如定义随机数发生器、加密器对象等。之后，程序开始执行基于口令的数据保护任务并分三个阶段完成，分别是产生 MK、产生 DPK 和保护文件，它的详细执行过程如图 10.6

所示。

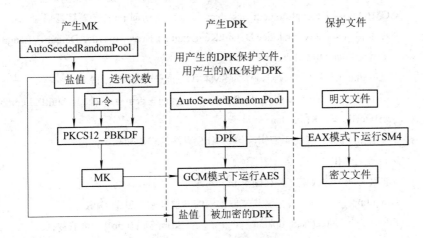

图 10.6　基于口令的数据保护端程序执行过程

(1) 产生 MK。在这个阶段，程序先利用随机数发生器产生一个 128 字节的随机数，并把它作为盐值(salt)。然后，基于口令的密钥派生函数(PKCS12-PBKDF)根据用户输入的秘密信息(口令)、盐值、目的前缀和预设的迭代次数(10 万次)产生一个特定长度(mk_len)的主密钥(MK)，并把产生的这个密钥作为保护 DPK 的加密算法所使用的密钥和初始向量。

(2) 产生 DPK。在这一阶段，程序依然先利用随机数发生器产生一个特定长度(dpk_len 字节)的随机数，并把这个随机数当做保护文件的加密算法所使用的密钥和初始向量。接着，利用分组密码算法 AES(以 GCM 模式运行)加密和认证产生的 DPK。然后，将产生的盐值(salt)和加密的 DPK(dpk_enc)依次存入文件 salt_dpkenc.txt 中。

(3) 保护文件。在这一阶段，程序利用分组密码算法 SM4(以 EAX 模式运行)加密和认证待保护的文件 protecting_data.txt，并将加密和认证后的结果存储于文件 protected_data.txt 中。

这样就实现了利用基于口令的密钥派生函数保护数据。运行数据保护端程序，当程序执行完毕后，在该程序所在的目录下会产生两个文件，它们分别是 salt_dpkenc.txt 和 protected_data.txt。将这两个文件分别复制到数据访问端程序所在目录，执行数据访问端程序并输入口令，即可从文件 protected_data.txt 中恢复出被加密的原始明文。

基于口令的数据访问端程序示例代码如下：

```
//=======程序包含的头文件=======
int main()
{
    try
    {
        string password;                       //存储用户输入的口令
        cout <<"请输入访问数据的口令(不少于 10 个字符)： "<< endl;
        getline(cin, password);                //用户输入口令
        SecByteBlock salt(128);                //存储盐值，大小为 128*8=1024 比特
        size_t count = 100000;                 //迭代次数，大小为 10 万次
```

```
EAX<SM4>::Decryption eax_sm4_dec;        //定义访问数据的解密器对象
GCM<AES>::Decryption gcm_aes_dec;        //定义访问 DPK 的解密器对象
size_t dpk_len = eax_sm4_dec.DefaultKeyLength() + eax_sm4_dec.DefaultIVLength();
SecByteBlock DPK(dpk_len);
//产生 dpk_len 长度的数据，作为 SM4 算法的密钥和初始向量
size_t mk_len = gcm_aes_dec.DefaultKeyLength() + gcm_aes_dec.DefaultIVLength();
SecByteBlock MK(mk_len);
//产生 mk_len 长度的主密钥，作为 AES 算法的密钥和初始向量
// 1. 重构 MK
//读取文件中的数据，并存储于 tmp 对象中
string tmp;              //存储从文件读取的盐值和被加密的 DPK
FileSource fource("salt_dpkenc.txt",true,new StringSink(tmp)); //读取数据
memcpy(salt, tmp.c_str(), salt.size());
cout <<"salt："   //以十六进制打印输出盐值(salt)
ArraySource salt_Src(salt, salt.size(), true, new HexEncoder(new FileSink(cout)));
cout << endl;
PKCS12_PBKDF<RIPEMD320> pbkdf;        //定义基于口令的密钥派生函数对象
pbkdf.DeriveKey(MK, MK.size(),                        //存储派生的主密钥
    static_cast<byte>('M'),                          //目的前缀
    (CryptoPP::byte*)password.c_str(), password.size(),  //口令(秘密信息)
    salt, salt.size(),                               //盐值
    count,                                           //迭代次数
    0.0);                                            //运行时间
// 2. 恢复 DPK
SecByteBlock dpk_enc(tmp.length()-salt.size());        //存储被加密的 DPK 密文
memcpy(dpk_enc, tmp.c_str() + salt.size(), dpk_enc.size());
gcm_aes_dec.SetKeyWithIV(MK, gcm_aes_dec.DefaultKeyLength(),        //设置 key
    MK + gcm_aes_dec.DefaultKeyLength(), gcm_aes_dec.DefaultIVLength()); //设置 iv
cout <<"dpk_enc："             //以十六进制的形式打印输出被加密和认证的 DPK
ArraySource dpk_enc_Src(dpk_enc, dpk_enc.size(), true, new HexEncoder(new
    FileSink(cout)));
cout << endl;
ArraySource enc_dpk_Src(dpk_enc, dpk_enc.size(), true,
    new AuthenticatedDecryptionFilter(gcm_aes_dec,        //验证并解密
    new ArraySink(DPK, DPK.size()))));                    //将解密的结果存储于 DPK
// 3. 访问文件
string recover;        //存储文件的明文内容
eax_sm4_dec.SetKeyWithIV(DPK, eax_sm4_dec.DefaultKeyLength(),        //设置 key
    DPK + eax_sm4_dec.DefaultKeyLength(), eax_sm4_dec.DefaultIVLength()); //设置 iv
```

```
        FileSource enc_file_Src("protected_data.txt", true,  // protected_data.txt—待访问的文件
            new AuthenticatedDecryptionFilter(eax_sm4_dec,  //验证并解密
                new StringSink(recover)));        // 将解密的结果存储于 recover 对象中
        cout <<"recover："<< recover << endl;
    }
    catch (const Exception& e)
    {//出现异常
        cout << e.what() << endl;                //异常原因
    }
    return 0;
}
```

执行程序，并输入相同的口令(即 hanlulu1234567890cryptopp)，运行结果如图 10.7 所示。

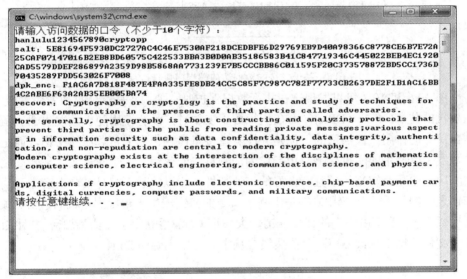

图 10.7　数据访问程序运行结果

程序执行过程的详细说明如下：

在主函数 main()开始处，先定义程序在后面使用的一些算法和存储数据的变量，如定义随机数发生器、解密器对象等。之后，程序开始执行基于口令的数据访问任务并分三个阶段完成，分别是重构 MK、恢复 DPK 和访问文件，它的详细执行过程如图 10.8 所示。

(1) 重构(MK)。在这个阶段，程序先从文件 salt_dpkenc.txt 中读取存储的盐值和被加密的 DPK。然后，基于口令的密钥派生函数(PKCS12_PBKDF)根据用户输入的秘密信息(口令)、从文件读取的盐值、目的前缀和预设的迭代次数(10 万次)产生一个特定长度(mk_len)的主密钥(MK)，并把产生的这个密钥作为恢复 DPK 的解密算法所使用的密钥和初始向量。

(2) 恢复 DPK。在这一阶段，程序利用分组密码算法 AES(以 GCM 模式运行)验证并

解密被加密的 DPK，并将解密后获得的 DPK 作为访问文件的解密算法所使用的密钥和初始向量。

　　(3) 访问文件。在这一阶段，程序利用分组密码算法 SM4(以 EAX 模式运行)验证并解密受保护的文件 protected_data.txt，并将解密结果存储于 string 类型的 recover 对象中。然后，程序将 recover 中的内容打印至标准输出设备上。从输出结果可以看出，它与文件 protecting_data.txt 中的内容完全一致。

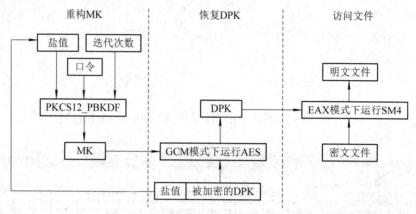

图 10.8　基于口令的数据访问端程序执行过程

　　对比图 10.6 和 10.8 可以发现，在执行数据保护时，使用了两次随机数发生器(分别是产生随机的盐值(salt)和 DPK)，而在执行数据恢复时，没有使用随机数发生器。虽然数据是在口令的作用下被加密的，但是并没有直接将口令作为加密算法的密钥，而是利用随机数发生器产生的随机数(即 DPK)作为加密算法的密钥。由于随机数发生器产生的随机数(即 DPK)具有较高的熵且有良好的统计特性，所以敌手不容易推导出密文和明文以及密钥之间的关系。主密钥(MK)是由基于口令的密钥派生函数根据随机的盐值、预设的迭代次数等产生的，由于它的计算开销较大，所以当敌手获得了盐值和加密的 DPK(两者存储于文件 salt_dpkenc.txt 中)后依然很难从中恢复出正确的 DPK。

10.4　小　　结

　　本节介绍了 CryptoPP 库中的密钥派生函数和基于口令的密钥派生函数。密钥派生算法以口令(存储密钥)、盐值和迭代次数作为输入，生成具有密码学强度的密钥并使用产生的密钥去保护(通常为加密)数据，这样即使攻击者获得了受保护的数据，也会由于执行猜测实验的代价极高而无法恢复出原始的数据。密钥派生算法的这些特性在实际的工程中有重要的作用。例如，IT 公司常使用该方法将验证用户所需的密码存储在数据库中，使用这种方法存储的密码实际上很难恢复，这样就对用户的密码起到了保护的作用。

　　密钥派生类算法提供的接口较少，而且比较容易理解。本章给出了两个示例程序：第一个程序意在向读者演示密钥派生类算法的使用方法；第二个程序模拟了密钥派生算法的实际应用场景。通过参考本章的示例程序，读者应该很容易使用程序库剩余的相关算法。

第 11 章　公钥密码数学基础

本章主要介绍 CryptoPP 库中大整数的构造和使用、常用的数论算法、代数结构和密码学系统基于的困难问题，它们是构建公钥密码系统的基石。

11.1　C/C++系统预定义的整数范围

在 C/C++ 中，系统预定义的整型类型能够表示的数据范围十分有限。例如，int 类型和 long 类型占 4 个字节，它们能够表示的最大整数为 $2^{32} - 1$。下面的示例程序演示了 C/C++ 中预定义的一些数据类型能够表示的范围：

```
#include <iostream>          //使用 cout、cin
#include <climits>           //使用 UCHAR_MAX、USHRT_MAX 等
#include <limits>//使用 numeric_limits<unsigned char>::max()、numeric_limits<unsigned short>::max()等
using namespace std;         //使用 C++的命名空间 std
int main()
{
    // C++，numeric_limits<unsigned char>::max();
    cout <<"unsigned char 最大值："<< UCHAR_MAX <<
          "，所占字节："<< sizeof(unsigned char) << endl;
    //C++，numeric_limits<unsigned short>::max();
    cout <<"unsigned short 最大值："<< USHRT_MAX <<
          "，所占字节："<< sizeof(unsigned short) << endl;
    //C++，numeric_limits<unsigned int>::max();
    cout <<"unsigned int 最大值："<< UINT_MAX <<
          "，所占字节："<< sizeof(unsigned) << endl;
    //C++，numeric_limits<unsigned long>::max();
    cout <<"unsigned long 最大值："<< ULONG_MAX <<
          "，所占字节："<< sizeof(unsigned long) << endl;
    //C++，numeric_limits<_ULONGLONG>::max();
    cout <<"unsigned long long 最大值："<< ULLONG_MAX <<
          "，所占字节："<< sizeof(unsigned long long) << endl;
    return 0;
}
```

执行程序，程序的输出结果如下：

unsigned char 最大值：255，所占字节：1

unsigned short 最大值：65535，所占字节：2

unsigned int 最大值：4294967295，所占字节：4

unsigned long 最大值：4294967295，所占字节：4

unsigned long long 最大值：18446744073709551615，所占字节：8

请按任意键继续...

　　在 C 语言中，用一些宏表示特定数据的范围，这些宏定义于头文件 climits (limits.h) 中。在 C++ 语言中，通过对类模板 numeric_limits 的特化来表示特定数据类型的范围，类模板 numeric_limits 及其特化定义于头文件 limits 中。无论是 C 语言，还是 C++语言，它们最大能够表示的整数均为 $8 \times 8 = 64$ 位，而公钥密码学上要求的整数位数则多达几百位，甚至几千位。这就要求我们必须构造一种数据结构来表示大整数，并且定义一些与这些大整数相关的基本运算，如加、减、乘和除等。

11.2　CryptoPP 库中大整数的构造

　　通常可以用多种形式的数据结构来表示这个大整数，为了便于直观理解，我们选择 word 类型的数组来表示大整数。这与 CryptoPP 库中的表示方式一致。用一组枚举类型的数据表示大整数的正、负，用另一组枚举类型的数据表示大整数的符号。用 Integer 类表示将要定义的大整数，它的基本结构如下所示：

```
class Integer                        //大整数
{
public:
    enum Sign
    {
        POSITIVE = 0,                //表示非负数，即 0 或整数
        NEGATIVE = 1                 //表示负数
    };

    enum Signedness
    {
        UNSIGNED,                    //表示无符号
        SIGNED                       //表示有符号
    };
private:
    SecBlock<word> m_number;         //用 word 类型的数组表示大整数
    Sign m_sign;                     //表示 Integer 类的正、负
};
```

　　下面我们来描述 CryptoPP 库中 Integer 类的基本构造原理。

　　(1) 为 Integer 类定义多种重载的构造函数。定义多种重载的构造函数，使得用户可以以不同的方式来构造 Integer 类对象，提高了构造大整数对象的灵活性。代码如下：

```
class Integer//大整数
{
public:
    //...
    Integer();
    Integer(const Integer& t);
    Integer(signed long value);
    Integer(Sign sign, lword value);
    explicit Integer(const char *str, ByteOrder order = BIG_ENDIAN_ORDER);
    explicit Integer(const wchar_t *str, ByteOrder order = BIG_ENDIAN_ORDER);
    Integer(RandomNumberGenerator &rng, size_t bitCount);
    static const Integer &    Zero();
    static const Integer &    One();
    static const Integer &    Two();
    //...
};
```

　　上面列举了一部分 Integer 类的重载构造函数，用户可以选择合适的方式来构造 Integer 类对象。例如，用一个已经存在的 Integer 类对象来构造新的大整数对象。用户也可以用字符串形式的数据来构造大整数对象。用户还可以使用随机数发生器来构造 Integer 类对象，使构造的大整数对象具有随机的值。

　　(2) 为 Integer 类提供执行基本的算术运算、位运算以及关系运算的成员函数和重载的运算等。代码如下：

```
class Integer//大整数
{
public:
    //...
    Integer Plus(const Integer &b) const;
    int Compare(const Integer& a) const;
    Integer Times(const Integer &b) const;
    //...
};
inline bool operator< (const CryptoPP::Integer& a, const CryptoPP::Integer& b) {return a.Compare(b)< 0 ; }
inline CryptoPP::Integer operator+(const CryptoPP::Integer &a, const CryptoPP::Integer &b) {
return a.Plus(b) ; }
inline CryptoPP::Integer operator*(const CryptoPP::Integer &a, const CryptoPP::Integer &b) {
return a.Times(b) ; }
//...
```

　　从 CryptoPP 库的源代码可以看出，Integer 类提供了执行算术运算、位运算以及关系运算的成员函数，同时还将对应的运算符重载为全局的函数，重载的运算符函数在内部调用对应的成员函数来完成相应的运算。因此，对于完成同一种运算，用户有两种选择。不过，使用重载的运算会让程序看起来更加直观、易懂。

　　(3) 为 Integer 类添加访问或设置其属性的成员函数。代码如下：

```
class Integer//大整数
{
public:
    //...
    bool IsZero() const {return !*this;}
    bool IsNegative() const {return sign == NEGATIVE;}
    byte GetByte(size_t i) const;
    unsigned int ByteCount() const;
    void   SetByte (size_t n, byte value);
    void   SetPositive ();
    //...
};
```

　　通常访问 Integer 类属性的成员函数不涉及修改类内的数据成员，因此它们常被显式地声明为常成员函数。而设置 Integer 类属性的成员函数则涉及修改类内的数据成员，它们多为普通的成员函数。

　　(4) 为 Integer 类重载自增、自减、流插入(<<)和流提取(>>)等运算符。代码如下：

```
class Integer//大整数
{
public:
    //...
    Integer & operator++ ();
    Integer operator++ (int);
    Integer & operator-- ();
    Integer operator-- (int);
    friend std::ostream& operator<<(std::ostream& out, const Integer &a);
    friend std::istream& operator>>(std::istream& in, Integer &a);
};
```

　　Integer 类属于用户自定义数据类型，只有为类重载了流插入和流提取运算符后，才可以像使用预定义数据类型一样使用 Integer 类。例如，将 Integer 类对象输出至标准输出设备或从标准输入设备读取数据来构造 Integer 类对象。

　　(5) 为 Integer 类提供编码和解码类型的成员函数。代码如下：

```
class Integer//大整数
{
public:
```

```
//...
    void    BERDecode (const byte *input, size_t inputLen);
    void    BERDecode (BufferedTransformation &bt);
    void    OpenPGPDecode (const byte *input, size_t inputLen);
    void    OpenPGPDecode (BufferedTransformation &bt);
};
```

为了使 CryptoPP 库与其他的密码学库能够更好地协作，就需要各密码学库都提供一种统一的数据编码方式。

通过上面几个步骤就实现了对 Integer 类的定义，当对各个成员函数进行实现后，我们就可以进行大整数的各种运算了。CryptoPP 库的大整数类就是这样构造的，在 integer.cpp 文件中可以看到与之相关的函数定义。为了追求更高的数学运算效率，CryptoPP 库对 Integer 类进行了各种优化，这使得它的源代码相当复杂。如果读者只是想了解大整数的基本构造方法，则可以尝试查看 bigint[1] 库的构造。如果觉得它也太过复杂，则还可以考虑 GitHub 上 BigNumber[2] 库的构造。

CryptoPP 库的 Integer 类不仅重载了基本的算术运算符以及流插入、流提取运算符，而且还重载了关系运算符、自增运算符、自减运算符、位运算符、基本的算术赋值运算符(如%=、/=)等。除此之外，Integer 类还包含丰富的成员函数，这极大地提高了用户操作 Integer 类的灵活性。

CryptoPP 库的帮助文档显示它能表示的最大整数为 $(256**\text{sizeof(word)})^{(256**\text{sizeof(int)})}$，其中，"**"表示乘方，"sizeof()"运算符在 C++ 中表示数据类型所占的字节数。由于 int 类型占 4 个字节，所以 $(256**\text{sizeof(int)}) = (2^8)^4 = 2^{32}$。在 CryptoPP 库中，word 类型的数据所占的字节数与计算机字长有关，在 32 位机器上占 4 个字节，在 64 位机器上占 8 个字节。因此，CryptoPP 库中的 Integer 类理论上能够表示的最大值如下：

(1) 在 32 位机器上，由于 $(256**\text{sizeof(word)}) = (2^8)^4 = 2^{32}$，所以

$$(256**\text{sizeof(word)})^{(256**\text{sizeof(int)})} = (2^{32})^{2^{32}} = 2^{32*4294967295} = 2^{137438953440}$$

(2) 在 64 位机器上，由于 $(256**\text{sizeof(word)}) = (2^8)^8 = 2^{64}$，所以

$$(256**\text{sizeof(word)})^{(256**\text{sizeof(int)})} = (2^{64})^{2^{32}} = 2^{64*4294967295} = 2^{274877906880}$$

由此可以看到，Integer 类理论上可以表示的最大整数接近 2 的几千亿次方，而公钥密码学上通常要求的整数大致为 2 的几百次方或几千次方，因此 Integer 类可以满足密码学运算的基本要求。

11.3　使用 CryptoPP 库的大整数

Integer 类有丰富的成员函数，其主要由创建 Integer 类对象的函数、访问 Integer 类

---

[1] 见 https://mattmccutchen.net/bigint/index.html。

[2] 见 https://github.com/Limeoats/BigNumber。

对象信息的函数、操作 Integer 类对象的函数、重载的一元和二元算术运算符函数、其他的一些算术运算函数组成。

1. 创建 Integer 类对象

从 CryptoPP 库的帮助文档可以发现，Integer 类有十几个重载的构造函数，这给用户创建大整数带来了便利。

(1) 可以用 C++ 系统预定义的数据类型创建大整数对象：

```
unsigned long a = 100234;
Integer b(a);                              //创建大整数对象 b，b 的值与 a 相等
```

执行该语句后，b 等于 100234。

(2) 在创建大整数时，也可以指定该大整数的正、负：

```
unsigned long a = 100234;
Integer b(Integer::NEGATIVE,a);         //创建负的大整数对象 b，b 的绝对值与 a 相等
```

执行该语句后，b 等于 -100234。

(3) 可以用 C 语言类型的字符串来创建大整数对象：

```
char str_num[] = "1212418082003480316";
Integer c(str_num, LITTLE_ENDIAN_ORDER);    //用字符串创建大整数 c，采用小端模式
```

执行该语句后，c 的值等于 6130843002808142121。上面所说的大端模式和小端模式指的是数据在计算机系统的存储方式。大端模式是指数据的高字节保存在内存的低地址中，而数据的低字节保存在内存的高地址中，这与我们的阅读习惯一致。小端模式是指数据的高字节保存在内存的高地址中，而数据的低字节保存在内存的低地址中。此处选择小端模式创建大整数，所以 c 的高位是 6 而不是 1。

上面是以十进制的形式来构造大整数，还可以以二进制、八进制和十六进制数的形式来构造大整数，相应地分别需要在字符串的末尾加上字符 'b'、'o'、'h'。

```
Integer Int2("101010111111111111100000b");     //以二进制数的形式构造大整数对象 Int2
Integer Int8("103561235200000032743o");         //以八进制数的形式构造大整数对象 Int8
Integer Int16("103561235200000032743h");        //以十六进制数的形式构造大整数对象 Int16
```

(4) 可以用 BufferedTransformation 类对象构造大整数对象：

```
ByteQueue bignum;
//.....
Integer d(bignum);                         //用 BufferedTransformation 类对象构造一个大整数对象
```

关于 BufferedTransformation 类对象，可以参考第 4 章 4.4 节的相关内容。这里需要注意的是，BufferedTransformation 类对象是一个 BER 编码的字节型数组。

(5) 可以用随机数发生器来创建大整数对象，这样得到的大整数就是随机的：

```
AutoSeededRandomPool   rng;           // 定义一个随机数发生器对象
Integer e(rng,1024);                //用随机数发生器创建一个随机的、含有 1024 比特的大整数
```

用这种方式创建大整数对象非常方便，还可以使用另外一个重载的构造函数来创建大整数对象，如下所示：

```
Integer(RandomNumberGenerator &rng, const Integer &min, const Integer &max,
```

RandomNumberType rnType = ANY, const Integer &equiv = Zero(), const Integer &mod = One());

这些参数的含义分别如下：

① rng：一个随机数发生器对象的引用。

② min：产生的随机大整数的最小值。

③ max：产生的随机大整数的最大值。

④ rnType：枚举类型，有两个可选值，ANY 表示产生普通的大整数，PRIME 表示产生的大整数为概率型素数。

⑤ equiv：基于参数 mod 的等价类。

⑥ mod：简化剩余类的模。

由此可以看到，使用这个构造函数可以创建特殊形式的大整数对象。

(6) 创建特殊类型的大整数对象。Integer 类提供了 3 个静态类型的成员函数，它们可以分别用于创建值为 0、1 和 2 的大整数对象。One()函数如下：

      Integer f(Integer::One());   //创建特殊类型的大整数，f 的值等于 1

另外两个函数分别是 Zero()和 Two()。

2. 访问 Integer 类对象

Integer 类提供了一系列访问已创建大整数对象的成员函数，它们全部是常成员函数。使用这些成员函数用户可以从多个角度访问大整数的属性，例如奇偶性、正负性，组成大整数的比特数、字节数或字数等。

(1) 大整数对象的奇偶性。使用成员函数 IsEven()和 IsOdd()可以判断该大整数的奇偶性，这两个函数的返回值刚好相反，前者在偶数时返回 true；后者在奇数时返回 true。

(2) 大整数对象的正负性。判断大整数正负性的成员函数有 4 个，它们分别是 IsNegative()、NotNegative()、IsPositive()和 NotPositive ()，从它们各自的英文名字就可以知道其含义。这里不再做进一步解释，读者可以参考 CryptoPP 库的帮助文档。

(3) 大整数对象的比特属性。有 3 个成员函数可以访问大整数对象的比特属性，它们分别是 BitCount()、GetBit()和 GetBits()。BitCount()函数可以返回表示当前大整数所需要的比特数；GetBit()函数以 size_t 类型的数据 i 为参数，可以返回当前大整数第 i 比特的值；GetBits()函数以 2 个 size_t 类型的数据 i 和 n 为参数，可以返回当前大整数右移 i 位后最低的 n 比特表示的值。

(4) 大整数对象的字节属性和长整型属性。关于大整数的字节属性，参见(3)中大整数对象的比特属性。如果需要将大整数对象转换成长整型数据，需要先调用 IsConvertableToLong()函数判断是否可以转换，如果可以，则再调用 ConvertToLong()函数，即可将大整数对象转换为长整型数据。

3. 操作 Integer 类对象

Integer 类对象提供了一些操作该类对象的函数。在创建完大整数对象后，通过这些成员函数可以改变它的值。

(1) Integer 类重载了赋值、算术赋值运算符和移位赋值运算符，它们允许在执行大整数的相关运算后完成相应的赋值。例如：

      Integer f,d;

```
//......
f += d ;                          //计算 f+d 的和，并将结果赋给 f
f <<= 5 ;                         // f 左移 5 位后赋给 f
```

(2) 在创建完 Integer 类对象后，利用随机数发生器使该对象有随机的值。Integer 类含有 3 个这样的成员函数，它们分别是 GenerateRandomNoThrow ()、GenerateRandom() 函数和一组重载的 Randomize()函数。Randomize()函数如下：

```
AutoSeededRandomPool    rng;       //定义一个随机数发生器对象
Integer f;                         //定义一个大整数对象
f.Randomize(rng,512);             //使 f 变为含有 512 比特的大整数，并且它的值是随机的
```

(3) 我们可以直接改变 Integer 类对象的正负性、某一字节或某一比特的值，它们分别是 SetNegative()、SetPositive()、SetByte()和 SetBit()。这些函数的使用都比较简单，读者可以参考 CryptoPP 库的帮助文档。

4．一元运算

Integer 类重载了取反、取正、取负、自增和自减等运算符，用户可以方便地完成相应的操作。自增操作示例如下：

```
Integer f;                         //定义一个大整数对象
f++;                               // f 自增
```

5．二元运算

Integer 类提供了一些二元运算的函数，它们主要完成基本的算术运算、位运算等。建议读者使用重载的二元运算符完成这些操作，这样看起来更加直观、易懂。

6．其他的算术函数

Integer 类还提供了一些数论计算方面的函数，例如，求解乘法逆元、求解最大公约数和欧几里得除法表达式等，详见 CryptoPP 库的帮助文档。

(1) 求解乘法逆元：

```
Integer InverseMod( const Integer& n);
```

计算该大整数在模 n 条件下的乘法逆元，返回 x，其中，$x \times (*this) \equiv 1 \pmod n$。*this 表示该大整数的值。如果存在乘法逆元，则返回其值；如果不存在，则返回 0。例如：

```
Integer m1("635"), m2("737"), n1;
n1 = m1.InverseMod(m2);          //计算 m1 在模 m2 下的乘法逆元
```

执行完上述语句后，$n1$ 等于 513。

(2) 求解最大公约数：

```
Integer Gcd( const Integer& a, const Integer& n);
```

计算 a 和 n 的最大公约数。例如：

```
Integer t1("20785"), t2("44350"),r1;
r1 = Integer::Gcd(t1, t2);        //计算 t1 和 t2 的最大公约数
```

执行完上述语句后，$r1$ 等于 5。

(3) 欧几里得除法表达式：

```
void Divide( Integer &r, Integer &q, const Integer &a, const Integer &d);
```

计算 r 和 q，使得 $a == (d*q + r)$ 成立，并且 $0 \leqslant r < d$。其中，$==$ 表示逻辑等于。

  Integer p1("1859"), p2("1573"), q, r;

  Integer::Divide(r, q, p1, p2);   //计算 p1 和 p2 的欧几里得除法表达式

执行完上述语句后，r 等于 286，q 等于 1。

7. 编码和解码大整数

  为了使得不同的密码系统相互之间可以协同工作，这就需要不同的密码系统可以相互识别对方产生的一些算法参数。因此，不同的系统必须对这些参数有统一的表示，即采用统一的编码方式。

  Integer 类提供一些用于编码和解码大整数的成员函数：

  void Decode (const byte *input, size_t inputLen, Signedness sign=UNSIGNED);

将 input 缓冲区表示的字节型数据解码成大整数：

  AutoSeededRandomPool rng;   //定义随机数发生器对象

  SecByteBlock rand_byte(16) ;   //存放产生的随机信息

  rng.GenerateBlock(rand_byte, rand_byte.size());   //产生 16 个字节的随机数

  Integer big_num;   //定义大整数对象

  big_num.Decode(rand_byte, rand_byte.size());   //将 rand_byte 解码成大整数，即构造大整数

  cout <<"big_num: "<< big_num << endl;   //打印输出构造的大整数对象

执行完上述语句后，输出结果如下：

  big_num: 83754038731578808556908429323240510752.

11.4 CryptoPP 库中的数论算法

  尽管 CryptoPP 库的 Integer 类有丰富的成员函数，但是它们只提供了对 Integer 类的最基本操作。这还不足以构建公钥密码系统，要实现公钥密码系统，还必须实现公钥密码系统常用的数论算法。CryptoPP 库的头文件 nbtheory.h 包含了一些与数论相关的算法。

11.4.1 素性检测

  素数是一种只能被 1 和自身整除的整数。素数具有很多好的性质，在公钥密码系统中有着重要的作用。许多密码系统都要求选择一个或多个大素数作为算法的参数。这就要求必须有一个有效的算法能够快速地判断出随机选择的整数是否为素数。判断一个数是否为素数的过程被称为素性检测。对于较小的整数，通常很容易判断它是否为素数。然而对于大整数，判断它是否为素数则比较困难。目前，还没有较好的、确定的多项式时间算法可用。CryptoPP 库中素数判断的算法大致被分为两类：一种是确定型的；另一种是概率型的。

1. 产生确定型的素数

(1) 判断一个数是否为小素数或有小的素因子。有几个函数如下：

  bool IsSmallPrime(const Integer &p) ;

该函数用于判断参数 p 是否是一个小素数。CryptoPP 库内部会维护一个素数表，该素数表中最大的素数是 32 719。该函数会依次将 p 与素数表中的值做比较。若 p 与素数表中的某一个数相等，则返回 true；否则，返回 false。

```
bool SmallDivisorsTest (const Integer &p) ;
bool TrialDivision (const Integer &p, unsigned int bound) ;
```

以上这两个函数可以判断参数 p 是否有小的素数因子，参数 bound 表示待比较的小素数的上界。若参数 p 有小素因子，则返回 true；否则，返回 false。

(2) 产生可证明的素数：

```
Integer MihailescuProvablePrime (RandomNumberGenerator &rng, unsigned int bits) ;
Integer MaurerProvablePrime (RandomNumberGenerator &rng, unsigned int bits) ;
```

这两个函数可以产生可证明的素数，参数 rng 是一个随机数发生器对象的引用，参数 bits 表示产生的大整数的比特数。这两个函数返回产生的可证明素数。

2. 产生概率型的素数

(1) 产生概率型素数的基本方法：

① 若参数 n 和 b 满足 $b^{n-1} \equiv 1 \pmod{n}$，则返回 true；否则，返回 false。

```
bool IsFermatProbablePrime (const Integer &n, const Integer &b) ;
```

② 若参数 n 是一个概率素数，则返回 true；否则，返回 false。

```
bool IsLucasProbablePrime (const Integer &n) ;
```

③ 若参数 n 是一个概率素数，则返回 true；否则，返回 false。

```
bool IsStrongProbablePrime (const Integer &n, const Integer &b) ;
```

④ 如果参数 n 是一个强概率素数，则返回 true；否则，返回 false。

```
bool IsStrongLucasProbablePrime (const Integer &n) ;
```

⑤ Rabin-Miller 概率型素性检测算法。参数 rng 是一个随机数发生器对象的引用，参数 n 为待判断的整数，参数 rounds 表示重复执行素性测试的轮数。若参数 n 是一个概率素数，则返回 true；否则，返回 false。

```
bool RabinMillerTest (RandomNumberGenerator &rng, const Integer &n,
    unsigned int rounds) ;
```

(2) 产生概率型素数的候选方法 1：

```
bool IsPrime (const Integer &p) ;
```

这是一个素性检测的候选函数，该函数在内部会依次调用 SmallDivisorsTest()函数、IsStrongProbablePrime()函数和 IsStrongLucasProbablePrime()函数。利用这 3 个函数依次检测参数 p 的素性。若所有的测试结果都表明它是一个素数，则返回 true；否则，返回 false。

(3) 产生概率型素数的候选方法 2：

```
bool VerifyPrime (RandomNumberGenerator &rng, const Integer &p, unsigned int level=1) ;
```

这是一个素性检测的候选函数，参数 rng 是一个随机数发生器对象的引用，参数 p 为待判断的整数，参数 level 表示测试的仔细程度。该函数在内部会依次调用 IsPrime()函数和一轮 RabinMillerTest()函数来完成素性检测。如果参数 level 大于 1，那么它还会再执行 10 轮的 RabinMillerTest()素性测试。

根据参数 level 的具体设置，按照上述规则依次检测参数 p 的素性。若所有的测试结果都表明它是一个素数，则返回 true；否则，返回 false。

以上这些函数均以概率型的方式判断参数 p(或参数 n)是否为一个素数。需要注意的是，尽量不要使用 IsFermatProbablePrime()函数和 IsLucasProbablePrime()函数去判断一个数的素性，可以考虑使用 IsStrongProbablePrime()函数和 IsStrongLucasProbablePrime()函数替代它们。

需要注意的是，IsPrime()函数在执行素性检测时，它在内部调用的是 IsStrongProbablePrime()和 IsStrongLucasProbablePrime()等函数。因此，它可以作为快速素性检测的候选方法。VerifyPrime()函数在执行素性检测时，它会在内部调用一次 IsPrime()函数或另外再调用若干次 RabinMillerTest()函数。因此，它也可以作为快速素性检测的候选方法。

从上面可以看出，VerifyPrime()函数做出的素性判断结果具有更高的可信度，其次是 IsPrime()函数，接下来 IsStrongProbablePrime()函数和 IsStrongLucasProbablePrime()函数，最后是 IsFermatProbablePrime()函数和 IsLucasProbablePrime()函数。

3. 产生特殊形式的素数

```
bool (Integer &p, const Integer &max, const Integer &equiv, const Integer &m,const PrimeSelector
    *pSelector) ;
```

该函数用于找到第一个满足如下条件的 x，即：

$$x \bmod m == equiv, \quad 其中，p \leqslant x \leqslant max$$

如果找到第一个满足上述条件的概率型素数后，通过参数 p 取回找到的值，并且函数返回 true；否则，p 的值未定义，函数返回 false。参数 max 表示在上述表达式中 x 可取的最大值，参数 equiv 表示要寻找的 x 所属的等价类，参数 m 表示等价类的模数，参数 pSelector 表示一个 PrimeSelector 类对象的地址，它可以是 LUCPrimeSelector 类对象或 RSAPrimeSelector 类对象。

除此之外，CryptoPP 库中还有另外两个类似的函数，但是帮助文档未给出相关的参数说明。它们的声明形式如下：

```
unsigned int PrimeSearchInterval (const Integer &max) ;

AlgorithmParameters MakeParametersForTwoPrimesOfEqualSize(unsigned int productBitLength);
```

11.4.2　数论常用算法

(1) 最大公约数(Greatest Common Divisor，GCD)：

```
Integer GCD (const Integer &a, const Integer &b) ;
```

计算参数 a 和 b 的最大公约数，函数返回计算的结果。

(2) 最小公倍数(Least Common Multiple，LCM)：

```
Integer LCM (const Integer &a, const Integer &b) ;
```

计算参数 a 和 b 的最小公倍数，函数返回计算的结果。

(3) 判断互素：

```
bool RelativelyPrime (const Integer &a, const Integer &b);
```

判断参数 a 和 b 是否互素。若这个数互素，则返回 true；否则，返回 false。

(4) 计算欧几里得乘法逆元：

```
Integer EuclideanMultiplicativeInverse (const Integer &a, const Integer &b);
```

若参数 a 模参数 b 的逆元存在，则返回计算的逆元，即返回 a^{-1}，其中 $a \cdot a^{-1} = 1 \bmod b$；否则，返回 0。

(5) 中国剩余定理(Chinese Remainder Theorem, CRT)：

```
Integer CRT (const Integer &xp, const Integer &p, const Integer &xq, const Integer &q, const
       Integer &u);
```

我们先看这样一个定理：当 p、q 是互素的两个正整数时，则对任意的整数 xp、xq，同余式组 $\begin{cases} x \equiv xp \bmod p \\ x \equiv xq \bmod q \end{cases}$ 一定有解且解是唯一的。当给定 xp、p、xq、q 以及 p 模 q 的逆元时，这个函数就可以计算方程组中 x 的值。其中，参数 xp 和 p 分别表示第一个数模 p 的值和模数 p，参数 xq 和 q 分别表示第二个数模 q 的值和模数 q，参数 u 表示 p 模 q 的逆元。这个函数返回最终计算的 x。需要注意的是，该函数要求 p、q 均为素数。

(6) 雅可比(Jacobi)符号：

```
int Jacobi (const Integer &a, const Integer &b);
```

计算 a 模 b 的 Jacobi 符号并返回计算的结果。特别的，当 b 为奇素数时，该函数等价于计算 a 模 b 的 Legendre 符号。此时，该函数可用于判断 a 是否为模 b 的二次剩余。

(7) Lucas 函数：

```
Integer Lucas (const Integer &e, const Integer &p, const Integer &n);
```

计算 Lucas 值并返回计算的结果，即 $V_e(p, 1) \bmod n$。

(8) 计算 Lucas 逆元：

```
Integer InverseLucas (const Integer &e, const Integer &m, const Integer &p, const Integer &q,
       const Integer &u);
```

计算 Lucas 逆元 x 并返回计算的结果，x 满足如下的表达式：

$$m = \text{Lucas}(e, x, p*q)$$

其中，p、q 均为素数；u 是 p 模 q 的逆元。

(9) 模乘法运算：

```
Integer ModularMultiplication (const Integer &x, const Integer &y, const Integer &m);
```

该函数能够计算 $(x*y) \bmod m$ 的值，并返回计算的结果。

(10) 模指数运算：

```
Integer ModularExponentiation (const Integer &x, const Integer &e, const Integer &m);
```

该函数能够计算 $(x^e) \bmod m$ 的值，并返回计算的结果。

(11) 模平方根运算：

```
Integer ModularSquareRoot (const Integer &a, const Integer &p);
```

若存在这样一个 x，使得 $x*x \equiv a \bmod p$ 成立，则函数返回 x 的值；否则，函数的返

回值为 $a*a \bmod p$。该函数要求参数 p 是一个素数。

(12) 计算模某个数的根：

Integer ModularRoot (const Integer &a, const Integer &dp, const Integer &dq, const Integer &p,

const Integer &q, const Integer &u) ;

若存在这样一个 x，使得 $a \equiv x^e \bmod p*q$ 成立，则该函数返回计算的 x。其中，p、q 均为素数，e 与 $(p-1)*(q-1)$ 互素，$dp \equiv d \bmod (p-1)$，$dq \equiv d \bmod (q-1)$。这里还要求 d 和 u 分别满足如下条件：

$$d \cdot e \equiv 1 \bmod (p-1)*(q-1)$$

$$u \cdot p \equiv 1 \bmod q$$

CryptoPP 库的帮助文档未说明当不存在这样的 x 时，函数的返回结果。

(13) 求解二次方程：

bool SolveModularQuadraticEquation (Integer &r1, Integer &r2, const Integer &a, const Integer &b, const Integer &c, const Integer &p) ;

计算是否存在这样的 x，使得 $ax^2 + bx + c \equiv 0 \pmod p$ 成立。如果方程有解，则函数返回 true，同时通过参数 $r1$ 和 $r2$ 取回方程的两个解，即 $r1 = x_1$，$r2 = x_2$。如果方程无解，则返回 false。

11.4.3　其他算法

下面的两个函数分别可以评估对给定的大整数进行因子分解或求解离散对数所需要的工作量，参数 bitlength 表示待评估的大整数的比特数，它们的返回值均表示执行相应的求解工作需要的运算次数(以 2 为底的对数)。

unsigned int FactoringWorkFactor (unsigned int bitlength) ;

unsigned int DiscreteLogWorkFactor (unsigned int bitlength) ;

11.4.4　产生素数有关的类

除了上述函数外，头文件 nbtheory.h 中还有另外两个类，它们分别是 PrimeSelector 类和 PrimeAndGenerator 类，前者详见 11.4.1 小节，后者常用来产生特殊形式的素数。PrimeAndGenerator 类中所有的成员函数如下所示：

PrimeAndGenerator ();

PrimeAndGenerator (signed int delta, RandomNumberGenerator &rng, unsigned int pbits);

PrimeAndGenerator (signed int delta, RandomNumberGenerator &rng,unsigned int pbits,unsigned qbits) ;

void Generate (signed int delta, RandomNumberGenerator &rng, unsigned int pbits, unsigned qbits);

const Integer & Prime () const;

const Integer & SubPrime () const;

const Integer & Generator () const;

PrimeAndGenerator 类利用随机数发生器产生随机的、满足如下条件的 p、q、g、r：

(1) 第一种形式：

　　　　PrimeAndGenerator (signed int delta, RandomNumberGenerator &rng, unsigned int pbits);

$$p = 2*q + \text{delta}$$

其中，参数 delta 只能是 1 或 -1，参数 p 和参数 q 均为素数，g 为模 p 群的生成元。

　　(2) 第二种形式：

　　　　PrimeAndGenerator (signed int delta, RandomNumberGenerator &rng, unsigned int pbits, unsigned qbits) ;

$$p = 2*r*q + \text{delta}$$

其中，参数 delta 只能是 1 或 -1，参数 p 和参数 q 均为素数，而参数 r 则不一定是素数，g 为模 p 群的生成元。

　　下面给出使用 PrimeAndGenerator 类产生特殊形式素数的示例：

```
#include<integer.h>                        //使用 Integer
#include<iostream>                         //使用 cout、cin
#include<osrng.h>                          //使用 AutoSeededRandomPool
#include<nbtheory.h>                       //使用 PrimeAndGenerator、VerifyPrime
using namespace std;                       // std 是 C++的命名空间
using namespace CryptoPP;                  // CryptoPP 是 CryptoPP 库的命名空间
int main()
{
    AutoSeededRandomPool rng;          // 定义随机数发生器对象
    // 定义 PrimeAndGenerator 对象，利用随机数发生器 rng 产生素数 p 和 q
    // 要求产生的 p 是 1024 比特的素数，q 是 512 比特的素数
    PrimeAndGenerator pag(1, rng, 1024, 512);
    Integer p = pag.Prime();                    //获取素数 p 的值
    Integer q = pag.SubPrime();                 //获取素数 q 的值
    Integer r = (p-1)/q/2;                      //计算 r 的值，因为 p=2*r*q+1, delta=1
    cout <<"p("<< p.BitCount() <<"): "<< p << endl;    //打印 p 的值及比特数
    cout <<"q("<< q.BitCount() <<"): "<< q << endl;    //打印 q 的值及比特数
    cout <<"r("<< r.BitCount() <<"): "<< r << endl;    //打印 r 的值及比特数
    if(VerifyPrime(rng,r,10))                   //验证 r 是否为素数
    {
        cout <<"r 是素数"<< endl;                //如果 r 为素数，则输出该信息
    }
    else
    {
        cout <<"r 不是素数"<< endl;              //如果 r 不为素数，则输出该信息
    }
    return 0;
}
```

　　执行程序，程序的输出结果如下：

p(1024)：

15104199250973000812865954682320435886679900960168778952285823197191093979611478029
17091812438548409996452582590752277573205493837468198208652614150476339427631586477
00158990912278657430713513248028412344933902914248063374214530363868098161997572836
89589809890668624827427064848155428700952651329859594235711.

q(512)：

71900750894981656376178081323857907751995632242494447476447011279868592892069976
18222203678026508983788346566662284374041405256127211299502226520156560243.

g(1023)：

65220114339011955689561415866240294395498234708554090332715574205084329615054620
79947317250647206471123106587547320746505806809137184262513911155452476754896103804
59346664937155383567132497071695746984067636401396612887220466497438439378384594203
91301958252245912439991373999774271941063749391448046105942

r(512)：

10503505918202590601813666065118282958032225566470149717317702095471008591620502
17101102128607967716751809505290632397524155002625200549999394956702890995.

r 不是素数

请按任意键继续. . .

需要注意的是，这种形式的素数通常较难找到，因此该算法执行的速度可能会很慢，另外还要求参数 qbits > 4 且 pbits > qbits。

在构造具体的密码方案时，为了使算法能够抵抗某些已知的攻击方法，常选用特殊形式的素数作为算法的参数，如强素数、安全素数等。例如，要求 RSA 算法的模是两个强素数的乘积，要求 Diffie–Hellman(DH)密钥协商算法的模是安全素数。

(1) 强素数。若 p 是一个大素数且 $p-1$ 和 $p+1$ 均有大的素因子，则称 p 是强素数。

(2) 安全素数。设 q 是一个素数，若 $p = 2 \times q + 1$ 也是素数，则称 p 是安全素数。

11.4.5 算法综合使用示例及习题

本小节讲解了 CryptoPP 库的头文件 nbtheory.h 提供的一些函数(算法)。这些函数(算法)对于构造具体的方案非常有用，它们常常作为实现具体密码方案的工具。如果直接使用库中已有的公钥密码算法，则通常不会显式地看到这些函数被使用。但是，当构造具体的方案时，它们就变得不可或缺。下面通过前面的函数(算法)来构造基于数论的 BBS 随机比特发生器。

(1) BBS(Blum-Blum-Shub)发生器是已经证明过的密码强度最高的伪随机数发生器，它的具体构造过程如下：

首先，选择两个大素数 p、q，它们满足 $p \equiv q \equiv 3 \pmod 4$，令 $n = p*q$。再选一个随机数 s，使得 s 与 n 互素。然后，按以下算法产生比特序列 $\{B_i\}$：

$$X_0 = s^2 \bmod n$$

$$\text{for } i = 1 \text{ to } \infty \text{ do } \{$$

$$X_i = X_{i-1}^2 \bmod n \, ;$$
$$B_i = X_i \bmod 2 \, \}$$

B_i 在每次循环中取 X_i 的最低有效位。

示例代码如下：

```
#include<iostream>              //使用 cout、cin
#include<nbtheory.h>           //使用数论等相关算法
#include<integer.h>            //使用 Integer
#include<osrng.h>              //使用 AutoSeededX917RNG
#include<aes.h>                //使用 AES 算法——构造随机数发生器
using namespace std;           // std 是 C++的命名空间
using namespace CryptoPP;      // CryptoPP 是 CryptoPP 库的命名空间
int main()
{
    //定义一个随机数发生器，用于产生随机的大整数
    AutoSeededX917RNG<AES> rng;
    Integer p, q, n;                        //定义 3 个大整数对象
    //产生 512 比特的大素数 p 和 q，并且要求 p = q = 3 mod 4
    while(true)
    {
        //利用随机数发生器产生 512 比特的随机数 p
        p.Randomize(rng, 512);
        //利用概率型算法检测大整数 p 是否满足要求
        if(VerifyPrime(rng, p, 10) && (p % 4 == 3))
            break;              //如果 p 为素数，并且满足模 4 余 3，则结束循环
    }
    while(true)                 //与选择参数 p 的原理一样
    {
        q.Randomize(rng, 512);
        if(VerifyPrime(rng, q, 10) && (q % 4 == 3))
            break;
    }
    n=p*q;                      //计算模数 n 的值
    Integer s, X;               // BBS 随机数发生器的种子
    while(true)
    {
        s.Randomize(rng, 512);          //产生一个 512 比特的随机种子
        if(RelativelyPrime(s, n))
            break;              //如果 s 与 n 互素，满足要求，则结束循环
    }
```

```
        X = ModularExponentiation(s,2,n);        //计算 X 的初值
        cout <<"p="<< p << endl;                  //打印输出 BBS 发生器的第一个素数
        cout <<"q="<< q << endl;                  //打印输出 BBS 发生器的第二个素数
        cout <<"n="<< n << endl;                  //打印输出 BBS 发生器的模数
        cout <<"s="<< s << endl;                  //打印输出 BBS 发生器的种子
        cout <<"产生 200 个随机比特: " ;
        for( int i=0; i < 200 ; ++i)
        {
            X = ModularExponentiation(X,2,n);     //迭代 X 的值
            if( X % 2 == 1)                        //判断 X 的最后 1 比特的值
                cout <<"1 " ;
        else
                cout <<"0 " ;
        }
        cout << endl ;
        return 0;
    }
```

执行程序，程序的输出结果如下：

p=1116339633151287884984307839290580823010713335959522306575318381131412179121080951268996180591792572389433544312348473329625891891609586797588034468440 3791.

q=30921933944237520583420805181756170320318351218619302311975235651321307414902 47385615558075024071757702270805935824571094441543245162324726935457506631007.

n=34519380395638470178974098010976861971178210935830189489370089029527527129311 9 3142134206332557700821547864220604190471212242378379747493664363557176479842150661 05 08025221088384757673957899993004161531060330940375127724645738298720568945252432741 64863377713681503030087784171890234397604185322084076828947537.

s=33842538549226591669035937226897950974247128895807837131078734864129770273404 8 176892650864490193001870891245940581054788758824355579402701492200108909106 4.

产生 200 个随机比特: 1 1 1 0 0 1 1 1 1 0 1 0 0 0 1 1 1 0 1 0 1 1 1 0 1 1 0 0 0 1 1 0 0 1 1 0 0 1 1 0 0 0 1 0 0 1 1 0 0 0 0 0 1 1 1 1 0 1 1 1 1 0 0 1 0 0 1 1 0 1 1 0 0 0 1 0 0 1 1 1 0 0 1 1 0 0 1 1 1 1 1 1 0 1 1 1 0 0 1 0 1 0 0 0 0 0 0 0 0 0 1 1 1 1 0 1 0 0 1 0 0 1 0 1 0 0 0 0 0 1 1 0 1 1 1 0 0 1 1 1 1 1 1 0 0 1 0 0 1 1 1 1 0 1 0 0 0 1 0 1 0 1 0 1 0 1 1 1 1 0 0 1 1 1 1 0 1 1 1 0 1 1 1 0 0 0 0 1 0 0 0 1 1 0 1 1 1 1 0

请按任意键继续. . .

本程序构造了一个模为 1024 比特的 BBS 随机数发生器，它使用 CryptoPP 库提供的大整数类和数论相关的算法。如果想改变该 BBS 随机数发生器的安全强度，只需更改示例程序中素数 p 和 q 的比特数即可。

(2) 在本小节的最后，留给读者一道练习题目——构造 Rabin 随机数发生器，它的具体描述如下：

设 $k \geqslant 2$ 是一个整数，在 $[2^k, 2^{k+1}]$ 之间均匀选择两个奇素数 p、q，它们满足 $p \equiv q =$

3 mod 4 (这个条件保证 −1 是模 p、q 的非平方剩余)，令 $n = p*q$。迭代公式如下：

$$X_i = \begin{cases} (X_{i-1})^2 \bmod n, & \text{如果}(X_{i-1})^2 \bmod n < n/2 \\ n-(X_{i-1})^2 \bmod n, & \text{如果}(X_{i-1})^2 \bmod n \geq n/2 \end{cases}$$

取

$$B_i = X_i \bmod 2, \quad i = 1, 2, \cdots$$

则 $\{B_i: \ i = 1, 2, \cdots$ 就是产生的随机比特序列。

为节省篇幅，此处没有给出本程序的源代码。欲获取本程序示例代码，详见附录中指定的链接。

11.5　CryptoPP 库中的代数结构

公钥密码涉及的数学运算主要包括加、减、乘、除等数学运算。与普通的算术运算不同，这里所说的数学运算指的是定义在特殊代数结构上的运算。这些代数结构主要包括群、环和域等，其中应用比较广泛的是有限域理论和方法。

11.5.1　群、环、域的定义

群、环、域都是代数结构，代数结构是对要研究的现象或过程建立起的一种数学模型，模型中包括要处理的数学对象的集合以及集合上的关系运算。运算可以是一元的也可以是多元的，可以有一个也可以有多个。

【定义 11.5.1】　若干(有限或无限多个)固定事物的全体称为一个集合。组成一个集合的事物叫做这个集合的元素。没有元素的集合称为空集合。一个非空集合 S 可以表示为：

$$S = \{a, b, c, \cdots\}$$

其中，$a, b, c, \cdots$ 称为集合 S 的元素。

【定义 11.5.2】　设 A、B、C 均为集合，称 $A \times B$ 到 C 的映射为一个 $A \times B$ 到 C 的代数运算。

通常，用符号 "$\circ$" 来表示两个元素 a 和 b 的代数运算，即：

$a \circ b = s$

其中，$a \in A, b \in B, s \in S$。

【定义 11.5.3】设 "$\circ$" 是集合 S 上的一种代数运算。若对 $\forall a, b \in S$，都有 $a \circ b \in S$ 成立，则称集合 S 对于代数运算 "$\circ$" 是封闭的。

【定义 11.5.4】　设 "$\circ$" 是集合 S 上的一种代数运算。若对 $\forall a, b, c \in S$，都有 $(a \circ b) \circ c = a \circ (b \circ c)$ 成立，则称集合 S 对于代数运算 "$\circ$" 满足结合律。

【定义 11.5.5】　设 G 是一个非空集合，"$\circ$" 是集合 G 上的代数运算。若对任意的 $a, b, c \in G$，满足：

(1) 封闭性：$a \circ b \in G$。

(2) 结合律：$a \circ (b \circ c) = (a \circ b) \circ c$。

则称集合 G 在代数运算 "$\circ$" 下构成半群。

【**定义 11.5.6**】　设 G 是一个非空集合，"∘"是集合 G 上的代数运算。若对任意的 $a,b,c\in G$，满足：

(1) 封闭性：$a\circ b\in G$。

(2) 结合律：$a\circ(b\circ c)=(a\circ b)\circ c$。

(3) 单位元：G 中至少存在一个元素 e，满足 $e\circ a=a\circ e=a$。

(4) 逆元素：G 中每个元素 a，都至少存在一个属于 G 中的元素 a^{-1}，使得

$$a\circ a^{-1}=a^{-1}\circ a=e$$

则称集合 G 在代数运算"∘"下构成群。若 G 是有限集合，则称群 G 是有限群；否则，称群 G 是无限群。如果 G 是有限群，那么 G 中的元素个数称为群的阶数。若群 G 中的元素对于运算"∘"还满足交换律，即对 $\forall a,b,c\in G$，有 $a\circ b=b\circ a$，则称群 G 为交换群或 Abel 群。若运算"∘"表示乘法，则称群 G 为乘法群，此时常将运算"∘"写成"*"；若运算"∘"表示加法，则称群 G 为加法群，此时常将运算"∘"写成"＋"，而将逆元 a^{-1} 写成 $-a$。

【**定义 11.5.7**】　设 R 是一个非空集合。对任意的 $a,b,c\in R$，若它上的二元运算加法"＋"和乘法"*"满足：

(1) R 对加法"＋"构成交换群，

(2) R 对乘法"*"构成半群，

(3) 乘法 * 在加法上可分配，即

$$a*(b+c)=a*b+a*c$$

和

$$(b+c)*a=b*a+c*a$$

则称集合 R 在代数运算"＋"和"*"下构成环。

【**定义 11.5.8**】　设 F 是一个非空集合。对任意的 $a,b,c\in F$，若它上的二元运算加法"＋"和乘法"*"满足：

(1) F 对加法"＋"构成交换群，

(2) 除加法单位元外，F 中的剩余元素对乘法"*"也构成交换群，

(3) 乘法 * 在加法上可分配，即有

$$a*(b+c)=a*b+a*c$$

和

$$(b+c)*a=b*a+c*a$$

则称集合 F 在代数运算"＋"和"*"下构成域。有限域是指域中元素个数有限的域，元素个数称为域的阶。若 q 是素数的幂，即 $q=p^r$，其中，p 是素数，r 是自然数，则阶为 q 的域称为 Galois 域，记为 $GF(q)$。

11.5.2　CryptoPP 库中的代数结构

从 CryptoPP 库的帮助文档可以发现，它提供的代数结构种类大致如下：

(1) Integer：定义于头文件 integer.h 中，它表示一种多精度的大整数。

(2) PolynomialMod2：定义于头文件 gf2n.h 中，它表示系数在 GF(2) 上的多项式。

(3) PolynomialOver<T>：定义于头文件 polynomi.h 中，它是一个类模板，可以表示

任意环上的单变量多项式。

(4) RingOfPolynomialsOver<T>：定义于头文件 polynomi.h 中，它是一个类模板，表示在另一个环上的多项式环。

(5) ModularArithmetic：定义于头文件 modarith.h 中，它表示由模 n 的同余类构成的环。

(6) MontgomeryRepresentation：定义于头文件 modarith.h 中，算术运算的 Montgomery 表示法，它可以提高算术运算的速度。

(7) GFP2_ONB<F>：定义于头文件 xtr.h 中，它表示有正规基的 GF(p^2)。

(8) GF2NP：定义于头文件 gf2n.h 中，它表示有多项式基的 GF(2^n)。

(9) GF256：定义于头文件 gf256.h 中，它表示有多项式基的 GF(256)。

(10) GF2_32：定义于头文件 gf2_32.h 中，它表示有多项式基的 GF(2^{32})。

(11) EC2N：定义于头文件 ec2n.h 中，它表示 GF(2^n)上的椭圆曲线。

(12) ECP：定义于头文件 ecp.h 中，它表示 GF(p)上的椭圆曲线，这里要求 p 是一个素数。

11.5.3　使用 CryptoPP 库中的代数结构

由 11.5.1 小节的内容可知，不同的代数结构支持不同类型的运算。CryptoPP 库中的代数结构都支持这些基本的运算，并且以成员函数或运算符重载的形式提供给用户。对于某些代数结构而言，除了基本的加、减、乘、除运算外，它们还支持单位元、零元的判断、逆元、左移或右移的计算等，它们的使用方法都很简单。下面以代数结构 ECP 和 PolynomialMod2 为例，演示它们的使用方法。

1. 示例一：使用代数结构 ECP

代数结构 ECP 表示系数在有限域 GF(p)上的椭圆曲线(p 是一个素数)。它在密码学上被广泛使用，对应的数学表达式为

$$y^2 = x^3 + ax + b$$

其中，$a, b \in \mathrm{GF}(p)$，$4a^3 + 27b^2 \neq 0$。将有限域 GF(p)上的椭圆曲线简记为 $E_p(a, b)$。

题目要求：设 $P = (3, 10)$，$Q = (9, 7)$均为椭圆曲线 $E_{23}(1, 1)$上的两点，利用编程计算 $P+Q$、$10P$、P 的逆元以及椭圆曲线 $E_{23}(1, 1)$的单位元。

示例代码如下：

```
#include<iostream>                          //使用 cout、cin
#include<ecp.h>                             //使用 ECP
using namespace std;                        //使用 C++标准命名空间 std
using namespace CryptoPP;                   //使用 CryptoPP 库的命名空间
int main()
{
    ECP ecp(23, 1, 1);                      //定义一个 ECP 对象
    ECP::Point P(3, 10);                    //定义 ecp(23, 1, 1)对象上的点 P
    ECP::Point Q(9, 7);                     //定义 ecp(23, 1, 1)对象上的点 Q
    ECP::Point pResult = ecp.Add(P, Q);     //获得点 P 和点 Q 相加的结果
```

```
cout <<"Add(P,Q).x = "<< pResult.x << endl;
cout <<"Add(P,Q).y = "<< pResult.y << endl;
pResult = ecp.ScalarMultiply(P, Integer(10) );          //计算 10*P 的结果
cout <<"ScalarMultiply(P, Integer(10) .x = "<< pResult.x << endl;
cout <<"ScalarMultiply(P, Integer(10) .y = "<< pResult.y << endl;
ECP::Point identify = ecp.Identity();                   //获得 ecp(23, 1, 1)的单位元
cout <<"identify.x = "<< identify.x << endl;
cout <<"identify.y = "<< identify.y << endl;
ECP::Point inverse = ecp.Inverse(P);                    //计算点 P 的逆元
cout <<"Inverse(P).x = "<< inverse.x << endl;
cout <<"Inverse(P).y = "<< inverse.y << endl;
return 0;
}
```

执行程序，程序的输出结果如下：

```
Add(P,Q).x = 17.
Add(P,Q).y = 20.
ScalarMultiply(P, Integer(10) .x = 6.
ScalarMultiply(P, Integer(10) .y = 4.
identify.x = 0.
identify.y = 0.
Inverse(P).x = 3.
Inverse(P).y = 13.
请按任意键继续. . .
```

该示例代码比较简单，此处不再解释说明。读者可以参考 CryptoPP 库的帮助文档，获得 ECP 类的详细说明。

2. 示例二：使用代数结构 PolynomialMod2

已知集合 $Z_m = \{0, 1, 2, \cdots, (m-1)\}$ 对模 m 的加法和乘法构成域的充分必要条件是 m 为素数。当 m(如 $m = 8$)为合数时，集合 Z_m 中的每个元素都有加法逆元，而有些元素则不存在乘法逆元，并且有些元素的乘法运算还存在零因子。表 11.1 是模 8 的乘法运算表。

表 11.1 模 8 的乘法运算表

	0	1	2	3	4	5	6	7	逆元素
0	0	0	0	0	0	0	0	0	—
1	0	1	2	3	4	5	6	7	1
2	0	2	4	6	0	2	4	6	—
3	0	3	6	1	4	7	2	5	3
4	0	4	0	4	0	4	0	4	—
5	0	5	2	7	4	1	6	3	5
6	0	6	4	2	0	6	4	2	—
7	0	7	6	5	4	3	2	1	7

此时，可以利用已知的域构造具有其他元素的域。我们知道，集合

$$GF(2^3) = GF_2[x]_{(x^3+x+1)} = \{0, 1, x, x+1, x^2, x^2+1, x^2+x, x^2+x+1\}$$

上的多项式运算(加法和乘法)构成域。其中，多项式运算模多项式 $m(x) = x^3 + x + 1$，系数的运算模 2。集合 Z_8 中的元素可用二进制表示如下：

$$Z_8 = \{000, 001, 010, 011, 100, 101, 110, 111\}$$

建立 $GF(2^3)$ 到 Z_8 的同构映射：

$$\phi_1 : a_2x^2 + a_1x + a_0 \rightarrow (a_2a_1a_0)_2$$

即 Z_8 中的两个元素 $(a_2a_1a_0)$ 与 $(b_2b_1b_0)$ 的乘法运算是通过多项式 $a_2x^2 + a_1x + a_0$ 和 $b_2x^2 + b_1x + b_0$ 的乘法得到的(多项式模 $x^3 + x + 1$，系数模 2)。例如，计算 $100 \otimes 101$，首先按照映射 ϕ_1 将 100 和 101 转化成 $GF_2[x]_{(x^3+x+1)}$ 中的多项式：

$$\phi_1 : 100 \leftrightarrow x^2, 101 \leftrightarrow x^2 + 1$$

然后，按照多项式的运算规则，做如下的运算：

$$x^2 \otimes (x^2 + 1) = (x^2(x^2+1))_{(x^2+x+1)} = x$$

而 $x \leftrightarrow 010$，所以有

$$100 \otimes 101 = (010)_2 = 2$$

题目要求：利用域的同构性质，尝试构造集合 Z_8 上的域，并用编程打印集合中元素的乘法运算表。

示例代码如下：

```
#include<iostream>              //使用 cout、cin
#include<gf2n.h>                //使用 PolynomialMod2
#include<iomanip>               //使用 setw(4)、setiosflags(ios::right)
#include<integer.h>             //使用 Integer
#include<secblock.h>            //使用 SecBlockByte
using namespace std;            //使用 C++标准命名空间 std
using namespace CryptoPP;       //使用 CryptoPP 库的命名空间
//功能：打印多项式及其对应的长整型数
// i_ploy：待转换的多项式
//返回值：无
void ConvertPolyToLong(const PolynomialMod2& i_poly)
{
    SecByteBlock buffer(i_poly.ByteCount());   //定义 SecByteBlock 对象
    Integer n_decimal;                         //定义 Integer 对象
    i_poly.Encode(buffer, buffer.size());      //将多项式表示的字节型数据存储于 buffer
    n_decimal.Decode(buffer, buffer.size());   //将 buffer 中的字节型数据解析成大整数
    long n = n_decimal.ConvertToLong();        //将大整数转换成 long 类型数据
    cout << setw(4) << setiosflags(ios::right) << i_poly
```

```
            <<"("<< n <<")"<<" ";                      //打印多项式及其对应的整数
        }
        int main()
        {
            const PolynomialMod2 tri_poly_mod(11, 4);               //表示多项式 x^3+x+1
            cout <<"tri_poly_mod="<< tri_poly_mod << endl;          //打印多项式
            cout <<"打印多项式模 x^3+x+1，系数模 2 的乘法运算表"<< endl;
            for (int i = 0; i < 8; ++i)
            {//依次打印 0~7 对应的多项式(第一行)
                PolynomialMod2 i_poly(i, 3);
                ConvertPolyToLong(i_poly);             //打印多项式 i_poly 及其对应的整数
            }
            cout << endl;                              //换行
            for (int i = 0;i < 8; ++i)
            {
                //下面两行代码实现依次打印 0~7 对应的多项式(第一列)
                PolynomialMod2 i_poly(i,3);            //定义多项式
                ConvertPolyToLong(i_poly);             //打印多项式 i_poly 及其对应的整数
                for (int j = 0; j < 8; ++j)
                {//打印多项式模 x^3+x+1，系数模 2 的乘法表
                    PolynomialMod2 j_poly(j,3);        //定义多项式
                    PolynomialMod2 mod_result = (i_poly * j_poly).Modulo(tri_poly_mod);
                    ConvertPolyToLong(mod_result);   //打印多项式 mod_result 及其对应的整数
                }
                i_poly += PolynomialMod2::One();       //多项式累加 1
                cout << endl;                          //换行
            }
            cout <<"打印多项式模 x^3+x+1，系数模 2 的元素的逆元"<< endl;
            for (int i = 1; i < 8; ++i)
            {
                PolynomialMod2 i_poly(i, 3);           //定义多项式
                ConvertPolyToLong(i_poly);             //打印多项式 i_poly 及其对应的整数
                PolynomialMod2 i_poly_inver = i_poly.InverseMod(tri_poly_mod); //计算乘法逆元
                ConvertPolyToLong(i_poly_inver);       //打印多项式 i_poly_inver 及其对应的整数
                cout << endl;                          //换行
            }
            return 0;
        }
```

执行程序，程序的输出结果如下：

tri_poly_mod=1011b

打印多项式模 x^3+x+1，系数模 2 的乘法运算表

	0b(0)	1b(1)	10b(2)	11b(3)	100b(4)	101b(5)	110b(6)	111b(7)
0b(0)	0b(0)	0b(0)	0b(0)	0b(0)	0b(0)	0b(0)	0b(0)	0b(0)
1b(1)	0b(0)	1b(1)	10b(2)	11b(3)	100b(4)	101b(5)	110b(6)	111b(7)
10b(2)	0b(0)	10b(2)	100b(4)	110b(6)	11b(3)	1b(1)	111b(7)	101b(5)
11b(3)	0b(0)	11b(3)	110b(6)	101b(5)	111b(7)	100b(4)	1b(1)	10b(2)
100b(4)	0b(0)	100b(4)	11b(3)	111b(7)	110b(6)	10b(2)	101b(5)	1b(1)
101b(5)	0b(0)	101b(5)	1b(1)	100b(4)	10b(2)	111b(7)	11b(3)	110b(6)
110b(6)	0b(0)	110b(6)	111b(7)	1b(1)	101b(5)	11b(3)	10b(2)	100b(4)
111b(7)	0b(0)	111b(7)	101b(5)	10b(2)	1b(1)	110b(6)	100b(4)	11b(3)

打印多项式模 x^3+x+1，系数模 2 的元素的逆元

1b(1)	1b(1)
10b(2)	101b(5)
11b(3)	110b(6)
100b(4)	111b(7)
101b(5)	10b(2)
110b(6)	11b(3)
111b(7)	100b(4)

请按任意键继续...

该示例代码比较简单，此处不再解释说明。读者可以参考 CryptoPP 库的帮助文档获得 PolynomialMod2 类的详细说明。需要注意的是，为了阅读的便利，编者将本程序的输出结果进行了手工对齐。将多项式乘法运算进行整理，得到模 8 的乘法运算表，如表 11.2 所示。

表 11.2　模 8 的乘法运算表

⊗	000(0)	001(1)	010(2)	011(3)	100(4)	101(5)	110(6)	111(7)
000(0)	000(0)	000(0)	000(0)	000(0)	000(0)	000(0)	000(0)	000(0)
001(1)	000(0)	001(1)	010(2)	011(3)	100(4)	101(5)	110(6)	111(7)
010(2)	000(0)	010(2)	100(4)	110(6)	011(3)	001(1)	111(7)	101(5)
011(3)	000(0)	011(3)	110(6)	101(5)	111(7)	100(4)	001(1)	010(2)
100(4)	000(0)	100(4)	011(3)	111(7)	110(6)	010(2)	101(5)	001(1)
101(5)	000(0)	101(5)	001(1)	100(4)	010(2)	111(7)	011(3)	110(6)
110(6)	000(0)	110(6)	111(7)	001(1)	101(5)	011(3)	010(2)	100(4)
111(7)	000(0)	111(7)	101(5)	010(2)	001(1)	110(6)	100(4)	011(3)

表 11.2 括号 "( )" 中的十进制数表示在新的映射下模 8 的乘法的运算结果，括号前面的二进制数据则表示它对应的多项式。通过程序输出结果和表 11.2 可以看出，在新的映射下每个元素都有逆元，并且不存在零元，每个元素出现的频率相同。

11.6　密码学中的困难问题

公钥密钥系统是基于某些数学困难问题而建立起来的密码系统。公钥密码系统中常见的困难问题如下：

(1) 整数分解问题：给定一个正整数 n，寻找它的素因子是困难的，即 $n = p_1^{e_1} p_2^{e_2} \cdots p_i^{e_i}$，其中 p_i 是两两互不相同的素数且 $e_i > 0$。

(2) RSA 问题：给定正整数 n、e、c，寻找一个满足 $c \equiv m^e \bmod n$ 的正整数 m 是困难的。其中，n 是两个奇素数 p、q 的乘积($n = p \times q$)，$\gcd(e, (p-1)(q-1)) = 1$。

(3) 二次剩余问题：给定一个奇合数 n 和一个整数 a，并且有雅可比符号 $\left(\dfrac{a}{n}\right) = 1$，判定 a 是否为模 n 的二次剩余是困难的。

(4) 模 n 的平方根问题：给定一个合数 n 和一个整数 $a \in Q_n$ (Q_n 是模 n 的二次剩余集合)，寻找 a 模 n 的平方根是困难的，也即找到一个整数 x 满足 $x^2 \equiv a \pmod{n}$ 是困难的。

(5) 离散对数问题：给定一个素数 p、Z_p^* 的生成元 g 和 Z_p^* 中的任意元素 e，寻找一个整数 x 满足 $g^x \equiv \beta \pmod{p}$ 是困难的。其中，$0 \leqslant x \leqslant p-2$。

(6) 广义离散对数问题：给定一个 n 阶的有限循环群 G，并且已知它的生成元为 g 和它的任一元素 β，寻找一个整数 x 满足 $g^x \equiv \beta$ 是困难的。其中，$0 \leqslant x < n-1$。

(7) Diffie-Hellman 问题：给定一个素数 p 和 Z_p^* 的一个生成元 g，当已知元素 $g^a \bmod p$ 和元素 $g^b \bmod p$ 时，计算 $g^{ab} \bmod p$ 是困难的。

(8) 广义 Diffie-Hellman 问题：给定一个有限循环群 G 和它的生成元 g，当已知群元素 g^a 和 g^b 时，计算 g^{ab} 是困难的。

(9) 子集求和问题：给定一个正整数集合 $\{a_1, a_2, \cdots, a_n\}$ 和一个正整数 s，确定是否存在一个和等于 s 的集合 a_i 是困难的。

在 CryptoPP 库中，这些困难问题常建立于特定的代数结构上。同一个困难问题，可以实现于多个不同的代数结构。例如，对于 Diffie-Hellman 密钥协商算法(基于求解离散对数的困难性)，即可实现于传统的整数域(如 CryptoPP 库的 DH 算法上)，也可实现于椭圆曲线域(如 CryptoPP 库的 ECDH 算法上)。

CryptoPP 库逐步实现了公钥密码系统所必需的各个组件，它们层次分明、结构清晰，如图 11.1 所示。图中描绘了 CryptoPP 库中大整数 Integer 类、常用的数论算法、各种代数结构、常见的数学困难问题以及公钥密码算法之间的关系。其中，上层的算法服务于下层的算法，最终的目标是实现公钥密码算法。图中的每一层都由许多的算法组成。对于库的使用者而言，位于上层的算法几乎不会被使用，而位于最下层的算法则会被直接使用。当我们使用 CryptoPP 库中已有的公钥密码算法时，直接使用最终被封装的类或类模板即可。例如，若读者想使用 RSA 公钥加密算法(简称 RSA 算法)，则只需先用 RSAES 类模板实例化一个类对象，然后调用该对象的相应成员函数，即可实现消息的加密和解

密。对于库的开发者来说，他必须使用上层的算法以实现最终的目标算法。当我们要向
CryptoPP 添加一个新的公钥密码算法时，就必须使用上层算法来实现这个目标算法。

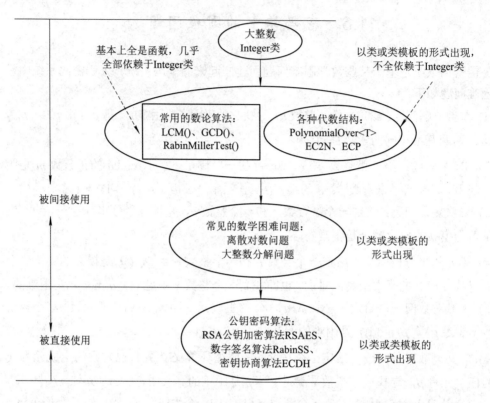

图 11.1　CryptoPP 库中公钥密码系统各个组件之间的关系

11.7　小　　结

本章介绍了 CryptoPP 库中与公钥密码系统相关的基本算法，主要包括大整数 Integer
类、常用的数论算法、各种代数结构等，它们是构建公钥密码系统的基石。通常，若我
们只使用库中已有的算法，则这些算法不会被用到。然而，若我们要向库中添加新的算
法或者做一些科研方面的实验，则这些算法会变得非常有用。在本章的每个小节中，编
者均给出了相应的示例代码。读者可以根据这些示例代码，举一反三，尝试使用其他的
算法。

第 12 章 公 钥 加 密

相对于对称密码来说，公钥密码是一个新的密码学概念。原因有两点：第一点在于实现技术上，在公钥密码之前所有的密码方案都是基于置换和代换实现的，而公钥密码是利用数论函数实现的。第二点在于所使用的密钥，在对称密码中通信双方使用相同的密钥，而在公钥密码中通信双方使用不同的密钥，这对密钥的保密性、分配以及认证都有着重要的影响。因此可以说，公钥密码的出现在密码学具有里程碑意义。

公钥密码体制主要应用于签名和密钥管理，前者见第 13 章，后者见第 14 章。本章主要讲解公钥加密(Public Key Encryption)系统。

12.1 基 础 知 识

与对称加密不同，公钥加密算法的密钥有两个不同的、相互关联的密钥组成，一个密钥用于加密，另一个用于解密。公钥加密算法通常有如下的特点：

(1) 根据加密算法和加密密钥来推导解密密钥在计算上是不可行的。

(2) 用公钥完成加密，而用私钥实现解密。

公钥加密系统的模型如图 12.1 所示。其主要由明文、公钥、私钥、加密算法、密文、解密算法这几个部分组成，它们的含义分别如下：

(1) 明文：原始的待处理或加密的数据，可以是可理解的消息，也可以是任何需要保密的数据信息。

(2) 公钥和私钥：它们两者密切相关，公钥用于加密，而私钥用于解密。

(3) 加密算法：执行对明文的各种变换，同时根据明文产生密文。

(4) 密文：加密算法的输出被称为密文。密文依赖于被加密的消息和所使用的密钥。对于给定的消息，使用不同密钥将产生不同的密文。同样的，对于特定的密钥，加密的消息不同产生的密文也不相同。

(5) 解密算法：与加密算法相对应，它可以在私钥的作用下从密文中恢复出原始的明文。

图 12.1　公钥加密系统的模型

公钥加密算法的执行步骤如下：

(1) 发送方使用接收方的公钥对明文消息进行加密，并将明文的加密结果(密文)发送给接收方。

(2) 接收方使用私钥对密文进行解密，并从密文中恢复出原始的明文。

下面以经典的 RSA 算法为例来描述公钥加密算法的执行过程。

1. 产生密钥

① 接收方 B 选择两个保密的大素数 p 和 q。

② B 根据选择的两个大素数做如下的计算：

$$n = p \times q, \quad \varphi(n) = (p-1) \times (q-1)$$

其中，$\varphi(n)$ 是 n 的欧拉函数。

③ B 选择一个随机数 e，满足 $1 < e < \varphi(n)$，$\gcd(\varphi(n), e) = 1$。

④ B 计算 e 模 $\varphi(n)$ 的乘法逆元 d，满足 $d \cdot e \equiv 1 \bmod \varphi(n)$。由于 e 和 $\varphi(n)$ 互素，所以它的乘法逆元一定存在。

⑤ B 将 $\{d, n\}$ 保密，公开 $\{e, n\}$。

2. 加密

发送方 A 对明文表示的比特串进行分组，使得每个分组对应的十进制数都小于 n，即分组长度小于 $\log_2^n$。然后，对每个明文分组 m 做如下的加密运算：

$$c \equiv m^e \bmod n$$

其中，c 表示明文 m 对应的密文。

3. 解密

接收方 B 收到密文后对密文做如下的解密运算：

$$c = c^d \bmod n$$

RSA 算法的困难性基于大整数分解，任何人在仅知道公钥 $\{e, n\}$ 的情况下，无法从密文 c 中恢复出对应的明文 m。

12.2　CryptoPP 库中的公钥加密算法

CryptoPP 库提供了几种公钥加密算法，如表 12.1 所示。

表 12.1　CryptoPP 库中的公钥加密算法

公钥加密算法的名字	所在的头文件	基于的数学困难问题
DLIES	gfpcrypt.h	离散对数
ECIES	eccrypto.h	椭圆曲线上的离散对数
LUCES	luc.h	离散对数
RSAES	rsa.h	大整数分解
RabinES	rabin.h	大整数分解
LUC_IES	luc.h	离散对数

除了表 12.1 中的公钥加密算法外，CryptoPP 库还有 ElGamal 相关的加密算法、密钥协商算法以及数字签名算法。ElGamal 公钥密码系统是 CryptoPP 库最早提供的密码系统之一，它出现于 1.0 版本中。其中，ElGamal 类封装了 ElGamal 加密算法，这个加密算法没有可用的标准填充方案，ElGamalKeys 类封装了 ElGamal 密钥协商算法，这两个算法均定义于头文件 elgamal.h。CryptoPP 库没有实现 Taher ElGamal 提出的 ElGamal 数字签名算法，它实现了改进版的 ElGamal 数字签名算法，这个改进的算法由 Nyberg 和 Rueppel 提出并被 IEEE P1363 进行了标准化，这个数字签名算法被命名为 NR，定义于头文件 gfpcrypt.h 中。

CryptoPP 库的这些公钥加密算法大致分为两类：一类是集成公钥加密方案(Integrated Encryption Scheme，IES)；另一类是非集成公钥加密方案(Encryption Scheme, ES)。由表 12.1 可以看出，集成加密方案的名字都有后缀 IES，非集成加密方案的名字都有后缀 ES。在下一章会看到，如果算法名字的最后两个字母是 SS，那么表示该算法是用来签名的，SS 即 "Signature Scheme" 的缩写。这是为了区别基于某一方案的加密算法和签名算法。例如，RSAES 和 RSASS 分别表示基于 RSA 的加密算法和签名算法。类似地，在 CryptoPP 库的 pubkey.h 头文件中定义的类，也采用了这种命名规则。例如，字母 PK 是 "Public Key" 的缩写，以这两个字母开头的类均和公钥密码相关。字母 TF 是 "Trapdoor Function" 的缩写，表示该类和陷门函数相关。字母 DL 是 "Discrete Log" 的缩写，表示该类和离散对数相关。

集成加密也被称为混合加密，在选择明文攻击和选择密文攻击下，它仍能够保证语义安全。集成加密方案有两个标准，它们分别是离散对数集成加密方案(Discrete Logarithm Integrated Encryption Scheme，DLIES)和椭圆曲线集成加密方案(Elliptic Curve Integrated Encryption Scheme，ECIES)，后者也称为椭圆曲线加密方案的扩展。

下面以椭圆曲线集成加密方案(算法)为例，描述此类算法的执行过程。

1. 前提要求

A 为了向 B 发送一个加密的消息，A 需要知道如下的信息：

(1) 需要密钥派生函数(Key Derivation Function, KDF)、消息认证码(Message Authentication Code, MAC)和对称加密算法(E 表示加密，D 表示解密)等密码学组件。

(2) 需要知道一个素数域上的椭圆曲线参数(p, a, b, G, n, h)或者一个二元域上的椭圆曲线参数(m, $f(x)$, a, b, G, n, h)。

(3) A 还需要知道 B 的公钥 K_B，其中，$K_B = k_B G$，k_B ($k_B \in [1, n-1]$)是 B 随机选择的一个私钥。

(4) 两个可选的共享信息 S_1 和 S_2。

(5) O 表示椭圆曲线上的无穷远点。

2. 加密

为了加密一个消息 m，发送方 A 需要做如下的运算：

(1) 产生一个随机数 r ($r \in [1, n-1]$)，并计算 $R = rG$。

(2) 派生一个共享的秘密信息：$S = P_x$，其中，$P = (P_x, P_y) = rK_B$，并且 $P \neq O$。

(3) 根据秘密信息值，使用 KDF 派生所需长度的密钥，分别将它作为对称密码算法和消息认证码算法的密钥：$K_E \| K_M = \text{KDF}(S \| S_1)$。

(4) 加密消息：$c = E(k_E; m)$。

(5) 计算被加密消息的标签：$d = \mathrm{MAC}(k_M; c \parallel S_2)$。

(6) 输出 $R \parallel c \parallel d$。

3. 解密

为了加密 $R \parallel c \parallel d$，接收方 B 需要做如下的运算：

(1) 派生一个共享的秘密信息：$S = P_x$，其中，$P = (P_x, P_y) = k_B R$，这与发送方 A 的计算类似，即 $P = k_B R = k_B rG = rk_B G = rk_B$，或者当 $P = O$ 时，输出失败。

(2) 派生两个与 A 一样的密钥：$K_E \parallel K_M = \mathrm{KDF}(S \parallel S_1)$。

(3) 使用 MAC 算法去验证标签。如果 $d = \mathrm{MAC}(k_M; c \parallel S_2)$，那么继续执行解密；否则输出失败。

(4) 使用对称加密算法完成解密：$m = D(k_E; c)$。

从上面的描述可以看出，一个集成公钥加密系统使用的密码学组件有：密钥协商算法(详见第 14 章)、密钥派生算法(详见第 10 章)、对称加密算法(详见第 7、8 章)和消息认证码算法(详见第 9 章)。由于集成加密算法使用公钥加密算法完成密钥的配送，而使用对称密码算法实现对数据的加密。因此，它不但解决了对称密码系统密钥配送的难题，而且还解决了公钥加密算法速度慢的问题。又因为它使用了 KDF 算法和 MAC 算法，所以它不仅保证了密钥协商相关参数的安全，而且还能够对传输的数据提供完整性校验。密钥协商、KDF 和 MAC 算法在集成公钥加密系统中的关系如图 12.2 所示。

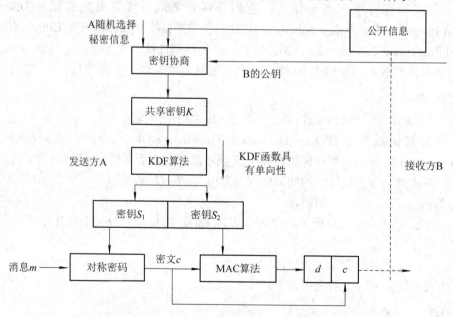

图 12.2　密钥协商、KDF 和 MAC 等算法在集成公钥加密系统中的关系

12.3　使用 CryptoPP 库中的公钥加密算法

CryptoPP 库中公钥加密算法的构造相当复杂，不过它们使用起来则非常简单。

CryptoPP 库用模板来表示常用的公钥密码系统框架，并用具体的代数结构、陷门函数、密钥派生函数、MAC 算法、Hash 函数等逐层实例化这些公钥密码系统类模板，从而得到特定规格的公钥密码算法。程序库的开发者采用这样的设计方式主要有两方面的原因：一是满足用户对密码算法的定制性需求，例如，通过类模板设计一些加密或者签名算法的框架，让用户根据具体的需要选择合适的算法模块来实例化它。二是使库的开发和维护更加容易、方便。

CryptoPP 库中公钥加密算法复杂的主要原因是，它涉及的类非常多，读者可以查看CryptoPP 库的帮助文档(建议先仔细阅读完本章内容后，再查看帮助文档)。然而，组成公钥加密系统"骨架"的类却并不多。与对称密码系统不同，公钥加密系统使用不同的密钥且加密和解密过程并非执行互逆的操作。因此，需要使用两个不同的类表示公私钥，使用另外两个不同的类表示加密器和解密器。公钥加密算法以 PK_Encryptor 为所有加密算法的基类，以 PK_Decryptor 为所有解密算法的基类。

通常在使用一个公钥加密算法执行加、解密前，我们需要完成以下几个操作：

(1) 定义公钥对象(加密算法使用)或者私钥对象(解密算法使用)。

(2) 初始化公(私)钥对象。

(3) 定义加密(解密)器对象。

(4) 使用被初始化过的公(私)钥对象去初始化加密(解密)器对象。

(5) 使用加密(解密)器对象完成数据的加(解)密工作。

下面以非集成公钥加密算法 RSAES 和集成公钥加密算法 ECIES 为例，说明CryptoPP 库中公钥加密算法的使用方法。

12.3.1 示例一：使用非集成公钥加密算法 RSAES

1. 产生密钥

与使用 CryptoPP 库中的对称密码算法一样，在使用公钥加密算法前也必须先产生密钥对。公钥加密算法的公私钥均以类的形式被封装了起来，通过 typedef 的形式定义在该类名表示的结构体内。RSA 类在头文件 rsa.h 中的定义如下：

```
struct   RSA
{
    const char*   StaticAlgorithmName() {return "RSA";}
    typedef RSAFunction PublicKey;
    typedef InvertibleRSAFunction PrivateKey;
};
```

其中，PublicKey 和 PrivateKey 分别表示 RSA 算法的公私钥。因此，可以通过下面的方式来定义 RSA 算法的公钥和私钥对象：

```
RSA::PublicKey pubkey;                          //定义 RSA 算法公钥对象
RSA::PrivateKey prikey;                         //定义 RSA 算法私钥对象
```

接下来，我们可以使用 RSA::PrivateKey 类或 InvertibleRSAFunction 类提供的成员函数初始化私钥对象。如果要产生随机的私钥参数，那么可以使用成员函数

GenerateRandomWithKeySize():

    AutoSeededRandomPool　rng;　　　　　　　　　//定义一个随机数发生器对象

    prikey.GenerateRandomWithKeySize(rng,1024);　　//产生 1024 比特的私钥

  或者使用成员函数 Initialize():

    AutoSeededRandomPool　rng;　　　　　　　　　//定义一个随机数发生器对象

    prikey.Initialize(rng,1024);　　　　　　　　　//产生 1024 比特的私钥

    由于私钥比公钥包含的信息多(私钥类继承自公钥类)，所以可以通过私钥类对象来创建公钥类对象:

    RSA::PrivateKey prikey;　　　　　　　　　//定义 RSA 算法私钥对象

    //执行私钥的初始化...

    RSA::PublicKey pubkey(prikey);　　　　　　//通过私钥对象来创建公钥对象

  或者使用成员函数 AssignFrom()，重新设置一个已存在的公钥对象:

    RSA::PrivateKey prikey;　　　　　　　　　//定义 RSA 算法私钥对象

    //执行私钥的初始化...

    RSA::PublicKey pubkey;　　　　　　　　　//定义 RSA 算法公钥对象

    pubkey.AssignFrom(prikey);　　　　　　　　//根据私钥重新设置公钥对象

    如果有现成的公钥$\{n, e, d\}$和私钥$\{n, e\}$，还可以使用公钥类 RSA::PublicKey 和私钥类 RSA::PrivateKey 提供的重载成员函数 Initialize()，去初始化已经创建的公私钥类对象。例如:

    Integer n,e,d;

    //完成参数的初始化...

    RSA::PublicKey pubkey;　　　　//定义 RSA 算法公钥对象

    RSA::PrivateKey prikey;　　　　//定义 RSA 算法私钥对象

    prikey.Initialize(n,e,d);　　　　//初始化私钥对象

    pubkey.Initialize(n,e);　　　　　//初始化公钥对象

    我们可以使用成员函数 Load()从一个 BufferedTransformation 类对象中加载密钥，也可以使用成员函数 Save()将一个密钥保存到 BufferedTransformation 类对象中。例如:

    RSA::PrivateKey prikey;　　　　//定义 RSA 私钥对象

    //…

    HexEncoder hFilter(new FileSink("prikey.txt"));

    prikey.Save(hFilter);　　　　　　//以十六进制数的形式将私钥保存至 prikey.txt 文件中

    关于 BufferedTransformation 类及其子类的使用方法，详见第 4 章 4.4 节的相关内容。初始化公钥类(不限于 RSA 算法)对象的方法还有很多，详见 CryptoPP 库的帮助文档。

2. 定义加密器或解密器对象

    在 CryptoPP 库中，通过使用 RSAES 类，用户可以定制含有不同填充方式的 RSA 算法。RSAES 是一个类模板，它在头文件 rsa.h 中的定义如下:

    template <class STANDARD>

    struct RSAES : public TF_ES<RSA, STANDARD>

```
    {
    };
```

它的模板参数 STANDARD 代表该算法所采用的填充标准。通过指定不同的模板参数，用户可以实例化出符合不同标准的 RSA 加密算法。RSAES 类模板会用 STANDARD 参数去实例化 TF_ES 类模板，TF_ES 类在头文件 pubkey.h 中的定义如下：

```
    template <class KEYS, class STANDARD, class ALG_INFO = TF_ES<KEYS, STANDARD,
    int >> class TF_ES : public KEYS
    {
        typedef typename STANDARD::EncryptionMessageEncodingMethod MessageEncodingMethod;
    public:
        typedef STANDARD Standard;
        typedef TF_CryptoSchemeOptions<ALG_INFO, KEYS, MessageEncodingMethod> SchemeOptions;
        static std::string    CryptoPP_API StaticAlgorithmName()
        {
            return std::string(KEYS::StaticAlgorithmName()) + "/" +
                MessageEncodingMethod::StaticAlgorithmName();
        }
        typedef PK_FinalTemplate<TF_DecryptorImpl<SchemeOptions>> Decryptor;
        typedef PK_FinalTemplate<TF_EncryptorImpl<SchemeOptions>> Encryptor;
    };
```

由此可以看到，TF_ES 类模板继承自它的第一个模板参数 KEYS，而 RSAES 类模板在实例化时，KEYS 这个模板参数被实参 RSA 类替换。又因为 RSAES 以公有继承的方式派生于 TF_ES 类，而 TF_ES 类又以公有的方式派生于 RSA 类。因此，可以用下面的方式来定义公私钥对象：

```
    RSAES<PKCS1v15>::PrivateKey prikey;          //定义 RSA 算法私钥对象
    RSAES<PKCS1v15>::PublicKey pubkey;           //定义 RSA 算法公钥对象
```

其中，PKCS1v15 表示一种公钥加密算法填充标准。

由此还可以发现，TF_ES 类模板通过嵌套实例化类模板的方式，得到加密器类和解密器类。它以 SchemeOptions 为参数先实例化类模板 TF_DecryptorImpl，再以实例化后的这个模板为参数去实例化类模板 PK_FinalTemplate，通过 typedef 方式将实例化后的类模板 PK_FinalTemplate 重命名为 Decryptor。解密器类的实例化过程与之类似。

由于 RSAES 类以公有的方式继承自 TF_ES 类，所以公有的加密器类和解密器类在 RSAES 类中的访问属性也是公有的。又由于 CryptoPP 库中有两种公钥加密算法填充标准，它们分别是 OAEP<H，MGF>和 PKCS1v15，其继承结构如图 12.3 所示。

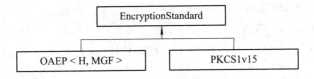

图 12.3　CryptoPP 库中公钥加密算法的填充标准

因此，通过 PKCS1v15 类来实例化 RSAES 类模板，可以得到加密器类和解密器类。通过如下的方式可以定义加密器对象和解密器对象：

　　　RSAES<PKCS1v15>::Decryptor dec;　　　//定义 RSA 算法在 PKCS1v15 标准下的解密器对象

　　　RSAES<PKCS1v15>::Encryptor enc;　　　//定义 RSA 算法在 PKCS1v15 标准下的加密器对象

或者用 OAEP 类来实例化 RSAES 类模板：

　　　//定义 RSA 算法在 OAEP 标准下的解密器对象，其中 OAEP 使用 SHA1 和 P1363_MGF1 算法

　　　RSAES<OAEP<SHA1, P1363_MGF1>>::Decryptor dec;

　　　//定义 RSA 算法在 OAEP 标准下的加密器对象，其中 OAEP 使用 SHA1 和 P1363_MGF1 算法

　　　RSAES<OAEP<SHA1, P1363_MGF1 >>::Encryptor enc;

OAEP 是 "Optimal Asymmetric Encryption Padding" 的缩写，它也被称为非对称密码最优填充。OAEP 由 Bellarea 和 Rogaway 提出，随后在 PKCS1v2 和 RFC2437 中被标准化。OAEP 满足以下两个目标：

(1) 它可以将确定型的加密方案转变成概率型的加密方案。

(2) 当敌手不能对单向陷门置换函数求逆时，它就不能从密文中得到明文的任何信息。

而 PKCS1v15 是 "PKCS #1: RSA Encryption version 1.5" 的缩写，它规定了 RSA 算法加密和签名所采用的标准，详见 RFC2313 等文档。

OAEP 类模板有两个参数：第一个参数是 Hash 函数算法类；第二个参数是一个 MaskGeneratingFunction 类的派生类。在 CryptoPP 库当前的版本中，它的派生类只有一个，如图 12.4 所示。

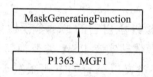

图 12.4　CryptoPP 库中 MaskGeneratingFunction 类的派生类

OAEP 类模板在定义时，第二个模板参数有一个默认值，这个值是 P1363_MGF1 类。因此，下面的两个代码段的作用相同：

　　　RSAES<OAEP<SHA1>>::Decryptor

　　　RSAES<OAEP<SHA1>>::Encryptor

CryptoPP 库就是通过这样的方式得到两个标准的 RSA 加密算法的，它们在头文件 rsa.h 中的定义如下：

　　　DOCUMENTED_TYPEDEF(RSAES<PKCS1v15>::Decryptor, RSAES_PKCS1v15_Decryptor)

　　　DOCUMENTED_TYPEDEF(RSAES<PKCS1v15>::Encryptor, RSAES_PKCS1v15_Encryptor)

　　　DOCUMENTED_TYPEDEF(RSAES<OAEP<SHA1>>::Decryptor,

　　　RSAES_OAEP_SHA_Decryptor)

　　　DOCUMENTED_TYPEDEF(RSAES<OAEP<SHA1>>::Encryptor,

　　　RSAES_OAEP_SHA_Encryptor)

在 CryptoPP 库中，DOCUMENTED_TYPEDEF 是 typedef 的一个宏定义。它的定义形式如下：

　　　#define DOCUMENTED_TYPEDEF(x, y) typedef x y;

因此，以下前面的代码段与后面的代码段等价：

> typedef RSAES<PKCS1v15>::Decryptor RSAES_PKCS1v15_Decryptor;
>
> typedef RSAES<PKCS1v15>::Encryptor RSAES_PKCS1v15_Encryptor;
>
> typedef RSAES<OAEP<SHA1>>::Decryptor RSAES_OAEP_SHA_Decryptor;
>
> typedef RSAES<OAEP<SHA1>>::Encryptor RSAES_OAEP_SHA_Encryptor;

所以，RSAES<PKCS1v15>::Decryptor 和 RSAES_PKCS1v15_Decryptor 是等价的，后者是前者的一个别名。其余的三个 typedef 定义与之类似，后者是前者的一个别名。

与前面使用对称密码算法的方式一样，在使用加密或解密对象执行加密或解密操作前，需要为加密器或者解密器对象设置相应的密钥。例如：

> RSA::PrivateKey prikey;   //定义 RSA 私钥对象
>
> RSA::PublicKey pubkey;   //定义 RSA 公钥对象
>
> //...设置公私钥
>
> RSAES_PKCS1v15_Decryptor ras_dec(prikey);   //定义解密器对象
>
> RSAES_PKCS1v15_Encryptor rsa_enc(pubkey);   //定义加密器对象
>
> //...执行加、解密操作

3. 执行加密或解密

在 CryptoPP 库中，每个加密器类都间接地继承自 PK_Encryptor 类。PK_Encryptor 类提供了一个用于执行加密操作的虚函数 Encrypt()，具体的加密器类对这个函数进行了重写。因此，每个加密器类对象可以通过这个成员函数来完成数据的加密操作。例如：

> void Encrypt (RandomNumberGenerator &rng, const byte *plaintext, size_t plaintextLength,
>
> byte *ciphertext, const NameValuePairs &parameters=g_nullNameValuePairs) const =0;

同样地，每个解密器类都间接地继承自 PK_Decryptor 类，它们都含有一个完成解密操作的成员函数 Decrypt()。例如：

> DecodingResult Decrypt (RandomNumberGenerator &rng, const byte *ciphertext, size_t
>
> ciphertextLength, byte *plaintext, const NameValuePairs &parameters=g_nullNameValuePairs) const;

为了简化用户使用公钥加密算法进行数据处理的复杂度，CryptoPP 库为用户提供了另外两个 Filter 类——PK_EncryptorFilter 类和 PK_DecryptorFilter 类，前者用来实现对数据流的加密操作，而后者用来实现对数据流的解密操作，它们均定义于头文件 filters.h 中。这两个类分别是对公钥加密算法接口基类 PK_Encryptor 和 PK_Decryptor 的封装。PK_EncryptorFilter 类和 PK_DecryptorFilter 类都只有一个构造函数，它们的声明形式如下所示：

> PK_EncryptorFilter (RandomNumberGenerator &rng, const PK_Encryptor &encryptor,
>
> BufferedTransformation *attachment=NULL);
>
> PK_DecryptorFilter (RandomNumberGenerator &rng, const PK_Decryptor &decryptor,
>
> BufferedTransformation *attachment=NULL);

下面分别解释这些参数的意义：

(1) rng：一个随机数发生器对象的引用。

(2) encryptor：一个加密器对象的引用。

（3）decryptor：一个解密器对象的引用。

（4）attachment：一个可选的、指向 BufferedTransformation 类对象的指针。

关于 CryptoPP 库中 Source 类、Filter 类和 Sink 类的工作机理，详见第 4 章 4.4 节的相关内容。

下面以 CryptoPP 库的 RSA 算法为例，演示非集成公钥加密算法的使用方法：

```cpp
#include<iostream>              //使用 cout、cin
#include<osrng.h>              //使用 AutoSeededRandomPool
#include<rsa.h>               //使用 RSA 相关的算法
#include<hex.h>               //使用 HexEncoder
#include<files.h>             //使用 FileSink
#include<filters.h>           //使用 StringSource、StringSink
#include<string>             //使用 string
using namespace std;          // std 是 C++ 的命名空间
using namespace   CryptoPP;    // CryptoPP 是 CryptoPP 库的命名空间
int main()
{
    try
    {
        AutoSeededRandomPool rng;          //定义一个随机数发生器对象
        InvertibleRSAFunction rsa_param; //定义 RSA 的可逆函数对象，与 RSA:PrivateKey 等价
        rsa_param.GenerateRandomWithKeySize(rng,1024);  //产生 1024 比特、随机的加密参数
        Integer n = rsa_param.GetModulus();        //获取参数 n
        Integer p = rsa_param.GetPrime1();          //获取参数 p
        Integer q = rsa_param.GetPrime2();          //获取参数 q
        Integer d = rsa_param.GetPrivateExponent(); //获取参数 d
        Integer e = rsa_param.GetPublicExponent();  //获取参数 e
        cout <<"n("<< n.BitCount() <<"):"<< n << endl; //打印输出
        cout <<"p("<< p.BitCount() <<"):"<< p << endl; //打印输出
        cout <<"q("<< q.BitCount() <<"):"<< q << endl; //打印输出
        cout <<"d("<< d.BitCount() <<"):"<< d << endl; //打印输出
        cout <<"e("<< e.BitCount() <<"):"<< e << endl; //打印输出
        string plain = "I like Cryptograpyh.";        //待加密的明文
        cout <<"plain:" ;                      //以十六进制的形式输出明文
        StringSource plainSrc(plain,true,new HexEncoder(new FileSink(cout)));
        string cipher,recover;//定义两个 string 对象，分别用于存储加密后的密文和解密后的明文
        RSA::PrivateKey prikey(rsa_param);        //定义 RSA 算法的私钥对象
        RSA::PublicKey pubkey(prikey);           //定义 RSA 算法的公钥对象
        //RSAES_OAEP_SHA_Encryptor enc(pubkey);
        RSAES_PKCS1v15_Encryptor enc(pubkey);
```

//执行加密——加密字符串 plain，并且将加密的结果存储于 cipher 对象中

StringSource encSrc(plain,true,new PK_EncryptorFilter(rng,enc,new StringSink(cipher)));

cout << endl <<"cipher:";   //以十六进制的形式输出密文

StringSource cipherSrc(cipher,true,new HexEncoder(new FileSink(cout)));

//RSAES_OAEP_SHA_Decryptor dec(prikey);

RSAES_PKCS1v15_Decryptor dec(prikey);

//执行解密——加密字符串 recover，并且将解密的结果存储于 recover 对象中

StringSource decSrc(cipher,true,new PK_DecryptorFilter(rng,dec,new StringSink(recover)));

cout << endl <<"recover:";   //以十六进制的形式输出解密后的明文

StringSource recoverSrc(recover,true,new HexEncoder(new FileSink(cout)));

cout << endl;

}

catch(const Exception& e)

{//出现异常

cout << endl << e.what() << endl;   //异常原因

}

return 0;

}

执行程序，程序的输出结果如下：

n(1024):14108626074333018210009101476637455997575419366624876678836436678871748759938068850262679534764221801791526942201739713131261668525355912820989288569271258859497448165193452828183341018250381311528763181947067673302319008281837472966372485157538847399783214745439808453037558755686583209276643790236891676093 89.

p(512):11642164186464467404927353684435918223451966135745145780877880490445981957157711383778565950612038515766457547479691446521036411240802718207702903956776556 37.

q(512):12118559615175444852137480925762287500765995188090422796295294332279551684116479034590259353549714664120147433593676424499185425502960705300464482998219 897.

d(1022):31121969281616951933843601984649764652398956616725220856686103210406222645692695226382636796269598568930741372097199955425368057063804298747637184398071754828722826939925792103307702118012662356430134615746007699390613461728175049509653093160595555826194273965102782900591016046053398020986391529884667294 233.

e(5) :17.

plain:49206C696B652043727970746F6772617079682E

cipher:797444C39998B8F8FAED1138391E231C2D47B21249A55FFE337A1542CC8743D08808320537E14C6588B93544A999C80C66DF806CE9E57909B66A3599CF16787C252F2BDBA4D3B8EE3CB4FE88E707E38EC11F90BE9F11BD150FCFB672226A8E441055E40004702B7CFE0C4F69531D91C69D44A018B16F66D871C09A120F78DBCC

recover:49206C696B652043727970746F6772617079682E

请按任意键继续...

本示例程序采用 Pipeling 范式技术对明文字符串进行加密，然后又对加密后的密文字符串进行解密。

```
StringSource encSrc(plain,true,new PK_EncryptorFilter(rng,enc,new StringSink(cipher)));
```

以上这段代码实现加密字符串的功能：首先 Source 中的数据(plain 字符串)会流向加密器 Filter，Filter 对数据进行处理(加密)，处理后的数据(密文)最终又流到 Sink 中(存储于 cipher)。

```
StringSource decSrc(cipher,true,new PK_DecryptorFilter(rng,dec,new StringSink(recover)));
```

以上这段代码实现解密字符串的功能：首先 Source 中的数据(cipher 字符串)会流向解密器 Filter，Filter 对数据进行处理(加密)，处理后的数据(明文)最终又流到 Sink 中(存储于 recover)。

虽然 CryptoPP 库的非集成公钥加密算法的构造很复杂，但是它们的使用却非常简单。CryptoPP 库中的 LUC 加密算法和 Rabin 加密算法与 RSA 算法有着类似的结构和外部接口。通过上面的示例程序，读者应该很容易使用后两个算法。LUC 加密算法和 Rabin 加密算法分别定义于头文件 luc.h 和 rabin.h 中。

(1) LUCES 算法的相关定义如下：

```
struct LUC
{
    static std::string StaticAlgorithmName() {return "LUC";}
    typedef LUCFunction PublicKey;
    typedef InvertibleLUCFunction PrivateKey;
};
template <class STANDARD>
struct LUCES : public TF_ES<LUC, STANDARD>
{
};
typedef LUCES<OAEP<SHA1>>::Decryptor LUCES_OAEP_SHA_Decryptor;
typedef LUCES<OAEP<SHA1>>::Encryptor LUCES_OAEP_SHA_Encryptor;
typedef LUCSS<PKCS1v15, SHA1>::Signer LUCSSA_PKCS1v15_SHA_Signer;
typedef LUCSS<PKCS1v15, SHA1>::Verifier LUCSSA_PKCS1v15_SHA_Verifier;
```

(2) RabinES 算法的相关定义如下：

```
struct Rabin
{
    static std::string StaticAlgorithmName() {return "Rabin-Crypto++Variant";}
    typedef RabinFunction PublicKey;
    typedef InvertibleRabinFunction PrivateKey;
};
template <class STANDARD>
struct RabinES : public TF_ES<Rabin, STANDARD>
{
```

```
};
class SHA1;
typedef RabinES<OAEP<SHA1>>::Decryptor RabinDecryptor;
typedef RabinES<OAEP<SHA1>>::Encryptor RabinEncryptor;
```

需要注意的是，为了向下兼容，CryptoPP 库预先定义了一些标准的加密器类和解密器类。例如，LUCES_OAEP_SHA_Decryptor、RabinDecryptor 等解密器。我们可以选择使用它们，也可以拒绝使用它们(有的存在安全性问题)。我们也可以利用其他的 Hash 函数实例化出新的、符合 OAEP 标准的加、解密器类。例如：

```
typedef RabinES<OAEP< SHA3_512>>::Decryptor OAEP_SHA3_512_RabinDecryptor;
typedef RabinES<OAEP< SHA3_512>>::Encryptor OAEP_SHA3_512_RabinEncryptor;
```

12.3.2 示例二：使用集成公钥加密算法 ECIES

与非集成公钥加密算法相比，CryptoPP 库中定义的集成公钥加密算法的结构要复杂一些。通过前面的内容可以知道，集成公钥加密算法使用的密码学套件有：密钥协商算法、密钥派生函数、对称加密算法和消息认证码算法等。CryptoPP 库将这些密码学组件定义成类模板，具体的算法类也以类模板的形式呈现给用户。在程序中，用户使用具体的算法作为类模板的参数，通过这些参数来逐层实例化类模板，最终得到公私钥类和加、解密器类。同时，这些类均提供了丰富的成员函数，用户可以灵活操作公私钥以及实现数据加、解密。它们的定义结构和使用方式与非集成公钥加密算法基本上类似。

集成公钥加密算法 ECIES 是一个类模板，它在头文件 eccrypto.h 中的完整定义如下：

```
template <class EC, class HASH = SHA1, class COFACTOR_OPTION = NoCofactorMultiplication,
bool DHAES_MODE = true, bool LABEL_OCTETS = false>
struct ECIES
    : public DL_ES<
        DL_Keys_EC<EC>,
        DL_KeyAgreementAlgorithm_DH<typename EC::Point, COFACTOR_OPTION>,
        DL_KeyDerivationAlgorithm_P1363<typename EC::Point, DHAES_MODE,
          P1363_KDF2<HASH>>,
        DL_EncryptionAlgorithm_Xor<HMAC<HASH>, DHAES_MODE, LABEL_OCTETS>,
        ECIES<EC>>
{
    CRYPTOPP_STATIC_CONSTEXPR const char*    CryptoPP_API StaticAlgorithmName()
    {return "ECIES";}
};
```

ECIES 类模板有 5 个模板参数，它们的意义如下：

(1) EC：椭圆曲线代数结构类。

(2) HASH：Hash 函数类型的类。这个 Hash 函数将会被用于密钥派生和产生消息认证码。

(3) COFACTOR_OPTION：乘法余子式选项。

(4) DHAES_MODE：一个标记，表示 MAC 是否会含一些附加的参数信息，例如标签信息等。

(5) LABEL_OCTETS：一个标记，表示标签的大小是以字节为单位的，还是以比特为单位的。

ECIES 是一个椭圆曲线集成加密算法，这个算法组合了密钥封装(Key Encapsulation Method, KEM)、数据封装(Data Encapsulation Method, DEM)和 MAC 标签。这个方案满足很强的安全性，理论上可以达到 IND-CCA2 安全级别。

为了满足不同用户的多种需要， CryptoPP 库中的椭圆曲线集成加密算法也被设计成类模板。用户在实例化 ECIES 类模板时，可以有多种选择，这使得 CryptoPP 库所给的算法具有更灵活的可定制性。

(1) CryptoPP 库的 4.2 版本之前的集成加密方案基于 P1363 草案而设计。如果我们以 COFACTOR_OPTION=NoCofactorMultiplicatio、DHAES_MODE = falsee 和 LABEL_OCTETS = true 为模板参数式来实例化 ECIES 类模板，那么所采用的椭圆曲线集成加密方案就与 4.2 版本以前的算法相兼容。

(2) 如果想让这个椭圆曲线集成加密方案与 Bouncy Castle 库 1.54 版本和 Botan 库 1.11 版本相兼容，那么就以 COFACTOR_OPTION = NoCofactorMultiplication、DHAES_MODE = true 和 LABEL_OCTETS = false 为模板参数来实例化 ECIES 类模板。在缺省的情况下，ECIES 类模板实例化后的结果就与这两个库兼容了。

(3) 如果我们想提高算法的执行效率或者提升它的安全性强度，那么就以 COFACTOR_OPTION = IncompatibleCofactorMultiplication 和 DHAES_MODE = true 为参数来实例化 ECIES 类模板。由于兼容性问题，该类模板默认以 SHA1 为第二个模板参数。我们还可以使用其他的 Hash 函数来实例化这个类模板，如 SHA256、SHA512 和 SHA3_512 等。

从 ECIES 类模板的定义可以看到，它继承自 DL_ES 类模板。DL_ES 类模板在头文件 pubkey.h 中的完整定义如下：

```
template <class KEYS, class AA, class DA, class EA, class ALG_INFO>
class DL_ES : public KEYS
{
    typedef DL_CryptoSchemeOptions<ALG_INFO, KEYS, AA, DA, EA> SchemeOptions;
public:
    typedef PK_FinalTemplate<DL_DecryptorImpl<SchemeOptions>> Decryptor;
    typedef PK_FinalTemplate<DL_EncryptorImpl<SchemeOptions>> Encryptor;
};
```

类模板 DL_ES 有 5 个参数，它们的意义分别如下：

(1) KEYS：加密方案所使用的密钥类(以类表示密钥)。

(2) AA：密钥协商算法类。

(3) DA：密钥派生算法类。

(4) EA：加密算法类。

(5) ALG_INFO：算法信息。

由此可以看到，在 DL_ES 类模板的内部，通过使用自己的模板参数来实例化类模板 DL_EncryptorImpl，然后再以实例化后的结果为模板参数去实例化 PK_FinalTemplate 类模板，这样就可以得到一个加密器类。为了便于记忆，在类的内部使用 typedef 为实例化后的加密器类起一个简单易懂的别名 Encryptor。解密器类的实例化过程与加密器类类似。由于 ECIES 类模板以公有的方式继承自 DL_ES 类模板，所以 ECIES 类模板内部含有一个加密器类和解密器类。因此，可以像下面的代码段一样来定义加/解密器类对象：

```
ECIES<ECP, SHA1, NoCofactorMultiplication, true, true>::Decryptor decryptor(/*私钥参数*/);
ECIES<ECP, SHA1, NoCofactorMultiplication, true, true>::Encryptor encryptor(/*公钥参数*/);
```

还可以看到，DL_ES 类模板继承自 KEYS 类，而类 KEYS 又是它的第一个模板参数。在类模板 ECIES 实例化的过程中可以发现，虚拟类型类 KEYS 实际上被类模板 DL_Keys_EC 实例化后的结果所替换。DL_Keys_EC 类模板在头文件 eccrypto.h 中的完整定义如下：

```
template <class EC>
struct DL_Keys_EC
{
    typedef DL_PublicKey_EC<EC>PublicKey;
    typedef DL_PrivateKey_EC<EC>PrivateKey;
};
```

这个类模板里面仅有两个类模板实例化后的 typedef 定义。即以 EC 为模板参数去实例化 DL_PublicKey_EC 类模板，从而产生一个公钥类，并将实例化后的类重命名为 PublicKey。以 EC 为模板参数去实例化 DL_PrivateKey_EC 类模板，从而产生一个私钥类，并将实例化后的类重命名为 PrivateKey。将公钥和私钥分别重命名为 PublicKey 和 PrivateKey，是为了便于用户记忆和使用该算法。

集成公钥加密算法的公私钥类对象、加密器类对象使用方法与非集成加密算法基本上类似，它们对外部提供的接口有很多是相同的。例如：

```
AutoSeededRandomPool rng;          //定义随机数发生器对象
DL_PrivateKey_EC<ECP> key;          //定义私钥类对象，与直接使用 ECIES:: PrivateKey 等价
key.Initialize(rng,ASN1::secp160r1());          //初始化私钥对象
//通过私钥类对象来构造解密器类对象
ECIES<ECP,SHA1,NoCofactorMultiplication,true,true>::Decryptor decryptor(key);
//通过解密器类对象来构造加密器类对象
ECIES<ECP,SHA1,NoCofactorMultiplication,true,true>::Encryptor encryptor(decryptor);
```

上面的代码段实现了私钥对象的定义、初始化、加/解密器对象的构造。当构造完加/解密器对象后，用户就可以使用加密器对象的成员函数 Encrypt() 来完成加密，使用解密器对象的成员函数 Decrypt() 来完成解密。同样地，我们也可以使用 Pipeling 范式数据处理技术来完成数据的加/解密。

下面以 CryptoPP 库的 ECIES 算法为例，演示集成公钥加密算法的使用方法：

```cpp
#include<integer.h>                    //使用 Integer
#include<iostream>                     //使用 cout、cin
#include<osrng.h>                      //使用 AutoSeededRandomPool
#include<string>                       //使用 string
#include<ecp.h>                        //使用 EC2P
#include<eccrypto.h>                   //使用 ECIES 等
#include<oids.h>                       //使用 secp256r1( )
#include<files.h>                      //使用 FileSink
#include<hex.h>                        //使用 HexDecoder
#include<filters.h>                    //使用 StringSource、PK_EncryptorFilter 等
using namespace std;                   // std 是 C++的命名空间
using namespace   CryptoPP;            // CryptoPP 是 CryptoPP 库的命名空间
using namespace   CryptoPP::ASN1;      //使用 ANS1 命名空间
//打印私钥信息
void PrintPrivateKey(const DL_PrivateKey_EC<ECP>& key);
int main()
{
    try
    {
        AutoSeededRandomPool rng;                      //定义随机数发生器对象
        //定义私钥类对象，与直接使用 ECIES:: PrivateKey 等价
        DL_PrivateKey_EC<ECP> ecies_param;
        ecies_param.Initialize(rng,ASN1::secp160r1());  //初始化私钥对象
        PrintPrivateKey(ecies_param);                   //打印私钥信息
        //通过私钥类对象来构造解密器类对象
        ECIES<ECP,SHA1,NoCofactorMultiplication,true,true>::Decryptor dec(ecies_param);
        //通过解密器类对象来构造加密器类对象
        ECIES<ECP,SHA1,NoCofactorMultiplication,true,true>::Encryptor enc(dec);
        string message("I like Cryptography.");         //待加密的明文
        cout <<"message：";                              //以十六进制的形式输出明文
        StringSource messageSrc(message,true,new HexEncoder(new FileSink(cout)));
        //打印输出
        string ciphere,recover;   //定义两个 string 对象，分别用于存储加密后的密文和解密后的明文
        //执行加密——将明文 message 加密后存储于 ciohere 对象中
        StringSourceencSrc(message,true,newPK_EncryptorFilter(rng,enc,new tringSink(ciphere)));
        cout <<"ciphere：";                              //以十六进制的形式输出密文
        StringSource ciphereSrc(ciphere,true,new HexEncoder(new FileSink(cout)));//打印输出
        //执行解密——将密文 ciphere 解密后存储于 recover 对象中
        StringSourcedecSrc(ciphere,true,newPK_DecryptorFilter(rng,dec,new StringSink(recover)));
```

```
        cout << endl <<"recover:  ";                    //以十六进制的形式输出解密后的明文
        StringSource recoverSrc(recover,true,new HexEncoder(new FileSink(cout))); //打印输出
        cout << endl;
    }
    catch(const Exception& e)
    {//出现异常
        cout << e.what() << endl;                        //异常原因
    }
    return 0;
}
void PrintPrivateKey(const DL_PrivateKey_EC<ECP>& key)
{
    //获得群参数
    const DL_GroupParameters_EC<ECP>& params = key.GetGroupParameters();
    //基本的预计算
    const DL_FixedBasePrecomputation<ECPPoint>& bpc = params.GetBasePrecomputation();
    //计算公钥
    const ECPPoint point =
    bpc.Exponentiate(params.GetGroupPrecomputation(),key.GetPrivateExponent());
    cout <<"模: "<< params.GetCurve().GetField().GetModulus() << endl;        //打印模值
    cout <<"乘法因子: "<< params.GetCofactor() << endl;                        //打印乘法因子
    cout <<"系数: "<< endl
    cout <<"A: "<< params.GetCurve().GetA() << endl;                //打印参数 A
    cout <<"B: "<< params.GetCurve().GetB() << endl;                //打印参数 B
    cout <<"基点: "<< endl;
    cout <<"X: "<< params.GetSubgroupGenerator().x << endl;        //打印参数 X
    cout <<"Y: "<< params.GetSubgroupGenerator().y << endl;        //打印参数 Y
    cout <<"公共点: "<< endl;
    cout <<"x: "<< point.x << endl;                                //打印参数 x
    cout <<"y: "<< point.y << endl;                                //打印参数 y
    cout <<"秘密指数: "<< endl;
    cout << key.GetPrivateExponent() << endl;
}
```

执行程序，程序的输出结果如下：

模：1461501637330902918203684832716283019653785059327.

乘法因子：1.

系数：

A：1461501637330902918203684832716283019653785059324.

B：163235791306168110546604919403271579530548345413.

基点：

X：425826231723888350446541592701409065913635568770.

Y：203520114162904107873991457957346892027982641970.

公共点：

x：478335183829294782436233653962336979106734305971.

y：146973125711993420186099753348369145382551521908.

秘密指数：

20172169402967204665594385487243624318103053874.

message：49206C696B652043727970746F6772617068792E

ciphere：04A6CC206C150535077713211272DB1A9DBED21EB6BAC08E9F26B6723C0134
A1A3C8D6460DD3F93A1D5B785E58F41EC66E61608F2354DA30973DEC0F62047E92EFC
D90EF62835F054884CDD2919F44902D

recover：49206C696B652043727970746F6772617068792E

请按任意键继续...

　　本示例程序演示了集成公钥加密算法 ECIES 的使用方法，它与非集成公钥加密算法 RSAES 的使用方法类似。当利用 Pipeling 范式数据处理技术进行数据处理时，它们两者都可以使用 PK_EncryptorFilter 加密器 Filter 和 PK_DecryptorFilter 解密器 Filter。

　　CryptoPP 库还有另外两个集成加密算法，它们分别是 DLIES 和 LUC_IES。由于这两个算法与 ECIES 有着一致的外部接口，所以它们的使用方法基本一样，它们分别定义在头文件 gfpcrypt.h 和 luc.h 中。

　　(1) DLIES 算法相关的定义如下：

```
template <class HASH = SHA1, class COFACTOR_OPTION = NoCofactorMultiplication,
    bool DHAES_MODE = true, bool LABEL_OCTETS=false>
struct DLIES
    : public DL_ES<
    DL_CryptoKeys_GFP,
    DL_KeyAgreementAlgorithm_DH<Integer, COFACTOR_OPTION>,
    DL_KeyDerivationAlgorithm_P1363<Integer, DHAES_MODE, P1363_KDF2<HASH>>,
    DL_EncryptionAlgorithm_Xor<HMAC<HASH>, DHAES_MODE, LABEL_OCTETS>,
    DLIES<>>
{
    static std::string    StaticAlgorithmName() {return "DLIES";}
};
template <class KEYS, class AA, class DA, class EA, class ALG_INFO>
class DL_ES : public KEYS
{
    typedef DL_CryptoSchemeOptions<ALG_INFO, KEYS, AA, DA, EA> SchemeOptions;
public:
    typedef PK_FinalTemplate<DL_DecryptorImpl<SchemeOptions>> Decryptor;
```

```
        typedef PK_FinalTemplate<DL_EncryptorImpl<SchemeOptions>> Encryptor;
    };
    struct DL_CryptoKeys_GFP
    {
        typedef DL_GroupParameters_GFP_DefaultSafePrime GroupParameters;
        typedef DL_PublicKey_GFP<GroupParameters> PublicKey;
        typedef DL_PrivateKey_GFP<GroupParameters> PrivateKey;
    };
```

(2) LUC_IES 算法相关的定义如下：

```
    template <class HASH = SHA1, class COFACTOR_OPTION = NoCofactorMultiplication,
        bool DHAES_MODE = true, bool LABEL_OCTETS =false>
    struct LUC_IES
        : public DL_ES<
        DL_CryptoKeys_LUC,
        DL_KeyAgreementAlgorithm_DH<Integer, COFACTOR_OPTION>,
        DL_KeyDerivationAlgorithm_P1363<Integer, DHAES_MODE, P1363_KDF2<HASH>>,
        DL_EncryptionAlgorithm_Xor<HMAC<HASH>, DHAES_MODE, LABEL_OCTETS>,
        LUC_IES<>>
    {
        CRYPTOPP_STATIC_CONSTEXPR const char* StaticAlgorithmName() {return "LUC-IES";}
    };
    template <class KEYS, class AA, class DA, class EA, class ALG_INFO>
    class DL_ES : public KEYS{};              //详见 DLIES 算法相关的定义
    struct DL_CryptoKeys_GFP{};               //详见 DLIES 算法相关的定义
```

与 ECIES 算法一样，用户也可以根据需要来设置这两个算法的模板参数。

12.4 小 结

  本章介绍了 CryptoPP 库中的公钥加密算法，它分为非集成公钥加密算法和集成公钥加密算法。我们应该优先考虑使用集成公钥加密算法，它不仅解决了密钥配送的问题，而且还避免了公钥加密算法执行速度慢的问题。CryptoPP 库在提供加密算法类的同时，也提供了加密算法可以使用的标准填充算法。用户可以根据自己的需要，对它们做恰当的组合，以得到安全、高效、有标准填充的公钥加密算法。尽管使用 CryptoPP 库中的大整数 Integer 类、常用的数论算法、各种代数结构等很容易构造出教科书式的公钥加密算法，但是，不可以在实际的工程中使用它们。

第 13 章　数 字 签 名

数字签名(Digital Signature)由公钥密码发展而来，它是公钥密码系统下的消息认证原语。与手写签名类似，数字签名技术用于绑定实体和实体相关的数字数据。这种绑定独立于验证它的接收者和任何第三方。数字签名在身份认证、数据完整性、不可否认性以及匿名性等方面有着重要的应用。

13.1 基 础 知 识

在第 9 章我们学习了消息认证码，它能够保障通信双方所传递数据的完整性，同时还能有效检测来自第三方的攻击。然而，这种技术有两个缺点：

(1) 在消息认证的过程中，通信双方需要有一个共享的密钥。这就要求在产生消息认证码之前，双方必须先建立起安全的通信连接。

(2) 这种技术不能够提供不可认性。所谓不可认性，是指消息的发送源(发送者或发送方)不能够否认已发送过的消息、做出的承诺或者已经产生的其他行为。如果发送者和接收者对某个消息源有纷争，MAC 技术不能够提供证据来证明这个消息的真实发送方。由于收发双发共享秘密信息，所以它们都可以产生这个消息的 MAC 值。因此，发送方可以否认发送过这个消息，而声称这个消息是由接收者伪造的。由此可以看出，消息认证码能够保证通信双方免受第三方的攻击，但是不能防止通信双方中一方对另一方的伪造。

公钥密码系统的数字签名技术可以有效地解决上面两个问题。在数字签名技术中，通信双方不需要共享密码，消息的签名者和验证者分别持有签名系统的私钥和公钥，签名者利用私钥对消息签名，验证者使用公钥对消息的完整性进行验证，如图 13.1 所示。因为只有发送方知道签名的秘密钥 SK，也即只有它可以产生消息的签名，所以它无法否认已发过的消息或者曾做出的承诺。

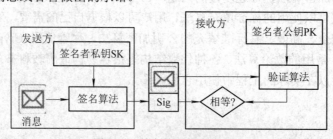

图 13.1　数字签名的执行过程

为了满足上述需求，数字签名应该具备如下的性质：

(1) 只有拥有私钥 SK 的一方才能产生签名，这一性质可用于防伪造和否认。

(2) 签名的产生和验证都比较容易。

(3) 根据公开信息和签名者公钥 PK 推导私钥 SK 在计算上是不可行的。

因为公钥加密算法速度较慢，所以通常对消息的 Hash 值签名，而不是直接对消息签名，如图 13.2 所示。当我们使用 CryptoPP 库中的签名算法类模板定制数字签名算法时，常需要为签名算法指定一个 Hash 函数类型的模板参数。这个 Hash 函数用于计算待签名消息的 Hash 值。

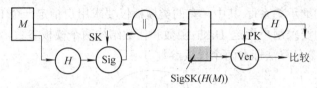

图 13.2　对消息的 Hash 值签名的过程

数字签名通常由两种方式产生：一种是基于公钥加密算法；另一种是专用的数字签名算法。前者既可用于加密，也可用于签名，而后者只能用于签名。例如，RSA 算法既能用于加密，又可用于签名，它们分别对应于 CryptoPP 库的 RSAES 算法和 RSASS 算法，而 CryptoPP 库的 DSA2 算法和 GDSA 算法只能用于签名。

13.2　CryptoPP 库中的数字签名算法

CryptoPP 库为用户提供了许多的数字签名算法，如表 13.1 所示。

表 13.1　CryptoPP 库中的数字签名算法

数字签名算法的名字	所在的头文件	基于的数学困难问题
DSA2	gfpcrypt.h	离散对数
GDSA	gfpcrypt.h	离散对数
ECDSA	eccrypto.h	椭圆曲线上的离散对数问题
NR	gfpcrypt.h	离散对数
ECNR	eccrypto.h	椭圆曲线上的离散对数问题
LUCSS	luc.h	大整数分解
RSASS	rsa.h	大整数分解
RSASS_ISO	rsa.h	大整数分解
RabinSS	rabin.h	大整数分解
RWSS	rw.h	大整数分解
ESIGN	esign.h	大整数分解

CryptoPP 库的签名算法被分为两类，它们分别是 SSA 和 PSSR。SSA 的英文全称为 "Signature Schemes with Appendix"，是一种有附录的数字签名方案，它在验证签名时

需要公钥、消息、签名这三项输入，如 PKCS#1 中指定的签名算法。PSSR 的英文全称为 "Probabilistic Signature Scheme with Recovery"，是一种可恢复的数字签名方案，它在验证签名时仅需要公钥和签名(原始消息被编码至签名结果中)，而消息可以从签名中恢复出来，如 PKCS#2 中指定的签名算法。CryptoPP 库中的 RSA、DSA、GDSA、ESIGN 和 Rabin.算法均支持 SSA 方式的签名，而 RSA、Nyberg-Rueppel 和 Rabin-Williams 算法支持 PSSR 方式的签名。

　　与前一章介绍的公钥加密算法一样，CryptoPP 库的数字签名算法也以类模板的形式提供给用户，用户可以根据需要定制出各种规格的数字签名算法，如图 13.3 所示(此图中的箭头不表示类的继承关系)。其中，有的类模板仅要求用户指定一个 Hash 函数类型的模板参数，有的则要求用户指定 Hash 函数和代数结构两个模板参数，有的则要求用户指定 Hash 函数和签名算法标准两个模板参数。

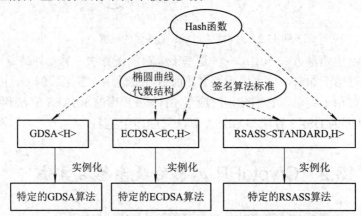

图 13.3　根据签名算法类模板定制出所需的数字签名算法

　　图 13.3 中的 Hash 函数 H 可以是第 6 章介绍的任何一个，而代数结构 EC 可以是第 11 章介绍的椭圆曲线代数结构之一，即 EC2N 类和 ECP 类两者中的一个。对于签名算法标准 STANDARD 而言，它可以是 CryptoPP 库中 SignatureStandard 类的任何一个子类。与第 12 章中介绍的公钥加密算法填充标准一样，为了使算法满足一定的安全性，工业界也提出了一些数字签名填充标准，在 CryptoPP 库中这些标准算法均派生于 SignatureStandard 类，如图 13.4 所示。

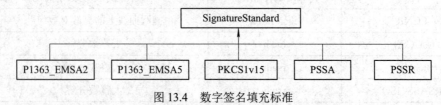

图 13.4　数字签名填充标准

　　(1) P1363_EMSA2 类：EMSA2/P1363 填充方案。

　　(2) P1363_EMSA5 类：EMSA5/P1363 填充方案。

　　(3) PKCS1v15 类：它是英文 "PKCS #1 version 1.5" 的缩写，表示 PKCS #1 1.5 版本的填充方案，该标准适用于 RSASS 和 RSAES 算法。

　　(4) PSSA 类：它是英文 "Probabilistic Signature Scheme with Appendix" 的缩写，表

示一种有附录的概率型签名填充方案。通过这种方法产生的签名，验证算法在执行签名验证的过程中需要原消息。概率型签名填充方案由 Mihir Bellare 和 Phillip Rogaway 提出，由这种方式产生的签名可证明是安全的。

(5) PSSR 类：它是英文 "Probabilistic Signature Scheme with Recovery" 的缩写，表示一种可恢复的概率型签名填充方案。该方法产生的签名，验证算法在执行签名验证的过程中不需要输入原消息(原消息已被编码至签名结果中)，消息本身可以从签名中恢复出来。

13.3 使用 CryptoPP 库中的数字签名算法

CryptoPP 库中数字签名算法的构造也比较复杂，然而由于它们采用一致的外部接口，所以使用起来也非常简单。与第 12 章介绍的公钥加密系统类似，在使用数字签名算法执行签名和验证前，需要完成以下几个操作：

(1) 定义公钥对象(验证算法使用)或者私钥对象(签名算法使用)。

(2) 初始化公(私)钥对象。

(3) 定义验证(签名)器对象。

(4) 使用被初始化过的公(私)钥对象去初始化验证(签名)器对象。

(5) 使用验证(签名)器对象完成签名的验证(生成)工作。

13.3.1 示例一：使用 RWSS 数字签名算法

下面以 RWSS 算法为例，说明 CryptoPP 库中数字签名算法的使用方法。RWSS 是英文 "Rabin-Williams Signature Scheme" 的缩写，该数字签名算法定义于 IEEE P1363，CryptoPP 库根据这个定义实现了该算法。

1. 产生密钥

通过 RW 类可以得到 RWSS 算法的公私钥类，它们分别是 RWFunction 类和 InvertibleRWFunction 类的别名，RW 类在头文件 rw.h 中的完整定义如下：

```
struct RW
{
const char* StaticAlgorithmName() {return "RW";}
typedef RWFunction PublicKey;
typedef InvertibleRWFunction PrivateKey;
};
```

因此，可以通过如下的方式来定义公私钥对象：

```
RW::PrivateKey prikey;    //定义 RW 算法私钥对象，与 InvertibleRWFunction prikey；等价
RW::PublicKey pubkey;     //定义 RW 算法公钥对象，与 RWFunction pubkey;等价
```

公钥签名算法的公私钥也有多种初始化方式，它与公钥加密算法使用相同的接口。因此，它们具有相同或类似的使用方法。关于数字签名算法公私钥的初始化，详见第 12 章的相关内容。

2. 定义签名器或验证器对象

使用 RWSS 类用户可以定制不同规格的 RW 算法。RWSS 是一个类模板，它定义于头文件 rw.h 中：

```
template <class STANDARD, class H>
struct RWSS : public TF_SS<RW, STANDARD, H>
{
};
```

RWSS 类模板有两个模板参数。第一个参数 STANDARD 表示该数字签名算法采用的签名标准，它可以是 SignatureStandard 类的任何一个子类，如图 13.4 所示。第二个参数 H 表示该数字签名算法所使用的 Hash 函数，它可以是第 6 章介绍的任何一个 Hash 函数。TF_SS 类模板的定义如下：

```
template <class KEYS, class STANDARD, class H,
    class ALG_INFO = TF_SS<KEYS, STANDARD, H, int>>
class TF_SS : public KEYS
{
public:
    typedef STANDARD Standard;
    typedef typename Standard::SignatureMessageEncodingMethod MessageEncodingMethod;
    typedef TF_SignatureSchemeOptions<ALG_INFO, KEYS, MessageEncodingMethod, H>
    SchemeOptions;
    static std::string StaticAlgorithmName() {return std::string(KEYS::StaticAlgorithmName()) + "/" +
        MessageEncodingMethod::StaticAlgorithmName() + "(" + H::StaticAlgorithmName() + ")";}
    typedef PK_FinalTemplate<TF_SignerImpl<SchemeOptions>> Signer;
    typedef PK_FinalTemplate<TF_VerifierImpl<SchemeOptions>> Verifier;
};
```

由此可以看到，TF_SS 类继承自 KEYS，而 KEYS 是它的第一个模板参数。通过 RWSS 类模板还可以看到，TF_SS 类模板在实例化时，它的第一个参数是 RW 类。而 RWSS 类通过公有的方式派生于 TF_SS 类，TF_SS 类又以公有的方式派生于 RW 类。因此，也可以用如下的方式来定义公私钥对象：

```
    RWSS::PrivateKey prikey;        //定义 RW 算法私钥对象
    RWSS::PublicKey pubkey;         //定义 RW 算法公钥对象
```

还可以发现，在 TF_SS 类内部使用模板参数逐层实例化 TF_SignatureSchemeOptions、TF_SignerImpl(TF_VerifierImpl)和 PK_FinalTemplate 类模板，最终分别得到签名器类和验证器类。为了使它们的名字简单易记，用 typedef 给它们分别起了一个别名，记为 Signer 和 Verifier。由于 RWSS 类通过公有的方式派生于 TF_SS 类，所以对 RWSS 类模板实例化后，可以通过如下的方式定义签名器和验证器对象：

```
    RWSS<PSSR,SM3>::Signer Sig; //定义 RW 算法在 PSSR 签名标准和 SM3 算法下的签名器对象
    RWSS<PSSR,SM3>::Verifier Ver; //定义 RW 算法在 PSSR 签名标准和 SM3 算法下的验证器对象
```

在使用签名器对象或验证器对象执行签名的生成或者验证前，必须用私钥初始化签

名器对象或用公钥初始化验证器对象。

RW::PrivateKey prikey;   //定义 RW 算法私钥对象

RW::PublicKey pubkey;   //定义 RW 算法公钥对象

//...设置公私钥

RWSS<PSSR,SM3>::Signer Sig(prikey);   //初始化签名器对象

RWSS<PSSR,SM3>::Verifier Ver(pubkey);   //初始化验证器对象

//...执行签名或验证操作

3. 执行签名或验证

在 CryptoPP 库中，每个具体的签名器类都间接地继承自 PK_Signer 类，它们重写了接口基类 PK_Signer 提供的部分或所有成员函数。当签名器对象初始化完毕后，我们可以使用它的成员函数 SignMessage()或 SignMessageWithRecovery()等来完成签名。

size_t SignMessage (RandomNumberGenerator &rng, const byte *message, size_t messageLen,

byte *signature) const;

size_t SignMessageWithRecovery (RandomNumberGenerator &rng, const byte *recoverableMessage,

size_t recoverableMessageLength, const byte *nonrecoverableMessage,

size_t nonrecoverableMessageLength, byte *signature) const;

同样的，每个验证器类都间接地继承自 PK_Verifier 类，它们重写了接口基类 PK_Verifier 提供的部分或所有成员函数。我们可以使用验证器对象的 VerifyMessage()等成员函数来完成签名的验证，或使用 RecoverMessage()等成员函数从签名中恢复出消息。

bool Verify (PK_MessageAccumulator *messageAccumulator) const;

DecodingResult RecoverMessage (byte *recoveredMessage, const byte *nonrecoverableMessage,

size_t nonrecoverableMessageLength, const byte *signature, size_t signatureLength) const;

为了简化用户使用数字签名算法进行数据处理的复杂度，CryptoPP 库为用户提供了两个用于数字签名的 Filter 类——SignerFilter 类和 SignatureVerificationFilter 类，前者用来实现对数据流的签名操作，而后者用来实现对数据流的验证操作或从签名数据流中恢复出消息，它们均定义于头文件 filters.h 中。这两个类分别是对数字签名算法接口基类 PK_Signer 和 PK_Verifier 的封装。SignerFilter 类和 SignatureVerificationFilter 类都只有一个构造函数，它们的声明形式如下所示：

SignerFilter (RandomNumberGenerator &rng, const PK_Signer &signer,

BufferedTransformation *attachment=NULL, bool putMessage=false);

SignatureVerificationFilter (const PK_Verifier &verifier,

BufferedTransformation *attachment=NULL, word32 flags=DEFAULT_FLAGS);

下面分别解释这些参数的意义：

(1) rng：一个随机数发生器对象的引用。

(2) igner：一个签名器对象的引用。

(3) attachment：一个可选的附加数据转移对象。

(4) putMessage：一个标记，表示原消息本身是否被传递到 attachment 对象。如果其等于 true，则原消息和它的签名会被转移到 attachment 对象；否则，只有签名被转移到

attachment 对象。

(5) verifier：一个验证器对象的引用。

(6) flags：一个控制该 Filter 行为的标记。它可以是如下枚举常量中的一个，或者是通过按位或方式组合在一起的多个：

① SIGNATURE_AT_END：表示签名在消息的后面，即数据流的形式为消息＋签名。

② SIGNATURE_AT_BEGIN：表示消息在签名的后面，即数据流的形式为签名＋消息。

③ PUT_MESSAGE：表示消息本身会被传递到 attachment 对象。

④ PUT_SIGNATURE：表示签名会被传递到 attachment 对象。

⑤ PUT_RESULT：表示验证结果会被传递到 attachment 对象。

⑥ THROW_EXCEPTION：表示失败时，该 Filter 会抛出 HashVerificationFailed 类型的异常。

⑦ DEFAULT_FLAGS：表示缺省的标记。它是标记 SIGNATURE_AT_BEGIN 和标记 PUT_RESULT 的按位逻辑域的结果。

下面以 RWSS 算法为例，演示 CryptoPP 库中数字签名算法的使用方法。它需要用户指定签名标准和 Hash 函数类型。完整示例代码如下：

```
#include<iostream>                    //使用 cout、cin
#include<osrng.h>                     //使用 AutoSeededRandomPool
#include<rw.h>                        //使用 RWSS 等
#include<sha3.h>                      //使用 SHA3_384
#include<pssr.h>                      //使用 PSSR
#include<hex.h>                       //使用 HexEncoder
#include<files.h>                     //使用 FileSink
#include<string>                      //使用 string
using namespace std;                  // std 是 C++ 的命名空间
using namespace CryptoPP;             // CryptoPP 是 CryptoPP 库的命名空间
int main()
{
    try
    {
        AutoSeededRandomPool rng;     //定义一个随机数发生器对象
        RW::PrivateKey prikey;        //定义私钥对象
        prikey.GenerateRandomWithKeySize(rng,1024);
        RW::PublicKey pubkey(prikey); //定义公钥对象
        cout <<"prikey:" ;
        prikey.Save(HexEncoder(new FileSink(cout)).Ref()); //以 Base16 编码形式输出私钥至标准输出设备
        cout << endl <<"pubkey:" ;
        pubkey.Save(HexEncoder(new FileSink(cout)).Ref()); //以 Base16 编码形式输出公钥至标准输出设备
        cout << endl;
```

```
    if(prikey.Validate(rng,3))
        cout <<"私钥满足要求的安全性级别"<< endl;
    else
        cout <<"私钥不满足要求的安全性级别"<< endl;
    if(pubkey.Validate(rng,3))
        cout <<"公钥满足要求的安全性级别"<< endl;
    else
        cout <<"公钥不满足要求的安全性级别"<< endl;
    string message="I like Cryptography.";                //待签名的消息
    cout <<"message:" ;          //以 Base16 编码形式输出消息 message 至标准输出设备
    StringSource messageSrc(message, true, new HexEncoder(new FileSink(cout)));
    string signature;                   //存储被签名后的消息 strSign
    string recover;                     //存储从签名中恢复出的消息
    RWSS<PSSR, SHA3_384>::Signer Sig(prikey);        //定义签名对象
    RWSS<PSSR, SHA3_384>::Verifier Ver(pubkey);       //定义验证对象
    //执行签名——对字符串 message 签名，将签名的结果存储于 signature 中
    StringSource SigSrc(message,true,new SignerFilter(rng,Sig,new StringSink(signature)));
    cout << endl <<"signature:" ;   //以 Base16 编码形式输出签名 signature 至标准输出设备
    StringSource SignSrc(signature, true, new HexEncoder(new FileSink(cout)));
    //执行签名的验证——输入"消息+签名"，验证该签名是否正确
    //如果验证成功，将消息输出至 recover；否则，抛出异常
    StringSource VerSrc(message+signature, true, new SignatureVerificationFilter(Ver,
        new StringSink(recover), SignatureVerificationFilter::PUT_MESSAGE |
        SignatureVerificationFilter::THROW_EXCEPTION));
    cout << endl <<"recover:" ;     //以 Base16 编码形式输出消息 recover 至标准输出设备
    StringSource strRecoverSrc(recover, true, new HexEncoder(new FileSink(cout)));
    cout << endl;
    }
    catch(const Exception& e)
    {//出现异常
        cout << e.what() << endl;         //异常原因
    }
    return 0;
    }
```

执行程序，程序的输出结果如下：

prikey:3082014C02818100A446E008C13B74B71CC354ACFB81A6B85A4E80ABD4C105E451
DC59D7C7B8F457BB6DE0877819533556666EDF3D63D970C89F1BD231A554F773732946AB428D
C69DF76B9837281593B5E9F451ABD9CA5368D57DFBE6050B4ED39D30795215F13566E30B0926
1C60B8129A2D9561ADE412938EF90CEEBF7E4AB6EFF94A186D8ED5024100C9A1FB661E86F03

EEE545D73E7A43EB439D5355A142FC116298C8A86CA662D9AE0C5B6735A5C243B2FF5237DD
8C28B68320EFC8FACB6676FF33B7D2305D25663024100D092581A50647EC8251B7F58BEB1411F
E4FF499E5649798DD14481E662408A0632199276D135E37DA3FD9F810BB5039B32C2F859E38AC
98ADA08316FD55F0F6702406137EC71990090197DFEBD4FAEC69688D0FC2F8D6E2671068BDF1
D90F65CF42127F1C8AC9B4445F75E67A5B0FDB230444A7D61FBCD8E3A30B8CEAA4E08EF6C
C37

pubkey:30818402818100A446E008C13B74B71CC354ACFB81A6B85A4E80ABD4C105E451DC
59D7C7B8F457BB6DE0877819533556666EDF3D63D970C89F1BD231A554F773732946AB428DC6
9DF76B9837281593B5E9F451ABD9CA5368D57DFBE6050B4ED39D30795215F13566E30B09261C
60B8129A2D9561ADE412938EF90CEEBF7E4AB6EFF94A186D8ED5

私钥满足要求的安全性级别
公钥满足要求的安全性级别
message:49206C696B652043727970746F6772617068792E
signature:2A6BB783ADF4ECEB8FBAC45F37AA820E6CC38520300C884B60041772357C2739
B6FA4A8DD4FD1DC1AAF35EFCC42DA43D3D827CC0552FC6F4AF5C4ACCE891FF3DD2C26A1
9A8F8F733928DB6A2EA26E7EF402DE9761EBCCBA43E707D269A4BF7808E647CB7547BE84587
6F41573903BC7B7388A61793C29D9DD265B860B6E287A0

recover:49206C696B652043727970746F6772617068792E

请按任意键继续...

本示例程序先定义一对公私钥对象，并对它们进行初始化，之后将公私钥表示的整数以 Base16 编码形式输出：

```
prikey.Save(HexEncoder(new FileSink(cout)).Ref()); //以 Base16 编码形式输出私钥至标准输出设备
pubkey.Save(HexEncoder(new FileSink(cout)).Ref()); //以 Base16 编码形式输出公钥至标准输出设备
```

上述代码通过调用公私钥对象的成员函数 Save()，实现了保存公私钥数据。成员函数 Save()在公私钥类中的声明如下：

```
void Save (BufferedTransformation &bt) const;
```

由此可以发现，成员函数 Save()以一个 BufferedTransformation 类对象的引用为参数。当调用成员函数 Save()时，先构造了一个 HexEncoder 类型的 Filter 对象，同时以动态创建的 FileSink 类型的 Sink 对象为该 Filter 的附加数据转移对象，并以 cout 对象为真实的 Sink，最后调用 HexEncoder 类对象的成员函数 Ref()获得该对象的引用(该类型与调用的函数参数类型相匹配)。这样公私钥对象、Filter 对象、Sink 对象就构成了一条数据链，如图 13.5 所示。

图 13.5　以 Base16 编码形式输出公私钥数据至标准输出设备的示意图

当成员函数 Save()被调用时，公私钥对象充当真实的 Source，数据先流向 Filter(即公私钥数据先进行 Base16 编码)，接着流向真实的 Sink(即公私钥数据以 Base16 编码形式输出至标准输出设备)。

这一功能可以有多种实现方式，例如，下面的代码段：

```
HexEncoder hexEnc;                          //定义一个 HexEncoder 类型的 Filter 对象
hexEnc.Attach(new FileSink(cout));          //在 hexEnc 末端添加一个新的链(Sink 对象)
prikey.Save(hexEnc.Ref());                  //以 Base16 编码形式输出私钥至标准输出设备
```

对示例程序中的代码稍加改动，就可将公私钥数据保存至文件。

例如：

```
prikey.Save(FileSink("prikey.txt").Ref());//将私钥保存至文件 prikey.txt 中
pubkey.Save(FileSink("pubkey.txt").Ref());   //将公钥保存至文件 pubkey.txt 中
```

程序在执行签名和验证时，采用 Pipeling 范式数据处理技术。例如：

```
StringSource SigSrc(message,true,new SignerFilter(rng,Sig,new StringSink(signature)));//签名
```

上述代码实现对消息 message 的签名。消息 message 先流向执行签名的 Filter，该 Filter 会对流入的消息计算一个签名，这个签名数据又流向 Sink，最终存储于 signature 对象中。因为 SignerFilter 构造函数的最后一个参数选择了默认值(false)，所以 signature 对象中只存储了签名，这种只输出签名结果的签名方式被称为 SSA(验证签名时需要原消息)。如果将该参数设置成 true，那么这个 Filter 会输出消息和它的签名，也即 signature 对象中存储的内容是："消息+签名"，这种签名方式也被称为 PSSR(验证签名时不需要原消息)。其代码段如下：

```
StringSource VerSrc(message+signature,true,
    new SignatureVerificationFilter(Ver,
    new StringSink(recover),
    SignatureVerificationFilter::PUT_MESSAGE|
    SignatureVerificationFilter::THROW_EXCEPTION)
); //验证
```

上述代码段实现了对签名的验证，"消息+签名"数据先流向执行验证的 Filter，该 Filter 验证流入的数据是否构成"消息—签名"对。若验证成功，则将消息输出至 recover 对象中；否则，抛出异常。在示例程序中，SignatureVerificationFilter 的最后一个参数被设置成了 PUT_MESSAGE 和 THROW_EXCEPTION。因此，验证通过后消息会输出至 recover 对象(标记 PUT_MESSAGE 的作用)；验证失败时会抛出异常(标记 THROW_EXCEPTION 的作用)。如果为这个参数再增加一个 SIGNATURE_AT_BEGIN 标记，那么验证数据的输入形式应该为"签名+消息"：

```
StringSource VerSrc(signature+ message,true,
    new SignatureVerificationFilter(Ver,
    new StringSink(recover),
    SignatureVerificationFilter::SIGNATURE_AT_BEGIN | \ \
    SignatureVerificationFilter::PUT_MESSAGE|
    SignatureVerificationFilter::THROW_EXCEPTION)
); //验证
```

13.3.2　示例二：使用 ECNR 数字签名算法

下面以 ECNR 签名算法为例，演示 CryptoPP 库中另一类签名算法的使用方法。它需要用户指定具体的代数结构和 Hash 函数类型。代码如下：

```
#include<iostream>              //使用 cout、cin
#include<osrng.h>               //使用 AutoSeededRandomPool
#include<eccrypto.h>            //使用 ECNR 等
#include<oids.h>                //使用 ASN1::secp160r1
#include<sha3.h>                //使用 SHA256
#include<hex.h>                 //使用 HexEncoder
#include<files.h>               //使用 FileSink
#include<string>                //使用 string
using namespace std;            // std 是 C++ 的命名空间
using namespace CryptoPP;       // CryptoPP 是 CryptoPP 库的命名空间
int main()
{
    try
    {
        AutoSeededRandomPool rng;                       //定义一个随机数发生器对象
        ECNR<ECP,SHA256>::PrivateKey prikey;            //定义 ECNR 私钥对象
        ECNR<ECP,SHA256>::PublicKey pubkey;             //定义 ECNR 公钥对象
        prikey.Initialize(rng,ASN1::secp160r1());       //使用标准的椭圆曲线参数
        //如果私钥不满足要求的安全级别，那么将引发断言
        CRYPTOPP_ASSERT(prikey.Validate(rng,3));
        prikey.MakePublicKey(pubkey);                   //根据私钥产生对应的公钥
        //如果公钥不满足要求的安全级别，那么将引发断言
        CRYPTOPP_ASSERT(pubkey.Validate(rng,3));
        string message="I like Cryptography.";          //待签名的消息
        cout <<"message:" ;            //以 Base16 编码形式输出消息 message 至标准输出设备
        StringSource messageSrc(message, true, new HexEncoder(new FileSink(cout)));
        string signature;             //存储被签名后的消息 strSign
        string recover;               //存储从签名中恢复出的消息
        ECNR<ECP,SHA256>::Signer Sig(prikey);           //定义签名器对象
        ECNR<ECP,SHA256>::Verifier Ver(pubkey);         //定义验证器对象
        //执行签名——对字符串 message 签名，将签名的结果存储于 signature 中
        StringSourceSigSrc(message,true, new SignerFilter(rng, Sig, new StringSink(signature),true));
        cout << endl <<"signature:" ;   //以 Base16 编码形式输出签名 signature 至标准输出设备
        StringSource SignSrc(signature, true, new HexEncoder(new FileSink(cout)));
```

//执行签名的验证——签名，验证该签名是否正确

//如果验证成功，将消息输出至 recover; 否则，抛出异常

StringSource VerSrc(signature, true, new SignatureVerificationFilter(Ver,

　　new StringSink(recover), SignatureVerificationFilter::PUT_MESSAGE |

　　SignatureVerificationFilter::THROW_EXCEPTION));

cout << endl <<"recover:" ;　　//以 Base16 编码形式输出消息 recover 至标准输出设备

StringSource strRecoverSrc(recover, true, new HexEncoder(new FileSink(cout)));

cout << endl;

}

catch(const Exception& e)

{//出现异常

　　cout << e.what() << endl;　　//异常原因

}

return 0;

}

执行程序，程序的输出结果如下：

message:49206C696B652043727970746F6772617068792E

signature:49206C696B652043727970746F6772617068792E0034EFAB15AA687A0B32F444B6

29D51B2EC9D6E2270046A323C303838D47683F371A44C595E222B97BFB

recover:49206C696B652043727970746F6772617068792E

请按任意键继续. . .

本示例程序选用标准的椭圆曲线参数来初始化私钥对象，其他地方与示例一类似。需要注意的是，在构造 SignerFilter 对象时，我们把它的第 4 个参数设置成 true，该标记表示消息本身会被转移到附加的 Sink 中。因此，当执行完签名后，本示例程序中的 signature(签名)包含了消息和该消息的签名。在执行签名的验证时，只需要向验证器对象输入 signature(签名)即可完成验证。如果还像示例一样向验证器对象输入 message+signature(消息 + 签名)，那么验证算法会验证失败并抛出异常，程序输出的异常原因如下：

VerifierFilter: digital signature not valid

13.4 小　结

本章介绍了 CryptoPP 库中的数字签名算法，它包括 SSA 类型的数字签名算法和 SSR 类型的数字签名算法。与公钥加密算法一样，CryptoPP 库也以类模板的形式将数字签名算法提供给用户。用户可以选择合适的 Hash 函数、代数结构和签名标准定制出特定规格的数字签名算法。尽管 CryptoPP 库中数字签名算法的构造非常复杂，但是它的使用却非常简单。通过对本章的学习，读者应该学会使用 CryptoPP 库中所有的数字签名算法。

第 14 章　密钥协商

　　在对称密码体制中，我们常假定通信双方利用一个共享的密钥实现安全通信，它们之间共享的密钥从何而来，是通过人工配送还是网络传输？本章介绍的密钥协商算法能够有效地解决此问题，即在不安全的信道中为通信双方产生共享密钥。密钥协商(Key Agreement)是公钥密码系统的重要原语之一，它能够为通信双方产生共享的密钥，从而实现安全通信。

14.1　基础知识

　　在介绍对称密码时，常常假定收发双方会共享一个密钥，它们分别用这个共享的密钥来完成加密、解密和消息的认证以及验证。在前面几章中，示例代码的加、解密均在一个程序中完成，并且该程序分为两部分，即加密和解密或认证和验证。这几乎不具有实际意义。因为现实中两个通信实体可能相距千里，往往是发送者完成加密和认证，然后通过网络将加密的数据发送给接收者，接收者收到数据后执行解密和验证。现实中通信双方的物理关系如图 14.1 所示。

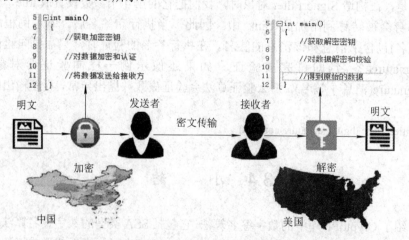

图 14.1　现实中通信双方之间的物理关系

　　在图 14.1 中，执行加密(认证)和解密(校验)操作使用的是相同的密钥。通常双方共享的这个密钥有多种配送方式。例如，由双方的信使通过物理的方式来获得这个秘密信息，也可以由密钥分配中心来为通信双方分配本次通信所使用的密钥。然而，这些密钥配送方式都不能满足当今发达的网络通信需求。使用密钥协商的方法可以很好地解决密钥配送问题。

使用密钥协商算法，通信双方仅通过交换一些公开的信息就能够生成共享的秘密数字，而这个秘密数字可以作为对称加密算法的密钥或认证算法的密钥。通信双方进行秘密协商的过程如图 14.2 所示，其具体执行过程如下：

(1) 在 A 和 B 进行密钥协商之前，均可以从公开的区域获取到一些信息，并且有一种机制(通常是数字签名或证书)保证两者获取到的信息是一样的。

(2) A 和 B 分别根据公开的信息随机挑选一个秘密信息，并根据此秘密信息和第一步获取的公开信息，计算出一个可以公开的信息。记 A 和 B 的秘密信息以及与之对应的公开信息分别为(A_pri, A_pub)和(B_pri, B_pub)。

(3) A 和 B 分别将计算所得的公开信息发送给对方。

(4) A 和 B 分别根据自己的秘密信息和对方的公开信息计算出一个共享的信息(数值)，此即为双方共享的密钥。

(5) 利用协商好的密钥，双方用对称密码进行安全通信。

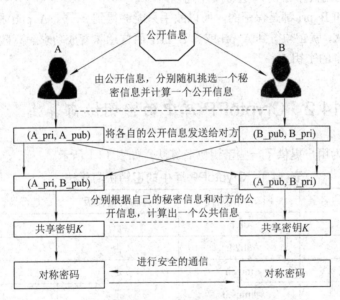

图 14.2　通信双方进行密钥协商的过程

图 14.2 描述了一种产生对称密码体制密钥的方法，其中，A_pri 和 A_pub 分别表示 A 随机挑选的秘密信息和计算所得的公开信息，而 B_pri 和 B_pub 分别表示 B 随机挑选的秘密信息和计算所得的公开信息。由于敌手不能根据双方的"公开信息"计算出各自的秘密信息，所以上述方法能够实现 A 和 B 之间的安全通信。下面介绍 Diffie-Hellman(DH)密钥协商算法。

Diffie-Hellman 密钥协商算法于 1976 年提出，目前被广泛应用于商业产品中。该算法的唯一目的是使得两个用户能够安全地交换密钥，从而得到一个共享的会话密钥。这个算法的安全性基于离散对数求解的困难性。它具体的执行过程如下：

(1) A 和 B 都能从公开的区域获取到同样的公开信息 p 和 g，其中，p 为大素数，而 g 是模 p 的群的生成元。

(2) A 挑选一个随机数 A_pri ($2 \leqslant$ A_pri $\leqslant p-2$)，然后计算一个公开信息 A_pub，即：

$$A\_pub = g^{A\_pri} \bmod p$$

发送者 A 将随机数 A_pri 保密，把计算的公开信息 A_pub 发送给 B。

(3) B 挑选一个随机数 B_pri ($2 \leqslant$ B_pri $\leqslant p-2$)，然后计算一个公开信息 B_pub，即：

$$B\_pub = g^{B\_pri} \bmod p$$

发送者 B 将随机数 B_pri 保密，把计算的公开信息 B_pub 发送给 A。

(4) A 和 B 分别根据自己的保密信息和对方的公开信息，计算出一个共享的密钥 K。
A 做如下的计算：

$$(B\_pub)^{A\_pri} \bmod p = (g^{B\_pri} \bmod p)^{A\_pri} \bmod p = g^{A\_pri * B\_pri} \bmod p = K$$

B 做如下的计算：

$$(A\_pub)^{B\_pri} \bmod p = (g^{A\_pri} \bmod p)^{B\_pri} \bmod p = g^{A\_pri * B\_pri} \bmod p = K$$

(5) A 和 B 利用共享密钥 K 进行安全通信。

由于 A_pri 和 B_pri 都是保密的，所以敌手只能够得到 p、g、A_pub 和 B_pub，要想获得共享密钥 K，就必须得到 A_pri 或者 B_pri，而这意味着成功求解离散对数。因此，敌手无法获得共享的密钥 K。

14.2　CryptoPP 库中的密钥协商算法

CryptoPP 库为用户提供了一些密钥协商算法，如表 14.1 所示。

表 14.1　CryptoPP 库中的密钥协商算法

密钥协商算法的名字	所在的头文件	是否为类模板	是否具有认证功能
DH	dh.h	否	否
DH2	dh2.h	否	是
MQV	mqv.h	是	是
HMQV	hmqv.h	是	是
FHMQV	fhmqv.h	是	是
ECMQV	eccrypto.h	是	是
ECDH	eccrypto.h	是	否
ECHMQV	eccrypto.h	是	是
ECFHMQV	eccrypto.h	是	是
XTR-DH	xtrcrypt.h	否	否

从安全性的角度来说，CryptoPP 库中的这些密钥协商算法可以分为经典的密钥协商算法和具有认证功能的密钥协商算法。经典的密钥协商算法不具有认证性，不能够抵抗中间人攻击，而具有认证功能的密钥协商算法则可以抵抗此类攻击。从基于的密码困难性问题来说，这些算法可以分为基于整数型有限域的密钥协商和基于椭圆曲线的密钥协

商。从 C++ 实现的角度来说，它们可以分为用类封装的密钥协商和用类模板封装的密钥协商。

CryptoPP 库中的这些密钥协商算法的继承结构如图 14.3 所示。因为库的帮助文档部分内容缺失，所以没有展示库中所有密钥协商算法的继承关系图。从图 14.3 和 CryptoPP 库的帮助文档中可以看出，从 SimpleKeyAgreementDomain 类派生出来的密钥协商算法子类不具有认证功能，而从 AuthenticatedKeyAgreementDomain 类派生出来的密钥协商算法子类具有认证功能。它们两者在使用上的主要区别在于：前者在密钥协商的过程中只需要一对密钥，而后者则需要两对密钥。这两对密钥分别用来执行密钥的协商和协商过程中对数据的认证。在 CryptoPP 库中，用来执行密钥协商的一对密钥被称为短期密钥或暂时密钥(Ephemeral Key)，用来执行认证或者签名的一对密钥常被称为长期密钥或者静态密钥(Static Key)。通常，长期密钥不会被频繁更换。因此，可以将该密钥放在某一个公开的目录中，以供其他的用户执行验证。如果用户使用了不具有认证功能的密钥协商算法，如 ECDH、DH 等，用户可以使用数字签名算法来避免中间人攻击，如 ECDSA、RSASS 等。

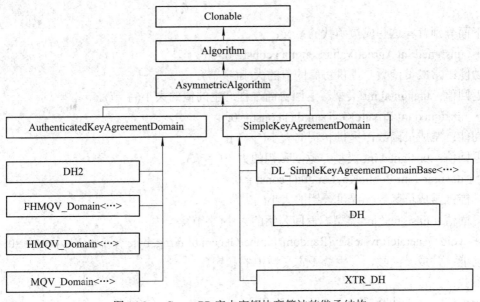

图 14.3　CryptoPP 库中密钥协商算法的继承结构

14.3　使用 CryptoPP 库中的密钥协商算法

与前面几节类似，本部分重点讲解影响读者使用密钥协商算法的两个类，即 SimpleKeyAgreementDomain 类和 AuthenticatedKeyAgreementDomain 类。

14.3.1　示例一：使用经典的 DH 密钥协商算法

SimpleKeyAgreementDomain 类是 CryptoPP 库中不具有认证功能的密钥协商算法的一个接口基类，该类定义于头文件 cryptlib.h 中，其完整的定义如下：

```
class SimpleKeyAgreementDomain : public KeyAgreementAlgorithm
{
public:
    virtual ~SimpleKeyAgreementDomain() {}
    virtual unsigned int AgreedValueLength() const =0;
    virtual unsigned int PrivateKeyLength() const =0;
    virtual unsigned int PublicKeyLength() const =0;
    virtual void GeneratePrivateKey(RandomNumberGenerator &rng, byte *privateKey) const =0;
    virtual void GeneratePublicKey(RandomNumberGenerator &rng, const byte *privateKey,
        byte *publicKey) const =0;
    virtual void GenerateKeyPair(RandomNumberGenerator &rng, byte *privateKey,
        byte *publicKey) const;
    virtual bool Agree(byte *agreedValue, const byte *privateKey, const byte *otherPublicKey,
        bool validateOtherPublicKey=true) const =0;
};
```

下面分别解释这些成员函数的意义：
- unsigned int AgreedValueLength() const =0;

功能：常成员函数，提供协商的值的大小(字节)。

返回值：unsigned int 类型。返回协商过程产生的值的大小(字节)。
- unsigned int PrivateKeyLength() const = 0;

功能：常成员函数，提供私钥的大小(字节)。

返回值：unsigned int 类型。返回私钥的大小(字节)。
- unsigned int PublicKeyLength() const = 0;

功能：常成员函数，提供公钥的大小(字节)。

返回值：unsigned int 类型。返回公钥的大小(字节)。
- void GeneratePrivateKey(RandomNumberGenerator &rng, byte *privateKey) const =0;

功能：常成员函数，产生位于定义域中的私钥。

参数：

rng——一个随机数发生器对象的引用。

privateKey——存储产生的私钥的缓冲区首地址。

返回值：无。

执行该函数的前提条件是：

```
COUNTOF(privateKey) == PrivateKeyLength() ;
```
- void GeneratePublicKey(RandomNumberGenerator &rng, const byte *privateKey, byte *publicKey) const =0;

功能：根据私钥产生(计算)一个相应的公钥。

参数：

privateKey——存储私钥的缓冲区首地址。

publicKey——存储产生的公钥的缓冲区首地址。

返回值：无。

执行该函数的前提条件是：

  COUNTOF(publicKey) == PublicKeyLength() ;

- void GenerateKeyPair(RandomNumberGenerator &rng, byte *privateKey,

byte *publicKey) const;

功能：产生一个公私钥对。

参数：

rng——一个随机数发生器对象的引用。

privateKey——存储产生的私钥的缓冲区首地址。

publicKey——存储产生的公钥的缓冲区首地址。

返回值：无。

执行该函数的前提条件是：

  COUNTOF(privateKey) == PrivateKeyLength() ;

  COUNTOF(publicKey) == PublicKeyLength() ;

- bool Agree(byte *agreedValue, const byte *privateKey, const byte *otherPublicKey,

bool validateOtherPublicKey=true) const =0;

  功能：产生一个协商的共享值。

  参数：

agreedValue——存储产生的共享值的缓冲区首地址。

privateKey——存储己方私钥的缓冲区首地址。

otherPublicKey——存储对方公钥的缓冲区首地址。

validateOtherPublicKey——一个标记，标识另一方的公钥是否需要验证。如果该标记的值为 true，则表明需要验证。如果该标记的值为 false，则表明不需要验证。

  返回值：bool 类型。如果密钥协商成功，则返回 true；否则，返回 false。

  执行该函数的前提条件是：

  COUNTOF(agreedValue) == AgreedValueLength() ;

  COUNTOF(privateKey) == PrivateKeyLength() ;

  COUNTOF(otherPublicKey) == PublicKeyLength() ;

下面以 Diffie-Hellman 密钥协商算法为例，演示这些成员函数的使用方法：

```
#include<integer.h>              //使用 Integer
#include<iostream>              //使用 cout、cin
#include<osrng.h>              //使用 AutoSeededRandomPool
#include<nbtheory.h>              //使用 PrimeAndGenerator
#include<dh.h>              //使用 DH
using namespace std;              // std 是 C++的命名空间
using namespace CryptoPP;              // CryptoPP 是 CryptoPP 库的命名空间
int main()
{
AutoSeededRandomPool rng;   //定义一个随机数发生器对象
```

```
Integer p, q, g;                        //定义三个大整数对象
PrimeAndGenerator pg;                    //定义一个产生特殊形式素数的 PrimeAndGenerator 对象
pg.Generate(1, rng, 512, 511);          //产生 p=r*q+1 形式的素数，其中，q 也为素数
p = pg.Prime();                         //获取 p 的值
q = pg.SubPrime();                      //获取 q 的值
g = pg.Generator();                     //获取 g 的值
//定义两个 DH 对象，分别表示通信实体的双方
DH dhA(p, q, g),dhB(p, q, g);
//申请存储空间，以存放 A 的协商密钥对(临时密钥)
SecByteBlock dhA_pri(dhA.PrivateKeyLength());
SecByteBlock dhA_pub(dhA.PublicKeyLength());
//申请存储空间，以存放 B 的协商密钥对(临时密钥)
SecByteBlock dhB_pri(dhB.PrivateKeyLength());
SecByteBlock dhB_pub(dhB.PublicKeyLength());
dhA.GenerateKeyPair(rng,dhA_pri, dhA_pub);          //通信方 A 产生公私钥对
dhB.GenerateKeyPair(rng,dhB_pri, dhB_pub);          //通信方 B 产生公私钥对
if(dhA.AgreedValueLength() == dhB.AgreedValueLength())
    cout <<"双方密钥长度相等"<< endl;
else
{
    cout <<"双方密钥长度不相等"<< endl;
    return 0;
}
//申请存储空间，分别存放 A 和 B 协商的共享值
SecByteBlock sharedA(dhA.AgreedValueLength()), sharedB(dhB.AgreedValueLength());
if(dhA.Agree(sharedA, dhA_pri, dhB_pub))    //A 根据自己的私钥和 B 的公钥计算出一个共享值
    cout <<"A 生成协商密钥成功"<< endl;
else
{
    cout <<"A 生成协商密钥失败"<< endl;
    return 0;
}
if(dhB.Agree(sharedB,dhB_pri,dhA_pub))      //B 根据自己的私钥和 A 的公钥计算出一个共享值
    cout <<"B 生成协商密钥成功"<< endl;
else
{
    cout <<"B 生成协商密钥失败"<< endl;
    return 0;
}
```

```
        Integer A,B;                              //定义两个大整数对象
        A.Decode(sharedA.BytePtr(),sharedA.size());  //将 sharedA 存储区的内容解码成大整数
        cout <<"A 协商的共享值："<< A << endl;        //打印输出
        B.Decode(sharedB.BytePtr(),sharedB.size());  //将 sharedB 存储区的内容解码成大整数
        cout <<"B 协商的共享值：,"<< B << endl;       //打印输出
        return 0;
    }
```

执行程序，程序的输出结果如下：

  双方密钥长度相等

  A 生成协商密钥成功

  B 生成协商密钥成功

  A 协商的共享值：12544581974220885688214410727202924876404156947633519683394579203151269591048075706637737797637286414531874722685453669602711009634327675407127194228841086.

  B 协商的共享值：12544581974220885688214410727202924876404156947633519683394579203151269591048075706637737797637286414531874722685453669602711009634327675407127194228841086.

  请按任意键继续...

  在本程序中，利用 PrimeAndGenerator 类对象产生满足特殊形式的素数，并以该素数以及它的子群和生成元为参数初始化了两个 DH 密钥协商算法类对象。然后，使用这两个类对象分别产生各自的私钥和公钥。最后，它们分别使用己方的私钥和对方的公钥计算出了共享的秘密值。

  本示例程序演示了一种初始化 DH 对象的方法。我们还可以使用其他的方式来构造 DH 对象。

  (1) 使用 DH 类的构造函数来构造 DH 对象：

```
        Integer p("…");
        Integer g("…");
        Integer q("…");
        DH dh(p,q,g);//定义一个 DH 对象
        if(dh.GetGroupParameters().ValidateGroup(rng,3))        //验证群参数的安全性
            cout <<"参数具备一定的安全级别"<< endl;
        else
        {
            cout <<"参数不具备一定的安全级别"<< endl;
            return 0;
        }
```

  (2) 使用群参数的成员函数来构造 DH 对象：

```
        Integer p("…");
        Integer g("…");
        Integer q("…");
        AutoSeededRandomPool rng;                    //定义随机数发生器对象
```

```
DH dh;                                      //定义一个 DH 对象
dh.AccessGroupParameters().Initialize(p,q,g);          //初始化群参数
if(dh.GetGroupParameters().ValidateGroup(rng,3))       //验证群参数的安全性
 cout <<"参数具备一定的安全级别"<< endl;
else
{
    cout <<"参数不具备一定的安全级别"<< endl;
    return 0;
}
```

(3) 使用群参数的成员函数来构造特定长度模数的 DH 对象。

```
AutoSeededRandomPool rng;                                   //定义随机数发生器对象
DH dh;                                                      //定义 DH 对象
dh.AccessGroupParameters().GenerateRandomWithKeySize(rng, 1024);   //要求产生的 p 是 1024
                                                             比特的素数
```

需要注意的是，当我们使用外部的参数来构造 DH 对象时，在进行密钥协商之前一定要对参数的安全性做相应的验证，如果验证失败，应该立即终止程序的运行。

14.3.2　示例二：使用具有认证功能的 ECMQV 密钥协商算法

AuthenticatedKeyAgreementDomain 类是 CryptoPP 库中具有认证功能的密钥协商算法的一个接口基类，该类定义于头文件 cryptlib.h 中，其完整的定义如下：

```
class   AuthenticatedKeyAgreementDomain : public KeyAgreementAlgorithm
{
public:
    virtual ~AuthenticatedKeyAgreementDomain() {}
    virtual unsigned int AgreedValueLength() const =0;
    virtual unsigned int StaticPrivateKeyLength() const =0;
    virtual unsigned int StaticPublicKeyLength() const =0;
    virtual void GenerateStaticPrivateKey(RandomNumberGenerator &rng, byte *privateKey)
        const = 0;
    virtual void GenerateStaticPublicKey(RandomNumberGenerator &rng, const byte
*privateKey,
        byte *publicKey) const =0;
    virtual void GenerateStaticKeyPair(RandomNumberGenerator &rng, byte *privateKey,
        byte *publicKey) const;
    virtual unsigned int EphemeralPrivateKeyLength() const =0;
    virtual unsigned int EphemeralPublicKeyLength() const =0;
    irtual void GenerateEphemeralPrivateKey(RandomNumberGenerator &rng,
        byte *privateKey) const =0;
```

```
virtual void GenerateEphemeralPublicKey(RandomNumberGenerator &rng,
    const byte *privateKey, byte *publicKey) const =0;
virtual void GenerateEphemeralKeyPair(RandomNumberGenerator &rng, byte *privateKey,
    byte *publicKey) const;
virtual bool Agree(byte *agreedValue,const byte *staticPrivateKey, const
    byte *ephemeralPrivateKey,
    const byte *staticOtherPublicKey, const byte *ephemeralOtherPublicKey,
    bool validateStaticOtherPublicKey=true) const =0;
};
```

下面分别解释这些成员函数的意义：

• unsigned int AgreedValueLength() const =0;

功能：常成员函数，提供协商的值的长度(字节)。

返回值：unsigned int 类型。返回协商过程产生的值的长度(字节)。

• unsigned int StaticPrivateKeyLength() const =0;

功能：常成员函数，提供长期(静态)私钥的长度(字节)。

返回值：unsigned int 类型。返回长期私钥的长度(字节)。

• unsigned int StaticPublicKeyLength() const =0;

功能：常成员函数，提供长期(静态)公钥的长度(字节)。

返回值：unsigned int 类型。返回长期公钥的长度(字节)。

• void GenerateStaticPrivateKey(RandomNumberGenerator &rng, byte *privateKey) const = 0;

功能：常成员函数，产生长期的私钥。

参数：

rng——一个随机数发生器对象的引用。

privateKey——存储产生的私钥的缓冲区首地址。

返回值：无。

执行该函数的前提条件是：

```
COUNTOF(privateKey) == PrivateStaticKeyLength();
```

• void GenerateStaticPublicKey(RandomNumberGenerator &rng, const byte *privateKey, byte *publicKey) const =0;

功能：常成员函数，根据私钥产生长期的公钥。

参数：

rng——一个随机数发生器对象的引用。

privateKey——存储私钥的缓冲区首地址。

publicKey——存储产生的公钥的缓冲区首地址。

返回值：无。

执行该函数的前提条件是：

```
COUNTOF(publicKey) == PublicStaticKeyLength();
```

• void GenerateStaticKeyPair(RandomNumberGenerator &rng, byte *privateKey, byte *publicKey) const;

　　功能：常成员函数，产生长期(静态)的公私钥对。

　　参数：

　　rng——一个随机数发生器对象的引用。

　　privateKey——存储产生的长期私钥的缓冲区首地址。

　　publicKey——存储产生的长期公钥的缓冲区首地址。

　　返回值：无。

　　执行该函数的前提条件是：

　　　　COUNTOF(privateKey) == PrivateStaticKeyLength();

　　　　COUNTOF(publicKey) == PublicStaticKeyLength();

　　• unsigned int EphemeralPrivateKeyLength() const =0;

　　功能：常成员函数，提供临时(短期)的私钥长度(字节)。

　　返回值：unsigned int 类型。返回临时(协商)的私钥长度(字节)。

　　• unsigned int EphemeralPublicKeyLength() const =0;

　　功能：常成员函数，提供临时(短期)的公钥长度(字节)。

　　返回值：unsigned int 类型。返回临时(短期)的公钥长度(字节)。

　　• void GenerateEphemeralPrivateKey(RandomNumberGenerator &rng, byte *privateKey)
const = 0;

　　功能：常成员函数，产生临时(短期)的私钥。

　　参数：

　　rng——一个随机数发生器对象的引用。

　　privateKey——存储产生的私临时钥的缓冲区首地址。

　　返回值：无。

　　执行该函数的前提条件是：

　　　　COUNTOF(privateKey) == PrivateEphemeralKeyLength();

　　•　void GenerateEphemeralPublicKey(RandomNumberGenerator &rng, const byte
*privateKey, byte *publicKey) const =0;

　　功能：常成员函数，根据临时(短期)私钥产生临时的公钥。

　　参数：

　　rng——一个随机数发生器对象的引用。

　　privateKey——存储私钥的缓冲区首地址。

　　publicKey——存储产生的公钥的缓冲区首地址。

　　返回值：无。

　　执行该函数的前提条件是：

　　　　COUNTOF(publicKey) == PublicEphemeralKeyLength();

　　• void GenerateEphemeralKeyPair(RandomNumberGenerator &rng, byte *privateKey,
byte *publicKey) const;

　　功能：常成员函数，产生临时(短期)的公私钥对。

　　参数：

rng——一个随机数发生器对象的引用。

privateKey——存储产生的私钥的缓冲区首地址。

publicKey——存储产生的公钥的缓冲区首地址。

返回值：无。

- bool Agree(byte *agreedValue,const byte *staticPrivateKey, const byte
       *ephemeralPrivateKey, const byte *staticOtherPublicKey, const byte
       *ephemeralOtherPublicKey, bool validateStaticOtherPublicKey=true) const =0;

功能：常成员函数，产生一个协商的共享值。

参数：

agreedValue——存储产生的共享值的缓冲区首地址。

staticPrivateKey——存储己方长期(静态)的私钥的缓冲区首地址。

ephemeralPrivateKey——存储己方临时(短期)私钥的缓冲区首地址。

staticOtherPublicKey——存储对方长期(静态)公钥的缓冲区首地址。

ephemeralOtherPublicKey——存储对方临时(短期)公钥的缓冲区首地址。

validateStaticOtherPublicKey——一个标记，标识另一方的公钥是否需要验证。如果该标记的值为 true，则表明需要验证；如果该标记的值为 false，则表明不需要验证。

返回值：bool 类型。如果密钥协商成功，则返回 true；否则，返回 false。

执行该函数的前提条件是：

COUNTOF(agreedValue) == AgreedValueLength();

COUNTOF(staticPrivateKey) == StaticPrivateKeyLength();

COUNTOF(ephemeralPrivateKey) == EphemeralPrivateKeyLength();

COUNTOF(staticOtherPublicKey) == StaticPublicKeyLength();

COUNTOF(ephemeralOtherPublicKey) == EphemeralPublicKeyLength();

下面以具有认证功能的 ECMQV 算法为例，演示这些成员函数的使用方法：

```
#include<integer.h>              //使用 Integer
#include<iostream>              //使用 cout、cin
#include<osrng.h>              //使用 AutoSeededRandomPool
#include<dh.h>              //使用 DH
#include<string>              //使用 string
#include<asn.h>              //使用 OID
#include<oids.h>              //使用 secp256r1()
#include<eccrypto.h>              //使用 ECMQV
#include<ecp.h>              //使用 ECP
using namespace std;              // std 是 C++的命名空间
using namespace CryptoPP;              // CryptoPP 是 CryptoPP 库的命名空间
using namespace CryptoPP::ASN1;              //使用 ANS1 命名空间
int main()
{
    OID CURVE = secp256r1();              //获得 ANS.1 标准的椭圆曲线参数
```

```
AutoSeededRandomPool rng;                    //定义随机数发生器对象
//定义两个密钥协商对象，分别表示通信的双方
ECMQV<ECP>::Domain mqvA(CURVE), mqvB(CURVE);
//申请存储空间，以存放 A 的长期密钥对和协商密钥对(临时密钥)
//长期密钥对(mqvA_stpri,mqvA_stpub)
//协商密钥对(mqvA_eppri,  mqvA_eppub
SecByteBlock mqvA_stpri(mqvA.StaticPrivateKeyLength()),
            mqvA_stpub(mqvA.StaticPublicKeyLength());
SecByteBlock mqvA_eppri(mqvA.EphemeralPrivateKeyLength()),
            mqvA_eppub(mqvA.EphemeralPublicKeyLength());
//申请存储空间，以存放 B 的长期密钥对和协商密钥对
//长期密钥对(mqvB_stpri，mqvB_stpub)和协商密钥对(mqvB_eppri，mqvB_eppub)
SecByteBlock mqvB_stpri(mqvB.StaticPrivateKeyLength()),
            mqvB_stpub(mqvB.StaticPublicKeyLength());
SecByteBlock mqvB_eppri(mqvB.EphemeralPrivateKeyLength()),
            mqvB_eppub(mqvB.EphemeralPublicKeyLength());
///产生 A 的长期密钥对和协商密钥对
mqvA.GenerateStaticKeyPair(rng,mqvA_stpri,mqvA_stpub);
mqvA.GenerateEphemeralKeyPair(rng,mqvA_eppri,mqvA_eppub);
///产生 B 的长期密钥对和协商密钥对
mqvB.GenerateStaticKeyPair(rng,mqvB_stpri, mqvB_stpub);
mqvB.GenerateEphemeralKeyPair(rng, mqvB_eppri, mqvB_eppub);
if(mqvA.AgreedValueLength() == mqvB.AgreedValueLength())
    cout <<"双方密钥长度相等"<< endl;
else
{
    cout <<"双方密钥长度不相等"<< endl;
    return 0;
}
SecByteBlocksharedA(mqvA.AgreedValueLength()), sharedB(mqvB.AgreedValueLength());
if(mqvB.Agree(sharedA, mqvA_stpri, mqvA_eppri, mqvB_stpub, mqvB_eppub))
    cout <<"A 生成协商密钥成功"<< endl;
else
{
    cout <<"A 生成协商密钥失败"<< endl;
    return 0;
}
if(mqvB.Agree(sharedB, mqvB_stpri, mqvB_eppri,mqvA_stpub, mqvA_eppub))
    cout <<"B 生成协商密钥成功"<< endl;
```

```
    else
    {
        cout <<"B 生成协商密钥失败"<< endl;
        return 0;
    }
    Integer A,B;
    A.Decode(sharedA.BytePtr(),sharedA.size());
    cout <<"A 的协商信息: "<< A << endl;
    B.Decode(sharedB.BytePtr(),sharedB.size());
    cout <<"B 的协商信息: "<< B << endl;
    return 0;
}
```

执行程序，程序的输出结果如下：

双方密钥长度相等

A 生成协商密钥成功

B 生成协商密钥成功

A 的协商信息：665626302203691702021923363440240325835789947557972637198382575769878321738.

B 的协商信息：665626302203691702021923363440240325835789947557972637198382575769878321738.

请按任意键继续…

在本示例程序中，先使用 ASN.1 编码标准的椭圆曲线参数(它定义于头文件 oids.h 中)构造两个 ECMQV 类对象，让它们分别表示通信的双方。接着，使用这两个类对象分别产生一对长期公私钥和临时公私钥。最后，它们分别使用己方的两个私钥和对方的两个公钥来生成协商的共享值。

本示例所使用的 ECMQV 是一个类模板，本书以 ECP 类作为它的模板参数对该类进行实例化。读者也可以使用另外一种形式的椭圆曲线代数结构 EC2N 来实例化它。

14.4 小 结

本章主要介绍了 CryptoPP 库中的密钥协商算法。这些算法被分为经典的密钥协商算法和具有认证功能的密钥协商算法，读者应该优先使用后者，它可以抵抗中间人攻击。另外需要注意的是，应该根据相关的安全性标准来设置算法的安全参数。

第 15 章　建立安全信道

密码学最广泛的应用之一就是在不安全的网络环境下，为通信实体的双方建立安全的通信信道，使两个实体能够安全地传递信息。安全信道是保护所传递数据抵抗窃听和篡改的重要方法。

在第 4 章中，我们给出了一个在网络环境下进行文件传输的示例程序。然而，这种传输方式对文件没有做任何的"防护"。除收发双方之外，任何第三方都很容知道传输的内容。显然，在这种情况下，收发双方根本没有"秘密"可言。

本章借助前面学习的一些密码学原语，向读者介绍如何实现文件的安全传输。本章以一个网络程序为例，演示如何利用这些密码学原语建立安全信道，并进行文件的安全传输。

15.1　基础知识

在通信中，用户会根据不同的安全需求，建立不同性质的通信信道，它们分别是机密性信道、认证性信道以及机密性和认证性信道。

(1) 机密性信道可以抵抗所传输的数据被窃听，但是不能够保证数据不被篡改，仅使用加密算法即可满足这种需求。

(2) 认证性信道可以保证数据不被篡改，但是不能够保证所传递数据的机密性，仅使用认证算法(数字签名或消息认证码算法)即可满足这种需求。

(3) 机密性和认证性信道不但可以保证所传递数据不被窃听，而且还可以保证数据不被篡改，这种需求需要同时使用加密算法和认证算法。在密码学上，这种类型的信道既可以抵抗被动攻击者又可以抵抗主动攻击者，如图 15.1 所示。

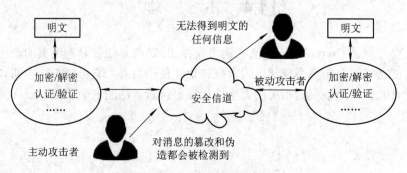

图 15.1　安全的数据传输模型

在密码学中，安全信道通常具有如下特点：

(1) 提供对数据源的认证。

(2) 保证机密性。

(3) 保证数据完整性。

(4) 防止重放攻击。

为了满足上述特点,就必须建立具有机密性和认证性功能的信道。它的典型实现方式是,"通信实体的双方先利用密钥交换协议为双方产生一个共享的信息,然后把这个共享的信息作为对称加密算法和消息认证算法的密钥,双方使用对称加密算法和消息认证算法来保证所传递数据的安全性"。

下面分析实现具有这种功能的信道所需的密码学组件。在下面的描述中,我们称通信的双方分别为服务器端(简称服务端)和客户端。

15.2　产生共享信息

15.2.1　方案分析

密钥协商算法可以使双方产生共享的信息。假定服务端和客户端已经协商了双方所采用的密钥协商算法和公共参数,它们执行如下操作即可得到共享信息:

1. 产生共享信息的初步方案

(1) 服务端根据公共参数,产生一个随机的私钥,计算出该私钥对应的公钥并把这个公钥发送给客户端。

(2) 客户端也根据公共参数,产生一个随机的私钥,计算出该私钥对应的公钥并把这个公钥发送给服务端。

(3) 服务端和客户端分别根据自己的私钥和对方的公钥计算出一个共享的信息。

当通信双方执行完上述操作后,即可产生一个共享值。然而,它们发送给对方的公钥都没有相应的"标签"。因此,存在中间人攻击的可能性,即它们接收到的密钥协商算法公钥并非来源于真实的另一方。由此可见,这种方法产生的共享信息不可靠。

为了验证密钥协商算法公钥的来源,需要双方将密钥协商算法的公钥和公钥的签名一起发送给对方。因此,客户端和服务端还需要一个数字签名算法。

假定服务端和客户端已经约定了所使用的数字签名算法,而且它们分别有己方的签名私钥和对方的签名公钥,它们执行如下的操作即可产生一个安全的、可靠的共享信息。

2. 产生共享信息的改进方案

(1) 服务端根据公共参数,产生密钥协商算法公私钥对。利用己方的签名私钥对产生的公钥进行签名,并把产生的公钥和公钥的签名发送给客户端。

(2) 客户端也根据公共参数,产生密钥协商算法公私钥对。利用己方的签名私钥对产生的公钥进行签名,并把产生的公钥和公钥的签名发送给服务端。

(3) 服务端和客户端在接收到对方的密钥协商算法公钥和对应的签名后,先用对方签名公钥验证接收到的密钥协商算法公钥的合法性。若验证成功,它就根据己方密钥协商算法私钥和接收的公钥计算出共享的信息。若验证失败，程序就抛出异常并退出。

15.2.2　算法和参数的选取

1. 算法的选取

从前面的章节可知，在 CryptoPP 库中我们可以使用的密钥协商算法和数字签名算法有许多。在这里我们选择 DH(Diffie-Hellman)算法作为本方案的密钥协商算法，选择 ECDSA(Elliptic Curve Digital Signature Algorithm)算法作为本方案的数字签名算法。为了产生密钥协商过程所需的随机数，我们还需要选择一个随机数发生器。这里要求该随机数发生器不需要外部输入种子，而且还要求产生的随机数有较好的统计特性。因此，选择 AutoSeededRandomPool 算法作为本方案的随机数发生器算法。

2. 参数的选取

在前面的方案分析中，我们假定服务端和客户端会共享一些公开的 DH 算法参数。同时，还假定服务端和客户端均有一对签名公私钥。那么在具体的应用场景中，如何选取这些参数？

1) DH 算法公开参数的选取

通常，在使用密钥协商算法时，我们会采用一些公开的、标准的参数。例如，RFC3526(More Modular Exponential (MODP) Diffie-Hellman groups for Internet Key Exchange (IKE))和 RFC5114(Additional Diffie-Hellman Groups for Use with IETF Standards) 就提供了一些公开可用的 Diffie-Hellman 参数。这些标准提供的参数形式通常为 $\{p, g\}$ 或 (p, q, g)。其中，p 是 $Z_p^{\times}$ 群的模且它是一个素数，q 是 Schnorr 子群的阶，g 是 $Z_p^{\times}$ 群的 q 阶 Schnorr 子群的生成元。在本方案中，客户端和服务端均选择 1024 比特的 MODP 群，该群有 160 比特的素数阶子群，它各个参数的十六进制表示形式如下：

　　 p = B10B8F96 A080E01D DE92DE5E AE5D54EC 52C99FBC FB06A3C6

　　　　 9A6A9DCA 52D23B61 6073E286 75A23D18 9838EF1E 2EE652C0

　　　　 13ECB4AE A9061123 24975C3C D49B83BF ACCBDD7D 90C4BD70

　　　　 98488E9C 219A7372 4EFFD6FA E5644738 FAA31A4F F55BCCC0

　　　　 A151AF5F 0DC8B4BD 45BF37DF 365C1A65 E68CFDA7 6D4DA708

　　　　 DF1FB2BC 2E4A4371

　　 g = A4D1CBD5 C3FD3412 6765A442 EFB99905 F8104DD2 58AC507F

　　　　 D6406CFF 14266D31 266FEA1E 5C41564B 777E690F 5504F213

　　　　 160217B4 B01B886A 5E91547F 9E2749F4 D7FBD7D3 B9A92EE1

　　　　 909D0D22 63F80A76 A6A24C08 7A091F53 1DBF0A01 69B6A28A

　　　　 D662A4D1 8E73AFA3 2D779D59 18D08BC8 858F4DCE F97C2A24

　　　　 855E6EEB 22B3B2E5

　　 q = F518AA87 81A8DF27 8ABA4E7D 64B7CB9D 49462353

读者还可以选择上述文档给出的其他标准参数。当然，读者也可以像前面章节一样，利用随机数发生器直接生成特定长度的 DH 算法公开参数。

2) ECDSA 算法公开参数的选取

在 CryptoPP 库中，ECDSA 算法是一个类模板，它有两个模板参数：一个是椭圆曲线代数结构；另一个是 Hash 函数。在本方案中，ECDSA 算法采用的代数结构和 Hash 函数分别是 ECP 和 Tiger。

与 DH 密钥协商算法一样，我们规定 ECDSA 算法也使用标准的椭圆曲线参数。本方案采用 ANS.1 规定的标准椭圆曲线参数 secp160r1。CryptoPP 库的头文件 oids.h 中还包含一些其他类型的标准 ECP 代数结构参数，如 secp521r1、secp192k1 等。

当服务端和客户端约定如何实例化 ECDSA 算法以及所采用的参数后，它们可以分别执行如下的程序来产生数字签名的公私钥对：

```cpp
#include<iostream>                          //使用 cout、cin
#include<osrng.h>                           //使用 AutoSeededRandomPool
#include<files.h>                           //使用 FileSink
#include<string>                            //使用 string
#include<tiger.h>                           //使用 Tiger
#include<eccrypto.h>                        //使用 ECDSA
#include<oids.h>                            //使用 secp160r1()
using namespace std;                        // std 是 C++ 的命名空间
using namespace CryptoPP;                   // CryptoPP 是 CryptoPP 库的命名空间
int main()
{
    AutoSeededRandomPool rng;                   //定义一个随机数发生器对象
    ECDSA<ECP,Tiger>::PrivateKey prikey;        //定义 ECDSA 算法私钥对象
    // 使用标准的椭圆曲线参数初始化私钥对象
    prikey.Initialize(rng,ASN1::secp160r1());
    bool bResult=prikey.Validate(rng,3);        //验证私钥的安全级别
    if(bResult)
        cout <<"私钥满足要求的安全强度"<< endl;
    else
        cout <<"私钥不满足要求的安全强度"<< endl;
    ECDSA<ECP,Tiger>::PublicKey pubkey;         //定义公钥对象
    prikey.MakePublicKey(pubkey);               //根据签名私钥产生公钥
    prikey.Save(FileSink("sin_prikey.der").Ref());   //保存私钥至文件 sin_prikey.der
    pubkey.Save(FileSink("sin_pubkey.der").Ref());   //保存公钥至文件 sin_pubkey.der
    cout <<"产生公私钥对成功..."<< endl;
    return 0;
}
```

在上述程序中，先定义了一个随机数发生器对象，然后用椭圆曲线代数结构 ECP 和 Hash 函数 Tiger 分别实例化一个 ECDSA 私钥和公钥对象，并且用随机数发生器和标准的椭圆曲线参数 secp160r1 初始化私钥对象。紧接着，使用私钥的 Validate() 成员函数对

参数的安全性进行验证。接下来，根据私钥对象对公钥对象进行初始化。最后，将产生的公私钥分别保存至相应的文件中。

　　在本方案中，服务端运行上述程序，产生一对公私钥并将它们分别保存至文件 sin_prikey_server.der 和 sin_prikey_server.der 中。客户端也执行上述程序，产生一对公私钥并将它们分别保存至文件 sin_pubkey_client.der 和 sin_prikey_client.der 中。它们都保密私钥文件，将公钥文件公开或者放置到某一个公开的目录中，使得通信的另一方很容易获得。

15.2.3　方案执行流程图

　　服务端和客户端都采用 DH 密钥协商算法和 ECDSA 数字签名算法，并且它们共享了 15.2.2 所述的算法参数。在 15.2.1 节描述的方案中，服务端和客户端只要分别获取到对方的 ECDSA 签名公钥即可安全地产生共享的信息，具体的执行过程如图 15.2 所示。其中，Ver_server 和 Sig_client 分别表示服务端的公私钥。Ver_client 和 Sig_client 分别表示客户端的公私钥。dh_pub_ser、dh_pri_ser 和 tag_ser 依次表示服务端 DH 算法产生的公钥、私钥和公钥的签名。dh_pub_ser、dh_pri_cli 和 tag_cli 依次表示客户端 DH 算法产生的公钥、私钥和公钥的签名。agreedkey 表示服务端和客户端产生的共享值或共享信息。

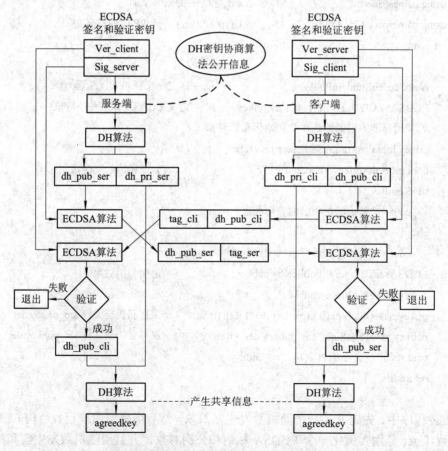

图 15.2　服务端和客户端产生共享信息的过程

15.3　完成文件的加密和认证

15.3.1　方案分析

执行 15.2 节所述的方案可以产生共享的信息。然而，这个共享值的长度是有限的，甚至不能够作为加密和认证算法的密钥。例如，通信双方需要频繁地进行文件传输或者需要大量的临时会话密钥加密聊天消息。因此，需要将这个短的共享信息扩展成更长的、共享的秘密信息。根据前面章节的内容可知，密钥派生函数(KDF)即可满足这种需求。当服务端和客户端有了所需长度的共享信息后，它们执行如下的操作即可完成文件的安全传输：

(1) 服务端和客户端利用共享信息和 KDF 算法分别产生足够长度的共享信息。它们将这些信息分别作为对称密码的密钥、对称密码的初始向量和消息认证(MAC)算法的密钥。

(2) 服务端使用对称加密算法完成对文件的加密，使用消息认证码算法实现对加密后文件的认证。之后，服务端将加密后的文件以及它的 MAC 值发送给客户端。

(3) 客户端收到加密后的文件以及它的 MAC 值后，使用同样的 MAC 算法对文件的完整性和来源进行验证。若验证成功，使用对称加密算法完成文件的解密。若验证失败，程序抛出异常并退出。

15.3.2　算法和参数的选取

1. 算法的选取

在这里我们选择 PKCS5_PBKDF2_HMAC 算法作为本方案的密钥派生(KDF)算法，选择 SM4 分组密码作为本方案所采用的对称密码算法，选择 HMAC 算法作为本方案的消息认证码(MAC)算法。需要注意的是，本方案要求分组密码以 CBC 模式运行。

2. 参数的选取

在 CryptoPP 库中，PKCS5_PBKDF2_HMAC 算法和 HMAC 算法都是类模板，它们的模板参数类型都是 Hash 函数类型的类。本方案选取 SM3 算法来实例化这两个类模板。

(1) 产生更长的共享信息。服务端和客户端分别利用 KDF 密钥派生算法将密钥协商算法产生的共享信息扩展成所需长度的共享信息，如图 15.3 所示。

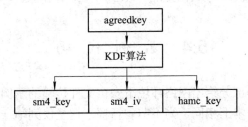

图 15.3　将短的共享信息扩展成更长的共享信息

需要注意的是，就本方案而言，密钥协商算法产生的共享信息已经能够满足对称密码和 MAC 算法的使用。在这里使用它的主要目的是向读者综合介绍一下这一密码原语的使用方法和使用场景。

(2) 获取 SM4 算法的密钥 key 和初始向量 iv。服务端和客户端分别从密钥派生算法产生的共享信息中依次截取与 SM4 算法密钥和初始向量等长的数据，并把它们分别作为 SM4 算法的密钥 key 和初始向量 iv，如图 15.3 所示。

(3) 获取 HMAC 算法的密钥。服务端和客户端分别从 SM4 算法获取初始向量结束的位置开始，截取与 HMAC 密钥等长的共享数据，并将它作为 HMAC 算法的密钥，如图 15.3 所示。

15.3.3　方案执行流程图

当服务端和客户端完成密钥协商后，它们分别利用 KDF 算法、SM4 算法和 HMAC 算法即可完成文件的安全传输，具体的执行过程如图 15.4 所示。其中，agreedkey 表示 DH 密钥协商算法计算的共享信息。sm4_key、sm4_iv 和 hmac_key 是 KDF 算法根据 agreedkey 产生的共享信息，它们依次表示 SM4 算法的密钥、SM4 算法的初始向量和 HMAC 算法的密钥。encf 表示原始文件被 SM4 算法加密后的密文文件，tag 表示密文文件在 HMAC 算法和密钥 hmac_key 的作用下产生的 MAC 值或消息认证码。

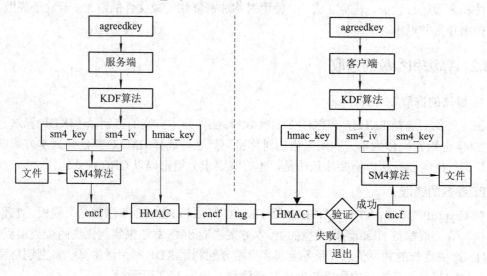

图 15.4　文件的加密、认证和验证、解密过程

15.4　示例代码

根据前面的分析，本部分给出网络环境下安全文件传输的示例代码。由于服务端和客户端所使用的头文件基本上相同，为了节省篇幅，这里仅列举一次它们所包含的头文件信息和使用的命名空间，如下所示：

```
#include<iostream>                        //使用 cout、cin
```

```
#include<boost/asio.hpp>              //使用 Asio 程序库相关的类
#include<fstream>                     //使用 ifstream 和 ofstream
#include<secblock.h>                  //使用 SecByteBlock
#include<algorithm>                   //使用 min()函数
#include<files.h>                     //使用 FileSink
#include<string>                      //使用 string
#include<osrng.h>                     //使用 AutoSeededRandomPool
#include<files.h>                     //使用 FileSink
#include<tiger.h>                     //使用 Tiger
#include<sm3.h>                       //使用 SM3
#include<eccrypto.h>                  //使用 ECDSA
#include<integer.h>                   //使用 Integer
#include<dh.h>                        //使用 DH
#include<hmac.h>                      //使用 HMAC
#include<modes.h>                     //使用 CBC_Mode
#include<sm4.h>                       //使用 SM4
#include<hex.h>                       //使用 HexEncoder
#include<pwdbased.h>                  //使用 PKCS5_PBKDF2_HMAC
using namespace std;                  //使用 C++标准命名空间
using namespace CryptoPP;             //使用 CryptoPP 库的命名空间
using namespace boost;                //使用 Boost 程序库的命名空间
using namespace boost::asio;          //使用 Boost 程序库中的 Asio 程序库的命名空间
```

　　为了模拟实际的安全通信过程，我们在网络环境下实现本章的示例程序。在服务端和客户端的示例代码中，我们均使用 Boost 程序库的 Asio 程序库来实现数据的收、发功能。Boost 程序库是一系列程序库的统称或集合，它包含许多不同功能的程序库，Asio 程序库是它的一个子程序库。其中，asio.hpp 是 Asio 程序库的一个头文件，它包含了整个程序库和网络相关的类定义。boost 是 Boost 程序库的命名空间，asio 是 Asio 程序库的命名空间，后者是一个包含于前者的子命名空间。

15.4.1　服务端示例代码

　　示例代码如下：

```
//========程序需要包含的头文件========
//功能：将文件 filename 中 size 字节长度的内容发送至客户端 socket 对象
//参数：filename—— 要发送的文件名字，
        Size—— 要发送的内容长度，
        Sock—— 客户端 socket 对象的引用
size_t send_file_by_fixed_length(const char* filename, size_t size, asio::ip::tcp::socket& sock);
//功能：将文件 filename 中的内容发送至客户端 socket
```

```
//参数：filename——要发送的文件名字,
        Sock——客户端 socket 对象的引用
//返回值：bool 类型。若发送成功，则返回 true；否则，返回 false
bool send_all_file(const char* filename, asio::ip::tcp::socket& sock);
//功能：以十六进制的形式将 content 地址开始的 size 字节长度数据打印至标准输出设备
//参数：str——十六进制形式输出数据的前缀信息,
        Content——待输出缓冲区的首地址,
        Size——缓冲区 content 的长度
void printinfo(const string& str, const byte* content, size_t size);
int main()
{
    try
    {
        io_service io;
        string filename;                              //存储发送至客户端的文件名字
        unsigned short port;                          //存储绑定的端口号
        cout <<"输入要发送的文件名字:";
        getline(cin, filename);                       //输入文件名字
        cout <<"输入服务端绑定的端口号:";
        cin >> port;                                  //输入绑定的端口号
        ip::tcp::acceptor acceptor(io, ip::tcp::endpoint(ip::tcp::v4(), port)); //定义端口号对象
        ip::tcp::socket sock(io);                     //定义 socket 对象
        acceptor.accept(sock);                        //接受客户端的连接
        //初始化 ECDSA 算法——数字签名算法
        AutoSeededRandomPool rng;                     //定义一个随机数发生器对象
        ECDSA<ECP, Tiger>::PrivateKey Sig_server;     //定义 ECDSA 算法私钥对象
        Sig_server.Load(FileSource("sin_prikey_server.der", true).Ref());     //加载服务端签名私钥
        ECDSA<ECP, Tiger>::PublicKey Ver_client;      //定义 ECDSA 算法公钥对象
        Ver_client.Load(FileSource("sin_pubkey_client.der", true).Ref()); //加载客户端签名公钥
        //构造签名器对象，服务端对 DH 算法产生的公钥进行签名
        ECDSA<ECP, Tiger>::Signer sig_server(Sig_server);        //构造签名器对象
        //构造验证器对象，服务端对客户端发来的公钥的合法性进行验证
        ECDSA<ECP, Tiger>::Verifier ver_client(Ver_client);     //构造验证器对象
        cout <<"服务端成功加载己方数字签名私钥和对方数字签名公钥..."<< endl;
        //初始化 DH 算法——密钥协商算法
        Integer p("B10B8F96A080E01DDE92DE5EAE5D54EC52C99FBCFB06A3C6"
            "9A6A9DCA52D23B616073E28675A23D189838EF1E2EE652C0"
            "13ECB4AEA906112324975C3CD49B83BFACCBDD7D90C4BD70"
            "98488E9C219A73724EFFD6FAE5644738FAA31A4FF55BCCC0"
```

```
    "A151AF5F0DC8B4BD45BF37DF365C1A65E68CFDA76D4DA708"
    "DF1FB2BC2E4A4371h");
Integer g("A4D1CBD5C3FD34126765A442EFB99905F8104DD258AC507F"
    "D6406CFF14266D31266FEA1E5C41564B777E690F5504F213"
    "160217B4B01B886A5E91547F9E2749F4D7FBD7D3B9A92EE1"
    "909D0D2263F80A76A6A24C087A091F531DBF0A0169B6A28A"
    "D662A4D18E73AFA32D779D5918D08BC8858F4DCEF97C2A24"
    "855E6EEB22B3B2E5h");
Integer q("F518AA8781A8DF278ABA4E7D64B7CB9D49462353h");
DH dh(p, q, g);                    //定义一个 DH 算法对象并用标准的参数初始化它
cout <<"服务端 DH 算法参数初始化完毕..."<< endl;
//服务端密钥协商算法产生公私钥对
SecByteBlock dh_pri_ser(dh.PrivateKeyLength());          //存储服务端私钥
SecByteBlock dh_pub_ser(dh.PublicKeyLength());           //存储服务端公钥
dh.GenerateKeyPair(rng, dh_pri_ser, dh_pub_ser);         //产生公私钥对
//对服务端密钥协商产生的公钥签名，并将签名和公钥发送至服务端
size_t msg_sig_len = dh_pub_ser.size() + sig_server.SignatureLength();  //公钥和签名总长
SecByteBlock msg_sig_str_send(msg_sig_len);       //存储服务端的 DH 公钥和签名
ArraySource Sig_dh_pubkey_Src(dh_pub_ser, dh_pub_ser.size(), true, //对己方 DH 公钥签名
    new SignerFilter(rng, sig_server,
        new ArraySink(msg_sig_str_send, msg_sig_len), true));
write(sock, asio::buffer(msg_sig_str_send, msg_sig_len)); //发送己方 DH 公钥和签名
//接收客户端发来的 DH 公钥及其签名，并验证其合法性
SecByteBlock dh_pub_cli(dh.PublicKeyLength());        //存储客户端产生的 DH 算法公钥
SecByteBlock tag_dhpub_cli(msg_sig_len);              //存储客户端发来 DH 公钥和签名
read(sock, asio::buffer(tag_dhpub_cli, msg_sig_len));   //接收公钥和签名
ArraySource ArrSrc(tag_dhpub_cli, msg_sig_len, true,   //验证客户端的 DH 公钥和签名
    new SignatureVerificationFilter(ver_client,
    new ArraySink(dh_pub_cli, dh_pub_cli.size()),
    SignatureVerificationFilter::SIGNATURE_AT_END |
    SignatureVerificationFilter::PUT_MESSAGE|
    SignatureVerificationFilter::THROW_EXCEPTION));
printinfo("dh_pub_cli", dh_pub_cli, dh_pub_cli.size()); //打印客户端公钥
printinfo("dh_pub_ser", dh_pub_ser, dh_pub_ser.size()); //打印服务端公钥
cout <<"验证客户端 DH 算法公钥成功..."<< endl;
SecByteBlock agreedkey(dh.AgreedValueLength());       //存储双方协商的共享值
/根据己方 DH 的私钥和对方的 DH 公钥产生一个共享的值
bool bResult = dh.Agree(agreedkey, dh_pri_ser, dh_pub_cli);
if (bResult)
```

```
        cout <<"客户端和服务端协商密钥成功..."<< endl;
else
{
    throw Exception(Exception::INVALID_ARGUMENT,
        "客户端和服务端协商密钥失败");              //抛出异常
}
printinfo("agreedkey", agreedkey, agreedkey.size());        //打印协商的共享值
PKCS5_PBKDF2_HMAC<SM3> pbkdf;                    //定义密钥派生函数
//以 CBC 模式运行分组密码 SM4
CBC_Mode<SM4>::Encryption cbc_sm4_enc;            //定义 SM4 算法加密器对象
//根据双方协商的共享信息，利用密钥派生函数产生分组密码的 key、iv、HMAC 密钥
size_t Derive_len = cbc_sm4_enc.DefaultKeyLength() + cbc_sm4_enc.DefaultIVLength()
    + HMAC_Base::DEFAULT_KEYLENGTH;      //KDF 算法需要派生的共享信息长度
SecByteBlock DerivedSecretInfo(Derive_len); //存储 KDF 派生的共享值
pbkdf.DeriveKey(DerivedSecretInfo, Derive_len, agreedkey, agreedkey.size()); //派生共享信息
printinfo("DerivedSecretInfo", DerivedSecretInfo, DerivedSecretInfo.size()); //打印派生信息
SecByteBlock sm4_key(cbc_sm4_enc.DefaultKeyLength()); //存储 SM4 算法的密钥
SecByteBlock sm4_iv(cbc_sm4_enc.DefaultIVLength()); //存储 SM4 算法的初始向量
//依次从派生的信息中截取 SM4 算法的密钥和初始向量
memcpy_s(sm4_key, sm4_key.size(), DerivedSecretInfo, sm4_key.size());
memcpy_s(sm4_iv, sm4_iv.size(), DerivedSecretInfo+ sm4_key.size(), sm4_iv.size());
cbc_sm4_enc.SetKeyWithIV(sm4_key, sm4_key.size(), sm4_iv, sm4_iv.size());
printinfo("sm4_key", sm4_key, sm4_key.size());        //打印 SM4 算法的密钥
printinfo("sm4_iv", sm4_iv, sm4_iv.size());           //打印 SM4 算法的初始向量
FileSource cbc_sm4_encSrc(filename.c_str(), true,
    new StreamTransformationFilter(cbc_sm4_enc,
        new FileSink("cbc_sm4_cipher_tmp")));        //加密文件 filename
cout <<"已完成文件的加密..."<< endl;
SecByteBlock hmac_key(HMAC_Base::DEFAULT_KEYLENGTH);  //存储 HMAC 密钥
memcpy_s(hmac_key, hmac_key.size(), DerivedSecretInfo +sm4_key.size() + sm4_iv.size(),
        HMAC_Base::DEFAULT_KEYLENGTH);      //从派生的信息中截取 HMAC 密钥
printinfo("hmac_key", hmac_key, hmac_key.size());     //打印 HMAC 算法的密钥
HMAC<SM3> hmac(hmac_key, hmac_key.size());            //定义消息认证码对象
FileSource cbc_sm4_cipherSrc("cbc_sm4_cipher_tmp", true,
    new HashFilter(hmac,
        new FileSink("cbc_sm4_cipher_hamc_tmp"), true));  //认证加密后的文件
cout <<"已完成对加密文件的认证..."<< endl;
send_all_file("cbc_sm4_cipher_hamc_tmp", sock);  //将加密和认证后的文件发送至客户端
cout <<"已经将加密和认证后的文件发送至客户端..."<< endl;
```

```
        while (true);                          //让程序继续运行，以便在控制台观察输出结果
    }
    catch (const boost::system::system_error& e)
    {//出现异常
        cout << e.what() << endl;              //异常原因
    }
    catch (const Exception& e)
    {//出现异常
        cout << e.what() << endl;              //异常原因
    }
    return 0;
}
size_t send_file_by_fixed_length(const char* filename, size_t size, asio::ip::tcp::socket& sock)
{
    static const unsigned int BUFFER_SIZE = 1024;       //每次读取的最大字节数
    unsigned int total = 0;                             //总共读取的字节数
    SecBlock<char> buff(min(size, BUFFER_SIZE));        //分配存储空间
    ifstream in(filename, ios_base::in | ios_base::binary);   //打开文件
    while (size && in.good())                           //判断数据是否读取完毕以及文件流当前的状态
    {
        in.read(buff, min(size, BUFFER_SIZE));          //从文件读取数据
        streamsize l = in.gcount();                     //本次读取的数据长度
        asio::write(sock, asio::buffer(buff, l));       //将读取的数据发送至客户端
        size -= l;                                      //计算剩余需要读取的字节数
        total += l;                                     //统计读取的字节数
    }
    if (!in.good() && !in.eof())
        throw Exception(Exception::IO_ERROR, "读取文件发生意外");
    return total;
}
bool send_all_file(const char* filename, asio::ip::tcp::socket& sock)
{
    ifstream in(filename);                              //打开文件
    in.seekg(0, ios_base::end);                         //移动文件指针至文件末尾
    streamoff length = in.tellg();                      //获取文件的长度
    in.close();                                         //关闭文件
    write(sock, asio::buffer(&length, sizeof(streamoff)));   //通知客户端将要发送的文件长度
    if (length == send_file_by_fixed_length(filename, length, sock))   //发送整个文件
        return true;                                    //读取文件中的所有数据失败
```

```
        else
            return false;                                  //读取文件中的所有数据成功
        }
        void printinfo(const string& str, const byte* content, size_t size)
        {
            cout << str <<": ";                            //输出前缀
            ArraySource hmac_keySrc(content, size, true,
                new HexEncoder(
                    new FileSink(cout)));                  //以十六进制形式输出 content 的内容
            cout << endl;                                  //换行
        }
```

服务端程序关键代码段说明如下：

(1) 初始化网络服务。在程序进入主函数 main()后，首先要求用户输入服务端要发送的文件名 filename 和绑定的端口号 port。然后，服务端程序就在指定的端口号上监听并等待客户端的连接请求。当有客户端发来连接请求时，就接受该请求。

```
        acceptor.accept(sock);//接受客户端的连接
```

(2) 服务端程序开始初始化相关算法。它先从文件中加载己方的 ECDSA 签名私钥和客户端的 ECDSA 签名公钥，并分别用它们构造己方的签名器对象 sig_server 和客户端的签名验证器对象 ver_client。之后，它用双方预先约定 DH 算法标准参数来初始化一个密钥协商对象 DH。

```
        Sig_server.Load(FileSource("sin_prikey_server.der", true).Ref());   //加载服务端签名私钥
        Ver_client.Load(FileSource("sin_pubkey_client.der", true).Ref());   //加载客户端签名公钥
        ECDSA<ECP, Tiger>::Signer sig_server(Sig_server);                   //构造签名器对象
        ECDSA<ECP, Tiger>::Verifier ver_client(Ver_client);                 //构造验证器对象
```

(3) 服务端执行密钥协商以产生共享的信息。它先利用 dh 对象和随机数发生器对象产生一个随机的公私钥对。

```
        dh.GenerateKeyPair(rng, dh_pri_ser, dh_pub_ser);                    //产生公私钥对
```

它将私钥保密 dh_pri_ser，并利用己方的签名器 sig_server 完成对公钥 dh_pub_ser 的签名。之后，将己方的 DH 公钥和签名 msg_sig_str_send 发送给客户端。

```
        ArraySource Sig_dh_pubkey_Src(dh_pub_ser, dh_pub_ser.size(), true, //对己方 DH 公钥签名
            new SignerFilter(rng, sig_server,
                new ArraySink(msg_sig_str_send, msg_sig_len), true));
        write(sock, asio::buffer(msg_sig_str_send, msg_sig_len));          //发送己方 DH 公钥和签名
```

接下来，它接收客户端发来的 DH 公钥和签名 tag_dhpub_cli，并验证该签名的合法性。

```
        read(sock, asio::buffer(tag_dhpub_cli, msg_sig_len));              //接收公钥和签名
        ArraySource ArrSrc(tag_dhpub_cli, msg_sig_len, true,              //验证客户端的 DH 公钥和签名
            new SignatureVerificationFilter(ver_client,
                new ArraySink(dh_pub_cli, dh_pub_cli.size()),
                SignatureVerificationFilter::SIGNATURE_AT_END |
```

```
SignatureVerificationFilter::PUT_MESSAGE|
    SignatureVerificationFilter::THROW_EXCEPTION));
```

若验证失败，程序抛出异常并退出；若验证成功，则程序执行密钥协商算法，产生一个共享信息 agreedkey。

```
bool bResult = dh.Agree(agreedkey, dh_pri_ser, dh_pub_cli);
```

(4) 实现对文件的加密。服务端分别定义基于口令的密钥派生函数对象 pbkdf 和 CBC 运行模式下的 SM4 算法加密对象 cbc_sm4_enc。接着，它利用 KDF 算法产生所需长度的共享信息。

```
pbkdf.DeriveKey(DerivedSecretInfo, Derive_len, agreedkey, agreedkey.size()); //派生共享信息
```

服务端按照约定的规则，依次从派生的信息中截取 SM4 算法所需长度的密钥和初始向量，并用这些信息初始化 cbc_sm4_enc 加密器对象。

```
memcpy_s(sm4_key, sm4_key.size(), DerivedSecretInfo, sm4_key.size());
memcpy_s(sm4_iv, sm4_iv.size(), DerivedSecretInfo+ sm4_key.size(), sm4_iv.size());
cbc_sm4_enc.SetKeyWithIV(sm4_key, sm4_key.size(), sm4_iv, sm4_iv.size());
```

服务端加密待发送的文件，并将密文存储于文件 cbc_sm4_cipher_tmp 中。

```
FileSource cbc_sm4_encSrc(filename.c_str(), true,
    new StreamTransformationFilter(cbc_sm4_enc,
        new FileSink("cbc_sm4_cipher_tmp")));          //加密文件 filename
```

(5) 实现对加密后文件的认证。服务端按照约定的规则，从派生的信息中截取 HMAC 算法所需的密钥，并构造一个消息认证码算法对象 hmac。然后，它利用该算法实现对加密后文件的认证，并将产生的 MAC 值和加密的密文存储于文件 cbc_sm4_cipher_hamc_tmp 中。

```
memcpy_s(hmac_key, hmac_key.size(), DerivedSecretInfo + sm4_key.size() + sm4_iv.size(),
    HMAC_Base::DEFAULT_KEYLENGTH);                    //从派生的信息中截取 HMAC 密钥
HMAC<SM3> hmac(hmac_key, hmac_key.size());           //定义消息认证对象
FileSource cbc_sm4_cipherSrc("cbc_sm4_cipher_tmp", true,
    new HashFilter(hmac,
        new FileSink("cbc_sm4_cipher_hamc_tmp"), true));   //认证加密后的文件
```

(6) 将加密认证后的文件发送至客户端。

```
send_all_file("cbc_sm4_cipher_hamc_tmp", sock); //将加密和认证后的文件发送至客户端
```

执行程序，在服务端输入如下信息，等待客户端的连接。

```
输入要发送的文件名字：VS2012.5.iso
输入服务端绑定的端口号：6666
…
```

15.4.2　客户端示例代码

示例代码如下：

```
//=======程序需要包含的头文件=======
```

```
//功能：从服务端 socket 上读取 size 字节长度的内容并存储于文件 filename
//参数 filename：从服务端接收的数据存储到的文件的名字
//参数 size：从服务端接收的数据长度(字节)
//参数 sock：服务端 socket 对象的引用
//返回值：bool 类型。若成功接收 size 字节长度的数据，则返回 true；否则，返回 false。
bool receive_file(const char* filename, size_t size, asio::ip::tcp::socket& sock);
//功能：以十六进制的形式将 content 地址开始的 size 字节长度数据打印至标准输出设备
//参数 str：十六进制形式输出数据的前缀信息
//参数 content：待输出缓冲区的首地址
//参数 size：缓冲区 content 的长度
void printinfo(const string& str,const byte* content,size_t size);
int main()
{
    try
    {
        io_service io;
        ip::tcp::socket sock(io);                    //定义 socket 对象
        string raw_ip;                               //存储 IP 地址
        unsigned short port;                         //存储端口号
        cout <<"输入要连接的服务端 IP 地址：";
        getline(cin, raw_ip);                        //输入连接的服务端 IP 地址
        cout <<"输入要连接的服务端绑定的端口号：";
        cin >> port;                                 //输出要连接的服务端端口号
        ip::tcp::endpoint ep(ip::address::from_string(raw_ip.c_str()),port); //定义端口号对象
        sock.connect(ep);                            //连接指定 IP 地址和端口号的服务端
        //初始化 ECDSA 算法—— 数字签名算法
        AutoSeededRandomPool rng;                    //定义一个随机数发生器对象
        ECDSA<ECP, Tiger>::PrivateKey Sig_client;    //定义 ECDSA 算法私钥对象
        Sig_client.Load(FileSource("sin_prikey_client.der", true).Ref()); //加载客户端签名私钥
        ECDSA<ECP, Tiger>::PublicKey Ver_server;     //定义 ECDSA 算法公钥对象
        Ver_server.Load(FileSource("sin_pubkey_server.der", true).Ref()); //加载服务端签名公钥
        //构造签名器对象，客户端对 DH 算法产生的公钥进行签名
        ECDSA<ECP, Tiger>::Signer sig_client(Sig_client);    //构造签名器对象
        //构造验证器对象，客户端对服务端发来的公钥的合法性进行验证
        ECDSA<ECP, Tiger>::Verifier ver_server(Ver_server);  //构造验证器对象
        cout <<"客户端成功加载己方数字签名私钥和对方数字签名公钥..."<< endl;
        //DH 密钥协商算法
        Integer p("B10B8F96A080E01DDE92DE5EAE5D54EC52C99FBCFB06A3C6"
            "9A6A9DCA52D23B616073E28675A23D189838EF1E2EE652C0"
```

```
                 "13ECB4AEA906112324975C3CD49B83BFACCBDD7D90C4BD70"
                 "98488E9C219A73724EFFD6FAE5644738FAA31A4FF55BCCC0"
                 "A151AF5F0DC8B4BD45BF37DF365C1A65E68CFDA76D4DA708"
                 "DF1FB2BC2E4A4371h");
    Integer g("A4D1CBD5C3FD34126765A442EFB99905F8104DD258AC507F"
                 "D6406CFF14266D31266FEA1E5C41564B777E690F5504F213"
                 "160217B4B01B886A5E91547F9E2749F4D7FBD7D3B9A92EE1"
                 "909D0D2263F80A76A6A24C087A091F531DBF0A0169B6A28A"
                 "D662A4D18E73AFA32D779D5918D08BC8858F4DCEF97C2A24"
                 "855E6EEB22B3B2E5h");
    Integer q("F518AA8781A8DF278ABA4E7D64B7CB9D49462353h");
    DH dh(p, q, g);           //定义一个 DH 算法对象并用标准的参数初始化它
    cout <<"客户端 DH 算法参数初始化完毕..."<< endl;
    //客户端密钥协商算法产生公私钥对
    SecByteBlock dh_pri_cli(dh.PrivateKeyLength());          //存储客户端产生私钥
    SecByteBlock dh_pub_cli(dh.PublicKeyLength());           //存储客户端公钥
    dh.GenerateKeyPair(rng, dh_pri_cli, dh_pub_cli) ;        //产生公私钥对
    //对己方密钥协商产生的公钥签名，并将签名和公钥发送至服务端
    size_t   msg_sig_len = dh_pub_cli.size() + sig_client.SignatureLength();  //公钥和签名总长
    SecByteBlock msg_sig_str_send(msg_sig_len);       //存储客户端的 DH 公钥和签名
    ArraySource Sig_dh_pubkey_Src(dh_pub_cli, dh_pub_cli.size(), true,  //对己方 DH 公钥签名
        new SignerFilter(rng, sig_client,
            new ArraySink(msg_sig_str_send, msg_sig_len), true));
    write(sock, asio::buffer(msg_sig_str_send, msg_sig_len));       //发送己方 DH 公钥和签名
    //接收服务端发来的 DH 公钥及其签名，并验证其合法性
    SecByteBlock dh_pub_ser(dh.PublicKeyLength());   //存储服务端发来的 DH 算法公钥
    SecByteBlock tag_dhpub_ser(msg_sig_len);         //存储服务端发来的 DH 公钥和签名
    read(sock, asio::buffer(tag_dhpub_ser, msg_sig_len));   //从网络上接收服务端 DH 公钥和签名
    ArraySource ArrSrc(tag_dhpub_ser, msg_sig_len, true, //验证服务端的 DH 公钥和签名
        new SignatureVerificationFilter(ver_server,
            new ArraySink(dh_pub_ser, dh_pub_ser.size()),
                SignatureVerificationFilter::SIGNATURE_AT_END |
                SignatureVerificationFilter::PUT_MESSAGE|
                SignatureVerificationFilter::THROW_EXCEPTION));
    printinfo("dh_pub_cli", dh_pub_cli, dh_pub_cli.size());     //打印客户端公钥
    printinfo("dh_pub_ser", dh_pub_ser, dh_pub_ser.size());     //打印服务端公钥
    cout <<"验证服务端 DH 算法公钥成功..."<< endl;
    SecByteBlock agreedkey(dh.AgreedValueLength());          //存储双方协商的共享值
    //根据己方 DH 的私钥和对方的 DH 公钥产生一个共享的值
```

```cpp
bool bResult = dh.Agree(agreedkey, dh_pri_cli, dh_pub_ser);
if (bResult)
    cout <<"客户端和服务端协商密钥成功..."<< endl;
else
{
    throw Exception(Exception::INVALID_ARGUMENT,
        "客户端和服务端协商密钥失败");                    //抛出异常
}
printinfo("agreedkey", agreedkey, agreedkey.size());        //打印协商的共享值
streamoff length;                        //存储从服务端将要读取的数据长度
read(sock, asio::buffer(&length, sizeof(streamoff)));        //从服务端读取数据
if (receive_file("cbc_sm4_cipher_hamc_tmp", length, sock))
    cout <<"从服务端成功读取指定长度的文件..."<< endl;
else
    throw Exception(Exception::IO_ERROR, "从服务端读取指定长度文件失败...");
cout <<"读取的文件(已经被加密和认证)长度为"<< length <<"(字节)"<< endl;
PKCS5_PBKDF2_HMAC<SM3> pbkdf; //定义密钥派生函数对象
//以 CBC 模式运行分组密码 SM4
CBC_Mode<SM4>::Decryption cbc_sm4_dec;            //定义 SM4 算法解密器对象
//根据双方协商的共享信息, 利用密钥派生函数产生分组密码的 key、iv、HMAC 密钥
size_t Derive_len = cbc_sm4_dec.DefaultKeyLength() + cbc_sm4_dec.DefaultIVLength()
    + HMAC_Base::DEFAULT_KEYLENGTH; //KDF 算法需要派生的共享信息长度
SecByteBlock DerivedSecretInfo(Derive_len);            //存储 KDF 派生的共享值
pbkdf.DeriveKey(DerivedSecretInfo, Derive_len, agreedkey, agreedkey.size());
//派生共享信息
printinfo("DerivedSecretInfo", DerivedSecretInfo, DerivedSecretInfo.size()); //打印派生信息
SecByteBlock sm4_key(cbc_sm4_dec.DefaultKeyLength());        //存储 SM4 算法的密钥
SecByteBlock sm4_iv(cbc_sm4_dec.DefaultIVLength());        //存储 SM4 算法的初始向量
//依次从派生的信息中截取 SM4 算法的密钥和初始向量
memcpy_s(sm4_key, sm4_key.size(), DerivedSecretInfo, sm4_key.size());
memcpy_s(sm4_iv, sm4_iv.size(), DerivedSecretInfo + sm4_key.size(), sm4_iv.size());
cbc_sm4_dec.SetKeyWithIV(sm4_key, sm4_key.size(), sm4_iv, sm4_iv.size());
printinfo("sm4_key", sm4_key, sm4_key.size());            //打印 SM4 算法的密钥
printinfo("sm4_iv", sm4_iv, sm4_iv.size());            //打印 SM4 算法的初始向量
SecByteBlock hmac_key(HMAC_Base::DEFAULT_KEYLENGTH);    //存储 HMAC 密钥
memcpy_s(hmac_key, hmac_key.size(),DerivedSecretInfo + sm4_key.size() + sm4_iv.size(),
    HMAC_Base::DEFAULT_KEYLENGTH); //从派生的信息中截取 HMAC 密钥
printinfo("hmac_key", hmac_key, hmac_key.size());    //打印 HMAC 算法的密钥
HMAC<SM3> hmac(hmac_key, hmac_key.size());        //定义 HMAC 验证算法对象
```

```
        FileSource cipher_unhmac_Src("cbc_sm4_cipher_hamc_tmp", true,    //验证文件
            new HashVerificationFilter(hmac,
                new FileSink("cbc_sm4_cipher_tmp"), HashVerificationFilter::PUT_MESSAGE |
        HashVerificationFilter::HASH_AT_END|HashVerificationFilter::THROW
            _EXCEPTION));
        cout <<"文件完整性校验完毕..."<< endl;
        FileSource cbc_sm4_decSrc("cbc_sm4_cipher_tmp", true,       //解密文件
            new StreamTransformationFilter(cbc_sm4_dec,
                new FileSink("receive.txt")));
        cout <<"文件解密完毕..."<< endl;
        while (true);                        //让程序继续运行，以便在控制台观察输出结果
    }
    catch (const boost::system::system_error& e)
    {//出现异常
        cout << e.what() << endl;                        //异常原因
    }
    catch (const Exception& e)
    {//出现异常
        cout << e.what() << endl;                        //异常原因
    }
    return 0;
}
bool receive_file(const char* filename, size_t size, asio::ip::tcp::socket& sock)
{
    static const unsigned int BUFFER_SIZE = 1024;             //每次读取的最大字节数
    SecBlock<char> buff(min(size, BUFFER_SIZE));              //分配存储空间
    ofstream out(filename, ios_base::out | ios_base::binary);      //打开文件
    while (size && out.good())               //判断数据是否读取完毕以及文件流当前的状态
    {
        size_t len = min(size, BUFFER_SIZE);               //计算本次读取的数据长度
        read(sock, asio::buffer(buff, len));               //从服务端读取数据
        out.write(buff, len);                              //存储至文件
        size -= len;                                       //计算剩余需要读取的字节数
    }
    if (0 == size)
        return true;                //成功读取指定长度的数据
    else
        return false;               //无法读取指定长度的数据
}
```

```
void printinfo(const string& str, const byte* content, size_t size)
{
    cout << str <<":  ";                        //输出前缀
    ArraySource hmac_keySrc(content,size, true,
        new HexEncoder(
            new FileSink(cout)));        //以十六进制形式输出 content 的内容
    cout << endl;                            //换行
}
```

客户端程序关键代码段说明如下：

(1) 初始化网络服务。在程序进入主函数 main()后，首先要求客户端输入要连接的服务端 IP 地址和服务端绑定的端口号 port。然后，客户端向服务端发送连接请求。

```
sock.connect(ep);//连接指定 IP 地址和端口号的服务端
```

(2) 客户端程序开始初始化相关算法。它先从文件中加载己方的 ECDSA 签名私钥和服务端的 ECDSA 签名公钥，并分别用它们构造己方的签名器对象 sig_client 和服务端的签名验证器对象 ver_server。之后，它用双方预先约定 DH 算法标准参数来初始化一个密钥协商对象 DH。

```
Sig_client.Load(FileSource("sin_prikey_client.der", true).Ref());        //加载客户端签名私钥
Ver_server.Load(FileSource("sin_pubkey_server.der", true).Ref());        //加载服务端签名公钥
ECDSA<ECP, Tiger>::Signer sig_client(Sig_client);                        //构造签名器对象
ECDSA<ECP, Tiger>::Verifier ver_server(Ver_server);                      //构造验证器对象
```

(3) 客户端执行密钥协商以产生共享的信息。它先利用 DH 对象和随机数发生器对象产生一个随机的公私钥对。

```
dh.GenerateKeyPair(rng, dh_pri_cli, dh_pub_cli);//产生公私钥对
```

它将私钥保密 dh_pri_cli，并利用己方的签名器 sig_client 完成对公钥 dh_pub_cli 的签名。之后，将己方的 DH 公钥和公钥的签名 msg_sig_str_send 发送给服务端。

```
ArraySource Sig_dh_pubkey_Src(dh_pub_cli, dh_pub_cli.size(), true,    //对己方 DH 公钥签名
    new SignerFilter(rng, sig_client,
        new ArraySink(msg_sig_str_send, msg_sig_len), true));
    write(sock, asio::buffer(msg_sig_str_send, msg_sig_len));//发送己方 DH 公钥和公钥的签名
```

接下来，它接收服务端发来的 DH 公钥和签名 tag_dhpub_ser，并验证该签名的合法性。

```
read(sock, asio::buffer(tag_dhpub_ser, msg_sig_len));     //从网络上接收服务端 DH 公钥和签名
ArraySource ArrSrc(tag_dhpub_ser, msg_sig_len, true,     //验证服务端的 DH 公钥和签名
        new SignatureVerificationFilter(ver_server,
        new ArraySink(dh_pub_ser, dh_pub_ser.size()),
        SignatureVerificationFilter::SIGNATURE_AT_END |
        SignatureVerificationFilter::PUT_MESSAGE|
        SignatureVerificationFilter::THROW_EXCEPTION));
```

若验证失败，程序抛出异常并退出；若验证成功，则程序执行密钥协商算法，产生一个共享信息 agreedkey。

```
bool bResult = dh.Agree(agreedkey, dh_pri_cli, dh_pub_ser);
```

（4）从服务端接收加密和认证后的文件。客户端从服务端接收被加密和认证过的文件，并将文件命名为 cbc_sm4_cipher_hamc_tmp。

```
streamoff length;                              //存储从服务端将要读取的数据长度
read(sock, asio::buffer(&length, sizeof(streamoff)));        //从服务端读取数据
if (receive_file("cbc_sm4_cipher_hamc_tmp", length, sock))
    cout <<"从服务端成功读取指定长度的文件..."<< endl;
else
    throw Exception(Exception::IO_ERROR, "从服务端读取指定长度文件失败...");
```

（5）客户端对接收的文件进行验证。客户端分别定义 KDF 算法对象 pbkdf 和 CBC 运行模式下的 SM4 算法解密对象 cbc_sm4_dec。接下来，它利用 KDF 算法产生所需长度的共享信息。

```
pbkdf.DeriveKey(DerivedSecretInfo, Derive_len, agreedkey, agreedkey.size());//派生共享信息
```

客户端按照约定的规则，依次从派生的信息中截取 SM4 算法所需长度的密钥和初始向量，并用这些信息初始化 cbc_sm4_dec 解密器对象。

```
memcpy_s(sm4_key, sm4_key.size(), DerivedSecretInfo, sm4_key.size());
memcpy_s(sm4_iv, sm4_iv.size(), DerivedSecretInfo + sm4_key.size(), sm4_iv.size());
cbc_sm4_dec.SetKeyWithIV(sm4_key, sm4_key.size(), sm4_iv, sm4_iv.size());
```

按照约定的规则，从派生的信息中截取 HMAC 算法所需的密钥，并构造一个消息认证码算法对象 hmac。然后，利用该算法对接收的名为 cbc_sm4_cipher_hamc_tmp 的文件进行验证。若验证失败，程序抛出异常并退出。若验证成功，将接收的密文存储于文件 cbc_sm4_cipher_tmp 中。

```
memcpy_s(hmac_key, hmac_key.size(), DerivedSecretInfo + sm4_key.size() + sm4_iv.size(),
    HMAC_Base::DEFAULT_KEYLENGTH);                  //从派生的信息中截取 HMAC 密钥
HMAC<SM3> hmac(hmac_key, hmac_key.size());   //定义 HMAC 验证算法对象
FileSource cipher_unhmac_Src("cbc_sm4_cipher_hamc_tmp", true,   //验证文件
    new HashVerificationFilter(hmac,
        new FileSink("cbc_sm4_cipher_tmp"), HashVerificationFilter::PUT_MESSAGE |
        HashVerificationFilter::HASH_AT_END|HashVerificationFilter::THROW_EXCEPTION));
```

（6）从密文中恢复出明文。客户端利用 CBC 运行模式下的 SM4 算法对象 cbc_sm4_dec 解密存储于文件 cbc_sm4_cipher_tmp 中的密文，并将解密的结果存储于文件 receive.txt 中。执行程序，在客户端输入如下信息：

```
输入要连接的服务端 IP：127.0.0.1
输入要连接的服务端绑定的端口号：6666
...
```

15.4.3　程序运行结果说明

服务端和客户端先后启动，并分别输入 15.4.1 和 15.4.2 小节所述的信息(或其他正确

的 IP 地址和端口号)，双方就可以执行文件的安全传输。

服务端选取的待发送文件是 VS2012.5.iso，它是一个大约为 2.36 GB 的应用程序安装包文件。当服务端程序执行完毕后，可以在它所在的目录下发现两个文件，如图 15.5 所示。其中，文件 cbc_sm4_cipher_tmp 是文件 VS2012.5.iso 被 SM4 算法加密后的密文，而文件 cbc_sm4_cipher_hamc_tmp 是文件 cbc_sm4_cipher_tmp 被 HMAC 算法认证后的文件，即它由 SM4 算法加密后的密文和 HMAC 算法对这个密文计算的消息认证码组成。

名称 ▲	修改日期	类型	大小
Release	2018/12/4 21:18	文件夹	
cbc_sm4_cipher_hamc_tmp	2018/12/4 21:51	文件	2,479,267 KB
cbc_sm4_cipher_tmp	2018/12/4 21:27	文件	2,479,267 KB
secure_channel_server.cpp	2018/12/9 10:38	C++ Source	10 KB
secure_channel_server.vcxproj	2018/12/1 10:20	VCXPROJ 文件	8 KB
secure_channel_server.vcxp...	2018/12/1 10:20	VC++ Project ...	1 KB
sin_prikey_server.der	2018/11/22 23:23	DER 文件	1 KB
sin_pubkey_client.der	2018/11/22 23:22	DER 文件	1 KB
VS2012.5.iso	2018/5/8 10:42	光盘映像文件	2,479,266 KB

图 15.5　双方完成文件传输后服务端所在目录下含有的文件

当客户端程序执行完毕后，可以在它所在的目录下发现另外三个文件，如图 15.6 所示。其中，文件 cbc_sm4_cipher_hamc_tmp 是它从服务端接收到的文件，这个文件由原始文件被加密后的密文和密文被认证后的消息认证码组成。文件 cbc_sm4_cipher_tmp 是文件 cbc_sm4_cipher_hamc_tmp 被验证通过而产生的仅含有加密密文的文件。文件 receiver.txt 是 cbc_sm4_cipher_tmp 文件被解密后所对应的原始数据文件(即内容与 VS2012.5.iso 相同)。

名称 ▲	修改日期	类型	大小
Release	2018/12/4 21:20	文件夹	
cbc_sm4_cipher_hamc_tmp	2018/12/4 21:40	文件	2,479,267 KB
cbc_sm4_cipher_tmp	2018/12/4 21:43	文件	2,479,267 KB
receive.txt	2018/12/4 21:46	文本文档	2,479,266 KB
secure_channel_client.cpp	2018/12/9 11:51	C++ Source	9 KB
secure_channel_client.vcxproj	2018/12/1 10:20	VCXPROJ 文件	8 KB
secure_channel_client.vcxp...	2018/12/1 10:20	VC++ Project...	1 KB
sin_prikey_client.der	2018/11/22 23:22	DER 文件	1 KB
sin_pubkey_server.der	2018/11/22 23:23	DER 文件	1 KB

图 15.6　双方完成文件传输后客户端所在目录下含有的文件

服务端和客户端程序某一次的运行结果分别如图 15.7 和 15.8 所示。其中，dh_pub_cli 和 dh_pub_ser 分别是客户端和服务端在执行完密钥协商算法后各自产生的 DH 算法公钥。agreedkey 是服务端和客户端通过 DH 算法产生的共享值。DerivedSecretInfo 是 KDF 算法派生的秘密共享信息。sm4_key 和 sm4_iv 分别表示 SM4 算法所使用的密钥和初始向量。hmac_key 是 HMAC 算法所使用的密钥。

由于服务端和客户端 DH 算法公私钥对均由随机数发生器产生，而且它们决定了之后所产生的一系列秘密信息，所以服务端和客户端每次运行时输出的这些信息可能会不同，但是它们都能够完成文件的安全传输。

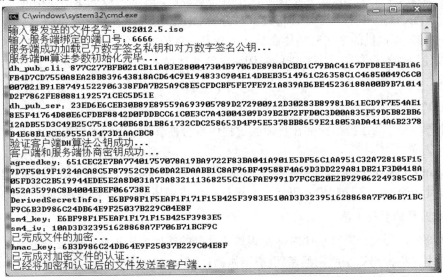

图 15.7　服务端程序某一次的运行结果

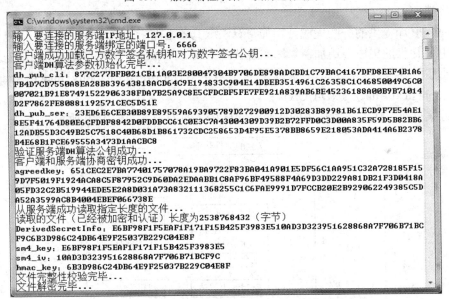

图 15.8　与服务端程序对应的客户端程序运行结果

15.5　方　案　总　结

本方案使用 CryptoPP 库提供的密码学原语构建了一对安全的文件传输程序(由服务端和客户端组成)。然而，根据前面章节的内容可以发现，本方案的某些模块可以用某个等价的模块来替代。

1. ECDSA 算法 + DH 算法

在本方案中，由于 DH 密钥协商算法不具备认证的功能，所以为了防止中间人攻击，我们使用了 ECDSA 签名算法，即将发给对方的 DH 公钥进行签名。

CryptoPP 库提供的某些密钥协商算法本身具有认证的功能，如 DH2 算法。因此，我们可以使用某一个具有认证功能的密钥协商算法替换本方案的"ECDSA 算法+DH 算法"模块。

2. HMAC 算法

在本方案中，为了检测密文在传输的过程中是否被篡改，我们才使用 HMAC 算法对密文进行认证。

CryptoPP 库提供的某些分组密码运行模式具有认证的功能，如 CCM 模式。因此，我们可以让分组密码在这些模式下运行，这样就可以去掉 HMAC 算法模块。

3. 本方案的替代方案

众所周知，公钥加密算法比对称密码算法执行的速度要慢很多，但是公钥密码算法却可以产生对称密码算法所需的密钥(密钥协商)。在本方案中也可以看到这一点，我们使用公钥密码算法的目的是完成密钥的配送，而使用对称密码算法主要是为了达到快速加密的目的。

CryptoPP 库提供的一些集成公钥加密算法就具备上面所述的功能。因此，可以使用 CryptoPP 库提供的集成公钥加密算法来替代本方案。CryptoPP 库中的集成公钥加密算法可以满足适应性选择密文攻击条件下的不可区分(Indistinguishability under Adaptive Chosen Ciphertext Attack, IND-CCA)。

本方案以及替代方案所使用的密码算法模块之间的关系如图 15.9 所示。

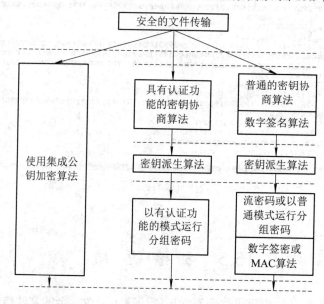

图 15.9　本方案以及替代方案所使用的密码算法模块之间的关系

15.6　小　　结

　　本章以建立安全信道为导向,主要向读者介绍了各种密码学原语的作用和使用方法。本章首先分析了建立安全信道需要的密码学原语，接着进行了相关算法的选择，最后给出了完整的示例程序。

　　本章设计的安全文件传输程序使用了 CryptoPP 库提供的许多密码算法原语。在示例程序中，我们使用的算法主要有随机数发生器(AutoSeededRandomPool)、Hash 函数(Tiger 和 SM3)、分组密码(SM4)、消息认证码(HMAC)、密钥协商(DH)、密钥派生(PKCS5_PBKDF2_HMAC)和数字签名(ECDSA)等算法。在服务端和客户端彼此仅知道对方数字签名公钥的情况下，该示例程序就可以执行文件的安全传输。

　　本章向读者介绍了本方案的一些替代方案。读者可以将它们作为熟悉 CryptoPP 库的综合练习。

附　　录

附录 A　示例程序的 GUI 版

A.1 "文件分割"程序

本部分主要介绍"文件分割"程序的使用方法。文件分割是一款基于密码技术、实现秘密信息分割的软件。它用到的算法主要为 Shamir 秘密分割门限算法。关于该程序的具体原理，详见第 4 章的内容。

A.1.1　界面介绍

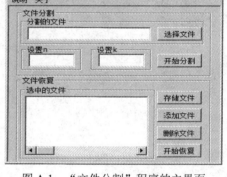

"文件分割"程序的主界面如图 A.1 所示。它由一个主界面和两个菜单项组成。根据程序实现的功能，将程序的主界面划分为两个部分，即文件分割(位于上半部分)和文件恢复(位于下半部分)。通过程序的菜单项，用户可以执行各种操作。从左到右，这些菜单项依次为说明、关于。

A.1.2　功能介绍

1. 文件分割

图 A.1　"文件分割"程序的主界面

程序主界面的上半部分实现了文件分割功能，用户可以使用它提供的两个按钮和三个文本框完成参数的设置，它们的作用和使用方法分别如下：

(1) 选择文件。使用"选择文件"按钮，用户可以通过弹出的文件选择对话框选择要分割的文件。当用户选择完文件并点击"打开"按钮后，"选择文件"按钮左边的文本框中会显示所选文件的完整路径以及文件名。

(2) 设置 n。用户可以向"设置 n"文本框中输入一个数值(1~1000 之间)，这个数值决定了待分割文件将被分割的份额。

(3) 设置 k。用户可以向"设置 k"文本框中输入一个不大于 n 的数值(1~1000 之间)，这个数值决定了恢复文件时至少需要的份额。

(4) 开始分割。当正确地设置完上述参数后，点击"开始分割"按钮，即可实现文件的分割。假定主界面的参数设置如图 A.2 所示。

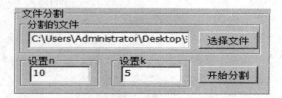

图 A.2　某次用户在分割文件时所做的参数设置

当文件分割完毕后，在原始文件所在的目录下可以看到被分割后的所有文件，如图
A.3 所示。

名称 ▲	修改日期	类型	大小
EKM-Definitive-Guide.pdf	2018/12/2 20:56	Adobe Acrobat ...	3,346 KB
EKM-Definitive-Guide.pdf.000	2019/1/30 10:46	000 文件	3,346 KB
EKM-Definitive-Guide.pdf.001	2019/1/30 10:46	WinRAR 压缩文件	3,346 KB
EKM-Definitive-Guide.pdf.002	2019/1/30 10:46	002 文件	3,346 KB
EKM-Definitive-Guide.pdf.003	2019/1/30 10:46	003 文件	3,346 KB
EKM-Definitive-Guide.pdf.004	2019/1/30 10:46	004 文件	3,346 KB
EKM-Definitive-Guide.pdf.005	2019/1/30 10:46	005 文件	3,346 KB
EKM-Definitive-Guide.pdf.006	2019/1/30 10:46	006 文件	3,346 KB
EKM-Definitive-Guide.pdf.007	2019/1/30 10:46	007 文件	3,346 KB
EKM-Definitive-Guide.pdf.008	2019/1/30 10:46	008 文件	3,346 KB
EKM-Definitive-Guide.pdf.009	2019/1/30 10:46	009 文件	3,346 KB

图 A.3　文件*.000~*.009 是原始文件被分割后所对应的文件

使用文件*.000~*.009 中的任意 5 个及其以上数量的文件，就可以恢复出原始文件。

2. 文件恢复

程序主界面的下半部分实现了文件恢复功能，用户可以使用它提供的 4 个按钮和一
个列表框完成参数设置，它们的作用和使用方法分别如下：

(1) 存储文件。点击"存储文件"按钮后，会弹出一个文件保存对话框，在这个对
话框中，用户可以设置所恢复文件的存储路径和文件名。

(2) 添加文件。点击"添加文件"按钮后，会弹出一个文件打开对话框，在这个对
话框中，用户可以选择恢复原始文件时所使用的文件份额。当用户选择完文件并点击对
话框底部的"打开"按钮后，在左边的列表框中会显示用户所选文件份额的完整路径名。

(3) 删除文件。若用户在添加文件时，出现文件误选，则可以在左边的列表框中选
中误选的文件并点击"删除文件"按钮，即可删除误选的文件。

(4) 开始恢复。当正确地设置完上述参数后，点击"开始恢复"按钮，即可恢复出
原始文件。

从刚才分割的 10 个文件份额中任意选择其中的 5 个(如图 A.4 所示)，点击"开始恢
复"按钮，即可在指定的目录下看到恢复出的文件(如图 A.5 所示)。

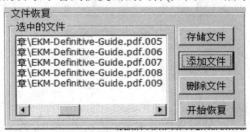

图 A.4　设置文件恢复参数

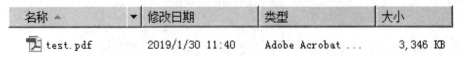

图 A.5　恢复出的文件

双击打开该文件，可以发现它与原始文件"EKM-Definitive-Guide.pdf"的内容完
全一致。

A.1.3 菜单

1. 说明

"说明"菜单项下有两个子菜单，它们依次说明了程序主界面的两个主要功能。

2. 关于

点击"关于"菜单项，用户可以看到该软件的简介。

A.2 "文件守卫"程序使用说明

本部分主要介绍"文件守卫"程序的使用方法。文件守卫是一款基于密码技术、实现保护用户敏感信息的软件。它用到的密码算法有基于口令的密钥派生函数、密码学 Hash 函数、分组密码、随机数发生器等。其中，分组密码使用具有认证功能的操作模式。关于该程序的具体原理，详见本书第 10 章的内容。

A.2.1 界面介绍

"文件守卫"程序的主界面如图 A.6 所示。它由一个主界面和三个菜单项组成。通过程序的主界面，用户可以设置各项参数。从上到下、从左到右，这些参数依次为 PBKDF 函数、口令、盐值长度、迭代次数、目的前缀(可选)、迭代时间。通过程序的菜单项，用户可以执行各种操作。从左到右，这些菜单项依次为说明、操作、关于。

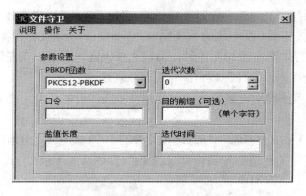

图 A.6　"文件守卫"程序的主界面

A.2.2 参数设置

1. PBKDF 函数

通过主界面最左上角的"PBKDF 函数"选项，用户可以选择所使用的密钥派生函数。本程序提供了三种基于口令的密钥派生函数，它们分别是 CryptoPP 库的 PKCS12-PBKDF、PKCS5-PBKDF1、PKCS5-PBKDF2-HMAC。

2. 口令

通过主界面左侧中间位置的"口令"文本框，用户可以输入所使用的口令。口令是一组字符串，为了保证安全，口令不能过短。本程序要求输入的口令不得小于 10 个字符。

3. 盐值长度

通过主界面左下角的"盐值长度"文本框，用户可以设置所需的盐值长度。盐值长度是一个整数，系统会产生所需的随机盐值长度，盐值长度不能太短。本程序要求输入的盐值长度不小于 16 (即 16 个字节或 128 比特)。

4. 迭代次数

通过主界面右上角的"迭代次数"文本框，用户可以设置所需的迭代次数。迭代次数是一个整数，为了提高安全性，迭代次数不应该太小。本程序要求输入的迭代次数不小于 1000，对于高度机密的数据，用户可以将迭代次数设置为 100 万甚至 1000 万次以上。

5. 目的前缀(可选)

通过主界面右侧中间位置的"目的前缀(可选)"文本框，用户可以输入所使用的目的前缀。目的前缀是一个字符。在本程序中，它是一个可选参数。

6. 迭代时间

通过主界面右下角的"迭代时间"文本框，用户可以设置所需的迭代时间。迭代时间是一个 double 型数值，它也是一个可选参数。当该值为零(或不输入)时，PBKDF 函数会执行指定的迭代次数。当该值非零时，迭代次数失效，PBKDF 函数会迭代执行指定的时间。建议在该情形下，不要设置该参数，以防发生错误。

A.2.3　菜单

1. 说明

"说明"菜单项下有多个子菜单，它们依次说明了对主界面各个参数的设置要求。

2. 操作

"操作"菜单项下有两个子菜单，用户可以通过这两个菜单项来保护(加密)数据和恢复(解密)数据。假定用户在主界面进行了如图 A.7 所示的设置。

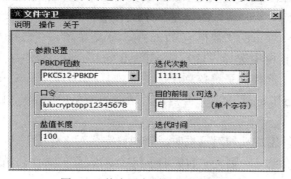

图 A.7　某次用户所做的参数设置

(1) 保护(加密)数据。点击"操作"菜单项下的"数据保护(加密)"子菜单项，根据弹出的文件选择对话框选择待保护的文件，并点击"打开"按钮，即可实现对文件的保护(加密)，如图 A.8 所示。

当程序弹出文件加密成功的对话框时，表明已完成对文件的加密。在刚才被加密的文件所在的目录下会看到两个文件，它们依次是"119_41.pdf_enc"和"119_41.pdf_salt_dpk_info"，如图 A.9 所示。其中，"119_41.pdf_enc"是原始文件对应的密文文件，而文件"119_41.pdf_salt_dpk_info"内存储了本次实现数据保护所使用的盐值和被加密的 DPK。

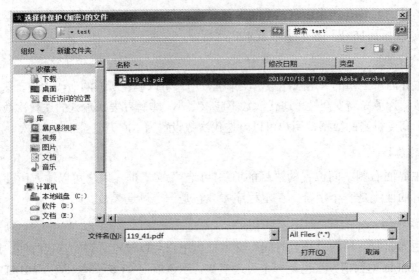

图 A.8　选择待保护的文件

名称 ⌃	修改日期	类型	大小
119_41.pdf	2018/10/18 17:00	Adobe Acrobat ...	250 KB
119_41.pdf_enc	2019/1/8 21:46	PDF_ENC 文件	250 KB
119_41.pdf_salt_dpk_info	2019/1/8 21:46	PDF_SALT_DPK_I...	1 KB

图 A.9　文件加密后的结果

当完成加密后，用户可以删除原始的数据文件。由于恢复数据时必须使用文件"119_41.pdf_salt_dpk_info"，所以要保留该文件。

(2) 恢复(解密)数据。当需要恢复被加密的文件时，用户需要先正确设置主界面的各个参数(应与保护(加密)数据时所做的设置一样)。接着，进行如下的操作即可。

点击"操作"菜单项下的"数据恢复(加密)"子菜单项，并选择"数据恢复信息"子菜单，在弹出的对话框中选择"119_41.pdf_salt_dpk_info"文件并点击对话框底部的"打开"按钮。然后，选择该子菜单项下面的"恢复(解密)数据"菜单项，在弹出的对话框中选择"119_41.pdf_enc"文件，并点击对话框的"打开"按钮，即可恢复出原始数据文件。

当程序弹出文件解密成功的对话框时，表明已完成对文件的解密。在刚才被打开的文件所在的目录下会看到一个名为"119_41.pdf_enc_dec"的文件，如图 A.10 所示。

名称 ⌃	修改日期	类型	大小
119_41.pdf_enc	2019/1/8 21:46	PDF_ENC 文件	250 KB
119_41.pdf_enc_dec	2019/1/8 22:24	PDF_ENC_DEC 文件	250 KB
119_41.pdf_salt_dpk_info	2019/1/8 21:46	PDF_SALT_DPK_I...	1 KB

图 A.10　文件解密后的结果

由于本程序不支持自动更改文件的后缀名,所以需要手工设置解密后文件的后缀名，如图 A.11 所示。之后，双击该文件，即可看到文件的原始内容。

名称 ▲	修改日期	类型	大小
📄 119_41.pdf_enc	2019/1/8 21:46	PDF_ENC 文件	250 KB
📄 119_41.pdf_enc_dec.pdf	2019/1/8 22:24	Adobe Acrobat ...	250 KB
📄 119_41.pdf_salt_dpk_info	2019/1/8 21:46	PDF_SALT_DPK_I...	1 KB

图 A.11　手工设置文件 "119_41.pdf_enc" 的后缀名

3. 关于

点击"关于"菜单项，用户可以看到该软件的简介。

读者可以从附录 E 指定的链接中获得"文件分割"和"文件守卫"可执行程序。由于本书的重点是介绍 CryptoPP 库，而非 GUI 编程，因此，在此不讲解它们的实现方法。读者可以通过前面章节的内容了解它们的原理，在此基础上，开发出界面友好、功能强大的程序。

附录 B　基于 CryptoPP(Crypto++)库的软件产品

附录 A 向读者介绍了两个 GUI 程序，它们都基于本书前面章节所给的示例代码。然而，它们还存在许多缺点。不过，这只是为了向读者展示 CryptoPP 库给程序开发带来的便利。下面介绍一些基于 CryptoPP 库开发的商业或非商业软件产品。

B.1　Sampson Multimedia Crypto++ SDK

Sampson Multimedia Crypto++ SDK[①]是一款基于 Crypto++库并以此命名的商业软件产品，该软件为版权保护和软件许可提供了一整套解决方案。在过去的十几年，87 个国家的近 20 000 人曾经使用过 Crypto++ SDK 系统，这些客户包括个人、商业软件公司、高等院校以及研究机构。Sampson Multimedia Crypto++ SDK 的官方网站如图 B.1 所示。

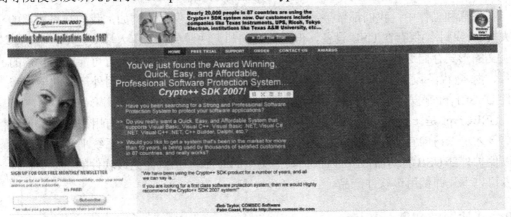

图 B.1　Sampson Multimedia Crypto++ SDK 的官方网站

读者可能使用过一些付费的商业软件，这些软件通常分为试用版和注册版。若用户没有购买软件产品，则可以在一段时间内试用该软件。当试用期结束后，用户必须付费后才能使

---

① 见 http://www.sampson-multimedia.com/。

用软件的部分或者全部功能。一般来说，软件产品由试用版变为注册版仅要求用户输入正确的序列号或者激活码。例如，常用的软件产品有 Office、PhotoShop、Visual Studio 2015。

当用户拥有 Office 等软件产品的序列号或者激活码后，可以在任何一台计算机上安装且无限期地使用该软件产品。然而，这种方法对软件产品的保护太过"宽松"，有时我们不仅要限定软件产品可安装的主机，而且还要限定在该主机上可以使用的期限。例如，张三正在通过网络售卖自己撰写的电子书，为了保护版权且使收益最大化，他希望每一个购买者只能在一台计算机上阅读这本电子书，并且这本电子书的有效使用时间为一年。Crypto++ SDK 版权保护和软件许可工具包能够很好地解决此类问题。除此之外，它还提供了其他形式的软件保护方法(详见该软件的帮助文档)，读者可以下载并试用该软件产品。

B.2　USBCrypt

USBCrypt[①]是一款利用口令保护(加密)外部驱动器的付费软件，该软件可以有效地保护移动设备存储的机密信息。USBCrypt 的官方网站如图 B.2 所示。

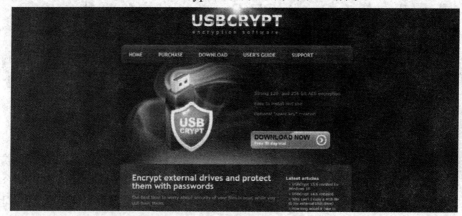

图 B.2　USBCrypt 的官方网站

在生活和工作中，我们都希望某些敏感信息被安全地保存。例如，我们常将重要的个人文件(或副本)保存在 USB 设备，但是，我们却无法避免它们落入坏人之手。显然，以明文的形式存储这些文件是不可行的。一旦 USB 设备丢失，别人就有可能获得我们的照片、财务(税务)记录、销售记录、客户数据等。此时，我们可以使用外部驱动器加密软件 USBCrypt 来安全地保存这些数据。

USBCrypt 是一款专门用于保护移动 USB 驱动器的软件产品，只有用户输入了正确的口令才可以访问它所存储数据。USBCrypt 适用于不同的 Windows 系统平台，它不仅可以保护外部 USB 驱动器，还可以保护其他类型的外部驱动器(详见该软件的帮助文档)。读者可以下载并试用该软件产品。

B.3　其他软件产品

基于(利用)CryptoPP 库开发的软件产品还有很多。读者可将 CryptoPP 库用于自己的

---

① 见 http://www.usbcrypt.com/。

项目(商业或非商业项目)，进而开发出界面友好、使用价值高、应用前景广阔的程序。在使用 CryptoPP 库时，我们不需要支付任何费用，只需要在产品声明中注明"Crypto++"或者"Wei Dai"即可。下面再列举一些与 CryptoPP 库有关的软件产品。

(1) Alfa Transparent File Encryptor：由 Alfa[①]公司为 Windows 平台提供的文件加密和文件保护付费产品。Alfa 公司还向客户提供可定制的编程和咨询服务。

(2) Regify[②]：可信任的电子通信产品集，主要包括可信的即时聊天、支付、电子邮件、赊账等。

(3) Surespot Encrypted Messenger[③]：一款安全的手机端应用程序，它通过加密端到端的文本、图像和语音消息来保护用户隐私。

(4) LastPass[④]：提供在线的密钥管理。LastPass 可以帮助我们记忆所有的密码(口令)，从而使我们自己不需要费心记忆密码。

(5) VSee[⑤]：一款视频协作软件，它支持应用程序共享、桌面共享、电影共享、文件共享、USB 设备共享和远程相机控制等。

附录 C　CryptoPP 库算法索引

C.1　随机数发生器算法

(1) LC_RNG，即 Linear Congruential Generator，由英国的 William S 提出，是一种伪随机数发生器算法。由于该随机数发生器是基于线性同余算法的，所以不可用于密码学。它定义于头文件 rng.h 中。

(2) RandomPool，一种基于 AES-256 的随机数池算法，它可以避免随机数发生器的状态在某些情况下重复出现的问题。它定义于头文件 randpool.h 中。

(3) BlockingRng，封装了 Linux、OS X、Unix 系统上的/dev/random 和 BSD 系统上的/dev/srandom。它定义于头文件 osrng.h 中。

(4) NonblockingRng，封装了 Windows 系统提供的密码学随机数发生器 CryptGenRandom()、BCryptGenRandom() 和 Unix 系统的/dev/urandom。它定义于头文件 osrng.h 中。

(5) AutoSeededRandomPool，即 Automatically Seeded Randomness Pool，根据 Leonard Janke 提出的理论而设计。这个随机数发生器可以利用操作系统提供的 RNG 自动完成种子的更新。它定义于头文件 osrng.h 中。

(6) AutoSeededX917RNG，即 Automatically Seeded X9.17 RNG，X9.17 随机数发生器的变种，它可以自动完成种子的更新。它定义于头文件 osrng.h 中，是一个类模板。

---

① 见 http://www.alfasp.com/。

② 见 https://www.regify.com/。

③ 见 https://www.surespot.me/。

④ 见 https://www.lastpass.com/zh/。

⑤ 见 https://vsee.com/。

(7) Hash_DRBG，由 NIST SP 800-90A Rev 1(2015 年)指定的一种随机数发生器算法。Jeffrey Walton 将这个算法添加至 CryptoPP 库，它定义于头文件 drbg.h 中，是一个类模板。

(8) HMAC_DRBG，由 NIST SP 800-90A Rev 1(2015 年)指定的一种随机数发生器算法。Jeffrey Walton 将这个算法添加至 CryptoPP 库，它定义于头文件 drbg.h 中，是一个类模板。

(9) MersenneTwister，即 Mersenne Twister class for Monte-Carlo Simulations，利用梅森旋转法构造的随机数发生器算法。与 LC_RNG 类似，它也不可用于密码学目的。Jeffrey Walton 将这个算法添加至 CryptoPP 库，它定义于头文件 mersenne.h 中，是一个类模板。

(10) RDRAND，由硬件指令 RDRAND 构造的随机数发生器算法。Jeffrey Walton 将这个算法添加至 CryptoPP 库，它定义于头文件 rdrand.h 中，是一个类模板。

(11) RDSEED，由硬件指令 RDSEED 构造的随机数发生器算法。Jeffrey Walton 将这个算法添加至 CryptoPP 库，它定义于头文件 rdrand.h 中，是一个类模板。

(12) MT19937，由 ACM 的论文"Mersenne twister: a 623-dimensionally equidistributed uniform pseudo-random number generator"定义的随机数发生器，它不可用于密码学目的。Jeffrey Walton 将这个算法添加至 CryptoPP 库，它定义于头文件 mersenne.h 中。

(13) MT19937ar，由论文 "Mersenne Twister with improved initialization" 提出，对 MT19937 改进的随机数发生器算法，它不可用于密码学目的。Jeffrey Walton 将这个算法添加至 CryptoPP 库，它定义于头文件 mersenne.h 中。

(14) X917RNG，即 ANSI X9.17 Random Number Generator，由 ANSI X9.17 定义的密码学随机数发生器。它定义于头文件 rng.h 中。

(15) OldRandomPool，CryptoPP 库 5.5 版本之前的随机数池算法。它与 PGP 2.6.x 版本中设计的随机数发生器相兼容。Jeffrey Walton 将这个算法添加至 CryptoPP 库，它定义于头文件 randpool.h 中。

(16) BlumBlumShub，即 Blum Blum Shub Generator，是一个基于因子分解问题构造的随机数发生器。当通过该类构造随机数发生器时，需要知道模的因子分解，与 PublicBlumBlumShub 相对应。它定义于头文件 blumshub.h 中。

(17) PublicBlumBlumShub，即 BlumBlumShub without Factorization of the Modulus，是 BlumBlumShub 的变种。通过该类构造随机数发生器时，只需已知模值而不需要知道它的因子分解，与 BlumBlumShub 相对应。它定义于头文件 blumshub.h 中。

C.2　Hash 函数算法

(1) BLAKE2s[①]，由 Aumasson、Neves、Wilcox-O'Hearn 和 Winnerlein 设计(BLAKE2: simpler, smaller, fast as MD5)，RFC7693 对该算法有详细描述。该算法与 MD5 算法一样有较高的执行效率。Jeffrey Walton 和 Zooko 将这个算法添加至 CryptoPP 库，它定义于头文件 blake2.h 中。

(2) BLAKE2b，详见 BLAKE2s。

(3) Keccak，由 NIST 发起的 SHA-3 算法竞赛活动的胜出算法(详见 SHA3_224)，FIPS 202 对该算法有详细描述。它定义于头文件 keccak.h 中。

---

① 见 https://github.com/BLAKE2/BLAKE2/。

(4) SHA1，即 Secure Hash Algorithm，FIPS 180-1 和 RFC3174 对该算法都有描述。目前，该算法已被广泛使用。然而，出于安全性考虑，NIST 建议停止使用该算法。它定义于头文件 sha.h 中。

(5) SHA224，是密码学 Hash 函数 SHA-2 算法族中的其中之一，SHA-2 算法族主要包括 SHA-224、SHA-256、SHA-384 和 SHA-512。这些算法最初定义于 FIPS 180-2，而它们的最终版本定义于 FIPS 180-3 和 FIPS 180-4。另外，RFC4634 对这些算法也有描述。在 CryptoPP 库中，它们均定义于头文件 sha.h 中。

(6) SHA256，详见 SHA224 算法。

(7) SHA384，详见 SHA224 算法。

(8) SHA512，详见 SHA224 算法。

(9) SHA3_224，是密码学 Hash 函数 SHA-3 算法族中的其中之一，SHA-3 算法族主要包括 SHA3-224、SHA3-256、SHA3-384 和 SHA3-512。尽管 SHA-2 算法族还没有被成功攻破。然而，出于安全性考虑，NIST 决定用新的、安全的 Hash 函数算法取代旧的 SHA-2 算法族。2007 年 NIST 发起了 SHA-3 算法族竞赛活动。2012 年 NIST 审查了提交的 64 个算法，名为 Keccak 的算法最终胜出。在 CryptoPP 库中，它们均定义于头文件 sha3.h 中。

(10) SHA3_256，详见 SHA3-224 算法。

(11) SHA3_384，详见 SHA3-224 算法。

(12) SHA3_512，详见 SHA3-224 算法。

(13) SM3，是中国国家密码管理局发布的密码学 Hash 函数算法，由 Wang Xiaoyun 设计。SM 是汉字"商密"拼音的缩写，目前公布的其他商密标准包括 SM2 椭圆曲线公钥密码、SM4 分组密码算法。Jeffrey Walton 和 Lulu Han 将这个算法添加至 CryptoPP 库，它定义于头文件 sm3.h 中。

(14) Tiger，是一个可在 64 位处理器上高效运行的密码学 Hash 函数，由 Ross Anderson 和 Eli Biham 设计。它定义于头文件 tiger.h 中。

(15) RIPEMD128，是密码学 Hash 函数 RIPEMD 算法族中的其中之一，RIPEMD 算法族主要包括 RIPEMD128、RIPEMD160、RIPEMD256 和 RIPEMD320。这些算法最初来源于 RIPE 项目(RACE Integrity Primitives Evaluation)，由 Hans Dobbertin、Antoon Bosselaers 和 Bart Preneel 设计。在 CryptoPP 库中，它们均定义于头文件 ripemd.h 中。

(16) RIPEMD160，详见 RIPEMD128。

(17) RIPEMD256，详见 RIPEMD128。

(18) RIPEMD320，详见 RIPEMD128。

(19) SipHash，由 Jean-Philippe Aumasson 和 Daniel J. Bernstein 设计(SipHash: a fast short-input PRF)。对于短的输入消息，它与非密码 Hash 函数一样，有较高的执行效率。Jeffrey Walton 将这个算法添加至 CryptoPP 库，它定义于头文件 siphash.h 中，是一个类模板。

(20) Whirlpool，是 NESSIE(The New European Schemes for Signatures, Integrity, and Encryption)竞赛认可的两个密码学 Hash 函数之一，由 V. Rijmen 和 P.S.L.M. Barreto 设计。它定义于头文件 whrlpool.h 中。

(21) MD2，为资源受限设备设计的一种密码学 Hash 函数，RFC1319 对该算法有详细描述。它定义于头文件 md2.h 中。

(22) MD4，与 MD2 算法设计的目标一致，由 Rivest 设计，RFC1320 对该算法有详细描述。它定义于头文件 md4.h 中。

(23) MD5，在发现 MD4 算法存在诸多缺陷的情况下，Rivest 设计了 MD5 算法。RFC1321 对该算法有详细描述。它定义于头文件 md5.h 中。

C.3　流密码算法

(1) ChaCha[①](ChaCha-8/12/20)，是 Salsa 算法的变种，由 Daniel Bernstein 提出并被广泛使用，RFC7539 对该算法有详细描述。Jeffrey Walton 将这个算法添加至 CryptoPP 库，它定义于头文件 chacha.h 中。

(2) PanamaCipher，Panama 是一个由 Joan Daemen 和 Craig Clapp 设计的流密码和 Hash 函数(Fast Hashing and Stream Encryption with Panama)。在 CryptoPP 库中，Panama 对应的流密码是 PanamaCipher，而对应的 Hash 函数是 PanamaMAC。它们定义于头文件 panama.h 中，两者都是类模板。

(3) Salsa20，由 Daniel Bernstein 提出并被广泛使用的流密码算法。它定义于头文件 salsa.h 中。

(4) SEAL，由 Phillip Rogaway 和 Don Coppersmith 设计(A Software-Optimized Encryption Algorithm)。它定义于头文件 seal.h 中，是一个类模板。

(5) WAKE_OFB，WAKE 即 Word Auto Key Encryption，由 David Wheeler 设计。它定义于头文件 wake.h 中，是一个类模板。

(6) XSalsa20，Salsa20 算法的变种。它定义于头文件 salsa.h 中。

(7) ARC4，即 Alleged RC4，是 RC4 算法的另一种称谓(见对 RC2 算法的描述)。它定义于头文件 arc4.h 中。

(8) MARC4，即 Modified Alleged RC4，是 ARC4 算法的改进。它定义于头文件 arc4.h 中。

(9) Sosemanuk，由 Come Berbain、Olivier Billet 和 Anne Canteaut 等人设计，是一种流密码算法。它定义于头文件 sosemanuk.h 中。

C.4　分组密码算法

(1) AES，即 Advanced Encryption Standard ，1997 年 NIST 启动了一个公开的、历时四年半的算法竞选活动，为美国政府开发一种新的安全加密系统。2001 年 12 月公布竞选结果。最终，AES 使用一种名为 Rijndael[②]的分组密码算法，该算法由比利时密码学家 Joan Daemen 和 Vincent Rijmen 设计。它定义于头文件 aes.h 中(实际上，定义于头文件 rijndael.h 中，AES 类是 Rijndael 类的一个别名)。

(2) ARIA，由韩国的学术机构、研究机构和联邦机构开发，并被作为国家标准的分组密码算法，RFC5794 对该算法有详细描述。它定义于头文件 aria.h 中。

(3) Blowfish，是一个用于替代 DES 和 IDEA 的算法，由 Bruce Schneier 设计。它定

① 见 http://cr.yp.to/chacha.html。
② 见 http://www.efgh.com/software/rijndael.htm。

义于头文件 blowfish.h 中。

(4) BTEA，TEA 算法的变种，为了纠正 TEA 算法存在的问题而研发和设计了 BTEA 算法。它定义于头文件 tea.h 中。

(5) Camellia，由日本电报电话公司(Nippon Telegraph and Telephone，NTT)和三菱电机公司(Mitsubishi Electric Corporation，MEC)于 2000 年联合开发的一种分组密码算法，RFC3713 对该算法有详细描述。此外，RFC4312 描述了该算法在 IPSec 中的应用，RFC5581 描述了该算法在 OpenGPG 中的应用。它定义于头文件 camellia.h 中。

(6) CAST128，由 Carlisle Adams 和 Stafford Tavares 设计并被广泛使用，RFC2144 对该算法有详细描述。它使用类似 DES 的代换、置换方法。它定义于头文件 cast.h 中。

(7) CAST256，是 CAST128 分组密码算法的变种，RFC2612 对该算法有详细描述。它定义于头文件 cast.h 中。

(8) DES，即 Data Encryption Standard，是最著名的、被深入研究的分组密码算法之一。20 世纪 70 年代由 IBM 设计，1977 年被美国国家标准局(The National Bureau of Standards，NBS)，即现在的美国国家标准与技术研究所(NIST)，用于商业和非机密的政府应用程序。它定义于头文件 des.h 中。

(9) DES_EDE2，即 2-Key Triple DES Block Cipher，是 DES 算法的变种。它定义于头文件 des.h 中。

(10) DES_EDE3，即 3-Key Triple DES Block Cipher，是 DES 算法的变种，FIPS 46-3 对该算法有详细描述。它定义于头文件 des.h 中。

(11) DES_XEX3，是 DES 算法的变种，由 Ron Rivest 设计。它定义于头文件 des.h 中。

(12) GOST，通常代表俄罗斯密码标准(The Russian Cryptographic Standards)中定义的算法族。RFC5830 描述了 GOST 密码族中的加、解密算法和消息认证码算法，RFC6986 描述了 GOST 密码族中的 Hash 函数算法，RFC7091、RFC5832 描述了 GOST 密码族中的数字签名算法，RFC7801 描述了 GOST 算法族中的分组密码算法 Kuznyechik。在 CryptoPP 库中，GOST 表示分组密码算法，它定义于头文件 gost.h 中。

(13) IDEA，即 International Data Encryption Algorithm，由 Lai Xuejia 和 James Massey 设计。它定义于头文件 idea.h 中。

(14) LR，即 Luby-Rackoff Block Cipher。它定义于头文件 lubyrack.h 中，是一个类模板。

(15) Kalyna [①](128/256/512)，乌克兰分组密码算法标准(A New Encryption Standard of Ukraine:The Kalyna Block Cipher)。Jeffrey Walton 将这个算法添加至 CryptoPP 库，它定义于头文件 kalyna.h 中。

(16) MARS，由 IBM 公司研发，是 AES 的候选算法之一。它定义于头文件 mars.h 中。

(17) RC2，即 Rivest Ciphers，是 RC 系列密码算法族的其中之一，包括 RC1、RC2、RC3、RC4、RC5 和 RC6。其中，RC1 从未被实现(仅存在于文献中)，RC3 在开发设计阶段就被攻破，RC2、RC5、RC6 为分组密码算法，RC4 为流密码算法。关于 RC2 算法的详细描述，详见 RFC2268。它定义于头文件 rc2.h 中。

---

① 见 https://github.com/Roman-Oliynykov/Kalyna-reference/。

(18) RC5，是 RC 系列密码算法族的其中之一(详见 RC2 算法)，RFC2040 对该算法有详细描述。它定义于头文件 rc5.h 中。

(19) RC6，是 RC 系列密码算法族的其中之一(详见 RC2 算法)，也是 AES 的候选算法之一。它定义于头文件 rc6.h 中。

(20) SAFER_K，即 Secure and Fast Encryption Routine，是 SAFER 算法的变种，由 James Massey 设计。它定义于头文件 safer.h 中。

(21) SAFER_SK，即 Secure and Fast Encryption Routine，是 SAFER 算法的变种，由 James Massey 设计。它定义于头文件 safer.h 中。

(22) SEED，由韩国信息安全局(The Korea Information Security Agency，KISA)开发，并被作为国家标准的分组密码算法，RFC4269 对该算法有详细的描述。它定义于头文件 seed.h 中。

(23) Serpent[①]，由 Ross Anderson、Eli Biham 和 Lars Knudsen 设计，也是 AES 的候选算法之一，在本次算法竞赛活动中它排名第二。它定义于头文件 serpent.h 中。

(24) SHACAL2，基于 SHA1 的分组密码算法。它定义于头文件 shacal2.h 中。

(25) SHARK，是 AES 候选算法 Rijndael 的前身。它定义于头文件 shark.h 中。

(26) SKIPJACK，由 NIST 提出并被作为公共和政府部门使用的分组密码算法标准。由于该算法内置于 Clipper 芯片中且保持机密，所以曾一度受到密码社区的质疑。它定义于头文件 skipjack.h 中。

(27) SM4，是中国国家密码管理局发布的分组密码算法，由 Wang Xiaoyun 设计。SM 是汉字"商密"拼音的缩写，目前公布的其他商密标准包括 SM2 椭圆曲线公钥密码、SM3 密码杂凑算法。在国内 SM4 被用于取代 3DES、AES 等国外分组密码标准。Jeffrey Walton 和 Lulu Han 将这个算法添加至 CryptoPP 库，它定义于头文件 sm4.h 中。

(28) Square，是 AES 候选算法 Rijndael 的前身，由 Joan Daemen 和 Vincent Rijmen 发明。它定义于头文件 square.h 中。

(29) TEA，即 Tiny Encryption Algorithm，由 Roger Needham 和 David Wheeler 设计。它定义于头文件 tea.h 中。

(30) ThreeWay，即 3-Way Block Cipher，由 Joan Daemen 设计。它定义于头文件 3way.h 中。

(31) Threefish256[②]，Threefish 是一个分组可变的分组密码算法，它用于构造 Hash 函数 Skein，由 Bruce Schneier、Niels Ferguson、Stefan Lucks 等人设计。在 CryptoPP 库中，Threefish 算法有三个可变分组，它们的大小分别是 256、512、1024。它们定义于头文件 threefish.h 中。

(32) Threefish512，详见 Threefish256。

(33) Threefish1024，详见 Threefish256。

(34) Twofish，与 Blowfish 密切相关，是 AES 的候选算法之一，由 Bruce Schneier 设计。它定义于头文件 twofish.h 中。

---

① 见 https://www.cl.cam.ac.uk/~rja14/serpent.html。

② 见 http://cppcrypto.sourceforge.net/。

(35) XTEA，BTEA 算法的变种，为了纠正 BTEA 算法存在的问题而研发和设计了 XTEA 算法。它定义于头文件 tea.h 中。

(36) SIMON64，SIMON 是一种由 Ray Beaulieu、Douglas Shors、Jason Smith 等人设计的分组密码算法(The SIMON and SPECK Families of Lightweight Block Ciphers)。在 CryptoPP 库中，SIMON 有两种分组大小，分别是 64 比特和 128 比特。Jeffrey Walton 将这个算法添加至 CryptoPP 库，它定义于头文件 simon.h 中。

(37) SIMON128，详见 SIMON64。

(38) SPECK64，SPECK 是由 Ray Beaulieu、Douglas Shors 和 Jason Smith 等人设计的一种分组密码算法(The SIMON and SPECK Families of Lightweight Block Ciphers)。在 CryptoPP 库中，SPECK 有两种分组大小，分别是 64 比特和 128 比特。Jeffrey Walton 将这个算法添加至 CryptoPP 库，它定义于头文件 speck.h 中。

(39) SPECK128，详见 SPECK64。

C.5　消息认证码算法

(1) BLAKE2b，由 Aumasson、Neves、Wilcox-O'Hearn 和 Winnerlein 设计，RFC7693 对该算法有详细描述。该算法与 MD5 算法一样有很高的执行效率。Jeffrey Walton 和 Zooko 将这个算法添加至 CryptoPP 库，它定义于头文件 blake2.h 中。

(2) BLAKE2s，详见 BLAKE2b。

(3) CBC_MAC，基于分组密码 CBC 运行模式构造的一种 MAC 算法，FIPS113 对该算法有详细描述。它定义于头文件 cbcmac.h 中，是一个类模板。

(4) CMAC，基于分组密码构造的一种 MAC 算法，NIST SP800-38B 对该算法有详细描述。它定义于头文件 cmac.h 中，是一个类模板。

(5) DMAC，基于分组密码构造的一种 MAC 算法，由 Erez Petrank 和 Charles Rackoff 提出。它定义于头文件 dmac.h 中，是一个类模板。

(6) GCM(GMAC)，基于分组密码的 GCM 运行模式构造的一种 MAC 算法。它定义于头文件 gcm.h 中，是一个类模板。

(7) HMAC，基于带密钥 Hash 函数构造的一种 MAC 算法。RFC2104 、FIPS 198 对该算法有详细描述。它定义于头文件 hmac.h 中，是一个类模板。

(8) Poly1305，基于分组密码构造的一种 MAC 算法，RFC7539 和 RFC8439 对该算法均有描述。其中，Poly1305-AES 算法被广泛使用。Jeffrey Walton 和 Jean-Pierre Munch 将这个算法添加至 CryptoPP 库，它定义于头文件 poly1305.h 中，是一个类模板。

(9) TTMAC，即 Two-Track Message Authentication Code，入围 NESSIE(New European Schemes for Signatures, Integrity and Encryption)算法比赛的决赛。Kevin Springle 将这个算法添加至 CryptoPP 库，它定义于头文件 ttmac.h 中。

(10) VMAC，基于分组密码构造的一种 MAC 算法，由 Krovetz 和 Wei Dai 提出。它定义于头文件 vmac.h 中，是一个类模板。

(11) PanamaMAC，详见 PanamaCipher。

C.6　密钥派生和基于口令的密码算法

（1）HKDF，即 HMAC-Based Key Derivation Function，由 Krawczyk 和 Eronen 设计，是一种基于 HMAC 的密钥派生函数，RFC5869 对该算法有详细描述。它定义于头文件 hkdf.h 中，是一个类模板。

（2）PKCS12_PBKDF，即 Password-Based Key Derivation Function From PKCS #12，由 PKCS#12 定义的一种基于口令的密钥派生函数。它定义于头文件 pwdbased.h 中，是一个类模板。

（3）PKCS5_PBKDF1，即 Password-Based Key Derivation Function 1 From PKCS #12，由 PKCS#12 定义的一种基于口令的密钥派生函数。它定义于头文件 pwdbased.h 中，是一个类模板。

（4）PKCS5_PBKDF2_HMAC，即 Password-Based Key Derivation Function 2 From PKCS #12，由 PKCS#12 定义的一种基于口令的密钥派生函数。它定义于头文件 pwdbased.h 中，是一个类模板。

（5）Scrypt，由著名的 FreeBSD 黑客 Colin Percival 开发，RFC7914 对该算法有详细描述。这个算法在执行的过程中，不仅会耗费较长的时间，而且还会占用相当的内存。Jeffrey Walton 将这个算法添加至 CryptoPP 库，它定义于头文件 scrypt.h 中。

C.7　公钥加密算法

（1）DLIES，即 Discrete Log Integrated Encryption Scheme，由 Abdalla、Bellare 和 Rogaway 提出，ANSI X9.63、IEEE 1363a 和 ISO/IEC 18033-2 均对该算法进行了标准化。它定义于头文件 gfpcrypt.h 中，是一个类模板。

（2）ECIES，即 Elliptic Curve Integrated Encryption Scheme，由 Victor Shoup[①]提出，ANSI X9.63、IEEE 1363a、ISO/IEC 18033-2 和 SECG SEC-1 对该算法进行了标准化。该公钥集成加密算法与 DLIES 算法基本类似，所不同的是：ECIES 定义于整数型的有限域上，而 DLIES 定义于椭圆曲线型的有限域上。它定义于头文件 eccrypto.h 中，是一个类模板。

（3）LUCES，即 LUC Encryption Scheme，由 P.J. Smith 提出，是一个基于卢卡斯函数的公钥加密算法。它定义于头文件 luc.h 中，是一个类模板。

（4）RSAES，即 RSA Encryption Scheme，由 Ron Rivest、Adi Shamir 和 Leonard Adelman 提出，是一个公钥加密算法，PKCS#1.5 和 PKCS#2.0 均对该算法有描述。它定义于头文件 rsa.h 中，是一个类模板。

（5）RabinES，即 Rabin Encryption Scheme，由 Rabin 提出的，是一个公钥加密算法。它定义于头文件 rabin.h 中，是一个类模板。

（6）LUC_IES，即 LUC Integrated Encryption Scheme，由 P.J. Smith 提出，是一个基于卢卡斯序列的公钥集成加密算法。它定义于头文件 luc.h 中，是一个类模板。

（7）ElGamal，由 Taher Elgamal 提出，是一个公钥加密算法。在 CryptoPP 库中，ElGamal 算法不支持任何标准的填充方案。它定义于头文件 elgamal.h 中。

---

① 见 https://www.shoup.net/papers/。

C.8　数字签名算法

(1) DSA2，即 Digital Signature Algorithm，是 FIPS-186 指定的三个数字签名算法之一。它定义于头文件 gfpcrypt.h 中，是一个类模板。目前，该算法已经过四次修改，最新版发布于 2013 年 7 月。CryptoPP 库将并没有将该算法命名为 DSA，主要是考虑到兼容性的问题，CryptoPP 库中已经包含了名字为 DSA 的算法且该算法不是类模板。事实上，DSA 类是类模板 DSA2 以 SHA1 为模板参数的实例。其定义如下：

```
typedef DSA2<SHA1> DSA; // DSA 在头文件 gfpcrypt.h 的定义
```

(2) GDSA，即 German Digital Signature Algorithm，由德国西门子公司提出，ISO/IEC 15946-2 对该算法有详细描述。Jeffrey Walton 将这个算法添加至 CryptoPP 库，它定义于头文件 gfpcrypt.h 中，是一个类模板。

(3) ECDSA，即 Elliptic Curve Digital Signature Algorithm，是 FIPS-186 指定的三个数字签名算法之一。它定义于头文件 eccrypto.h 中，是一个类模板。目前，该算法也已经过四次修改，最新版发布于 2013 年 7 月。

(4) NR，即 Nyberg-Rueppel Signature Algorithm，由 Kaisa Nyberg 和 Rainer Rueppel 提出，是一个数字签名算法。它定义于头文件 gfpcrypt.h 中，是一个类模板。

(5) ECNR，即 Elliptic Curve Nyberg-Rueppel (ECNR) signature scheme，IEEE Std 1363-2000 对该算法有详细说明。它定义于头文件 eccrypto.h 中，是一个类模板。

(6) LUCSS，即 LUC Signature Scheme，由 P. J. Smith 提出，是一个基于卢卡斯序列的数字签名算法。它定义于头文件 luc.h 中，是一个类模板。

(7) RSASS，即 RSA Signature Algorithm，由 Ron Rivest、Adi Shamir 和 Leonard Adelman 提出，是一个数字签名算法，PKCS#1 对该算法有详细描述。它定义于头文件 rsa.h 中，是一个类模板。

(8) RSASS_ISO，RSA 数字签名算法的一个变种，IEEE Std 1363-2000 对该算法有详细描述。这个算法是为了与 ISO/IEC 9796:1991 相兼容，它采用 EMSA2 编码方法。它定义于头文件 rsa.h 中，是一个类模板。

(9) RabinSS，即 Rabin Signature Algorithm，由 Rabin 提出，是一个数字签名算法。它定义于头文件 rabin.h 中，是一个类模板。

(10) RWSS，即 Rabin-Williams Signature Scheme，由 Rabin 和 Williams 提出，是一个数字签名算法。它定义于头文件 rw.h 中，是一个类模板。

(11) ESIGN，即 Efficient Digital Signature，由日本 NTT 安全实验室提出，IEEE P1363 对该算法有详细描述。该算法相较于其他数字签名算法有较快的执行速度。它定义于头文件 esign.h 中，是一个类模板。

(12) DSA_RFC6979，由 RFC6979 定义的一种确定性数字签名算法。Douglas Roark 将这个算法添加至 CryptoPP 库，它定义于头文件 gfpcrypt.h 中，是一个类模板。

(13) ECDSA_RFC6979，由 RFC6979 定义的一种确定性数字签名算法。Douglas Roark 将这个算法添加至 CryptoPP 库，它定义于头文件 eccrypto.h 中，是一个类模板。

(14) LUC_HMP，即 Digital Signature Schemes Based on Lucas Functions，由 Patrick Horster、Markus Michels 和 Holger Petersen 提出，是一个基于卢卡斯函数的数字签名算

法。它定义于头文件 luc.h 中，是一个类模板。

C.9 密钥协商算法

(1) DH，即 Diffie-Hellman Key Exchange，RFC2631、ANSI X9.42、IEEE P1363 等对该算法的实现有详细描述。它定义于头文件 dh.h 中。

(2) DH2，即 Unified Diffie-Hellman，是 Diffie-Hellman 密钥协商算法的变种。与 DH 算法相比，DH2 算法具有认证的功能。它定义于头文件 dh2.h 中。

(3) ECDH，即 Elliptic Curve Diffie-Hellman，是 Diffie-Hellman 密钥协商算法的变种。与 DH 算法相比，ECDH 定义于椭圆曲线域上。它定义于头文件 eccrypto.h 中，是一个类模板。

(4) ECMQV，即 Elliptic Curve Menezes-Qu-Vanstone Key Agreement，由 Menenzes 等人提出。由于 ECMQV 算法会导致一些秘密信息泄露，所以尽量避免使用该算法，可以使用 ECHMQV 和 ECFHMQV 算法替代它。它定义于头文件 eccrypto.h 中，是一个类模板。

(5) ECHMQV，即 Hashed Elliptic Curve Menezes-Qu-Vanstone，由 Krawczyk 提出 (HMQV: A High-Performance Secure Diffie-Hellman Protocol)。它定义于头文件 eccrypto.h 中，是一个类模板。

(6) ECFHMQV，即 Fully Hashed Elliptic Curve Menezes-Qu-Vanstone，由 Augustin P. Sarr、Philippe Elbaz–Vincent 和 Jean–Claude Bajard 提出 (A Secure and Efficient Authenticated Diffie-Hellman Protocol)。它定义于头文件 eccrypto.h 中，是一个类模板。

(7) FHMQV，即 Fully Hashed Menezes-Qu-Vanstone，由 Augustin P. Sarr、Philippe Elbaz–Vincent 和 Jean–Claude Bajard 共同设计。Jeffrey Walton、Ray Clayton 和 Uri Blumenthal 将该算法添加至 CryptoPP 库，它定义于头文件 fhmqv.h 中，是一个类模板。

(8) HMQV，由 Hugo Krawczyk 提出，是一个基于 MQV 的算法。Uri Blumenthal 将该算法添加至 CryptoPP 库，它定义于头文件 hmqv.h 中，是一个类模板。

(9) MQV，详见 ECMQV、ECHMQV、ECFHMQV 等算法。它定义于头文件 mqv.h 中，是一个类模板。

(10) XTR_DH，基于 XTR 公钥密码系统的密钥交换协议，由 Arjen K. Lenstra 和 Eric R. Verheul 提出 (The XTR Public Key System)。它定义于头文件 xtrcrypt.h 中。

备注：对某一算法而言，除有特殊声明外，默认由 Wei Dai 将它添加至 CryptoPP 库。

附录 D　PKCS 标准

本书在介绍一些算法的来源时多次提到 PKCS(Public Key Cryptography Standards) 系列标准，它是 RSA 实验室[①]与一些系统安全开发商共同制定的一系列可互操作的公钥加密标准。

PKCS#1：RSA 加密标准，详见 RFC 8017。它定义了 RSA 公钥和私钥的数学属性和格式，以及用于执行 RSA 加密和解密、生成和验证签名的基本算法和填充方案。

---

① 见 https://www.rsa.com/。

PKCS#2：已撤销，原本用于规范 RSA 的消息摘要加密，随后被纳入 PKCS#1。

PKCS#3：Diffie–Hellman 密钥协商标准。该算法允许事先互不知情的双方能够在不安全的通信信道上建立一个共享密钥。

PKCS#4：已撤销，原本用于规范 RSA 密钥语法，随后被纳入 PKCS#1。

PKCS#5：基于口令的密码标准，详见 RFC 8018。

PKCS#6：扩展证书语法标准，对 X.509 证书规范的扩展。

PKCS#7：密码消息语法标准，详见 RFC 2315。它定义了使用密码算法处理数据所采用的通用语法。

PKCS#8：私钥信息语法标准，详见 RFC 5958。它定义了私钥信息语法和加密私钥语法。

PKCS#9：可选属性类型，详见 RFC 2985。它定义了 PKCS#6 扩展证书、PKCS#7 数字签名消息、PKCS#8 私钥信息和 PKCS#10 证书签名请求中要用到的可选属性类型。已定义的证书属性包括 E-mail 地址、无格式姓名、内容类型、消息摘要、签名时间、签名副本、质询口令字和扩展证书属性。

PKCS#10：证书请求语法标准，详见 RFC 2986。

PKCS#11：密码学令牌接口标准。它为拥有密码信息和执行密码学函数的单用户设备定义了一个应用程序接口 API。

PKCS#12：个人信息交换语法标准，详见 RFC 7292。它定义了个人身份信息(包括私钥、证书、各种秘密和扩展字段)的格式，有助于传输证书及对应的私钥，用户可以在不同设备间移动他们的个人身份信息。

PKCS#13：椭圆曲线密码标准。

PKCS#14：伪随机数发生器标准。

PKCS#15：密码令牌信息语法标准，它通过定义令牌上存储的密码对象的通用格式来增进密码令牌的互操作性。

附录 E　网络资源及书籍推荐

E.1　Crypto++(CryptoPP)库相关的网址

(1) Crypto++ 库官方网站：https://www.cryptopp.com/。在这里可以下载 Crypto++ 库的源代码以及查看它的历史版本更新说明。

(2) Crypto++ 库的 GitHub 地址：https://github.com/weidai11/cryptopp。在这里不仅可以下载 Crypto++ 库的源代码，而且还可以参与库的开发、维护以及 Bug 修复。

(3) Crypto++ 库的 SourceForge 地址：https://sourceforge.net/projects/cryptopp/。这是早期程序库被发布的地址，而今已被废弃。不过，在此可以看到和 Crypto++ 库有关的历史提议。

E.2　及时关注 Crypto++ 库的相关消息

(1) Crypto++ Announce：cryptopp-announce@googlegroups.com。Google 论坛地址：

https://groups.google.com/forum/#!forum/cryptopp-announce。

Crypto++库管理员会通过此论坛发布库的版本更新、Bug 修复等消息。如果你已关注此论坛，那么会在第一时间以邮件的形式收到这些消息。

(2) Crypto++ Users：cryptopp-users@googlegroups.com。Google 论坛地址：https://groups.google.com/forum/#!forum/cryptopp-users。

Crypto++ 库的使用者可以在这个论坛里发布和库相关的问题。如果你已关注此论坛，不仅会以邮件的形式收到别人的提议(提问)，而且还可以回答别人的问题。如果自己在使用 Crypto++ 库的过程中遇到了问题，也可以在此论坛发布，以向他人寻求帮助。

E.3　获取本书资源

编者将本书所有的代码资源都上传至 GitHub，读者可以从下面的链接获取这些资源：

　　　　https://github.com/locomotive-crypto

或者向下面的邮箱发送邮件来索取本书的代码资源：

　　　　Locomotive-crypto@163.com

从这里读者可以获取到书中所有的范例程序，每个范例程序都对应一个.cpp 文件和.pdf 文件。其中，.pdf 文件不仅包含示例程序代码，而且还包含程序的运行结果和相关参考资源。读者可以任意地使用、复制、修改和传播这些资源。同时，也欢迎读者向该仓库提供更多、更好的范例程序。

E.4　推 荐 书 籍

许多人都希望写出类似 CryptoPP 库的程序库。有人还曾向库的开发者请求帮助，希望给予这方面的学习指导。下面推荐一些 C++ 程序设计、密码学、数学等方面的书籍，它们能够帮助读者进一步地了解 CryptoPP 库。

[1] STROUSTRUP B. The C++ Programming Language, 4th ed[M]. Addison-Wesley Professional, August 3 , 2013.

[2] ALEXANDRESCU A. Modern C++ Design: Generic Programming and Design Patterns Applied[M]. Addison-Wesley Professional, February 23, 2001.

[3] MEYERS S. Effective C++: 50 Specific Ways to Improve Your Programs and Design, 2nd ed[M]. Addison-Wesley Professional , September 2, 1997.

[4] MEYERS S. More Effective C++: 35 New Ways to Improve Your Programs and Designs[M]. Addison-Wesley Professional, 1996.

[5] GAMMA E, HELM R, JOHNSON R, etc. Design Patterns: Elements of Reusable Object-Oriented Software[M]. Addison-Wesley Professional, November 10, 1994.

[6] SUTTER H. Exceptional C++: 47 Engineering Puzzles, Programming Problems, and Solutions[M]. Addison-Wesley Professional, November 28, 1999.

[7] KNUTH D E. Art of Computer Programming, Volume 2: Seminumerical Algorithms, 3rd Edition[M]. Addison-Wesley Professional, November 14, 1997.

[8] SCHNEIER B. Applied Cryptography: Protocols, Algorithms, and Source Code in C, 2nd ed[M]. Wiley, 1996.

[9] FERGUSON N, SCHNEIER B. Practical Cryptography[M]. Wiley, March 28, 2003.

[10] FERGUSON N, SCHNEIER B, TADAYOSHI KOHNO. Cryptography Engineering: Design Principles and Practical Applications[M]. Wiley, March 15, 2010.

[11] ANDERSON R. Security Engineering: A Guide to Building Dependable Distributed Systems, 2nd Edition[M]. Wiley, April 14, 2008.

[12] MENEZES A J, KATZ J, VAN OORSCHOT P C, etc. Vanstone. Handbook of Applied Cryptography (Discrete Mathematics and Its Applications)[M]. CRC Press, December 16, 1996.

[13] COHEN H. A Course in Computational Algebraic Number Theory, 3rd ed[M]. Springer Verlag, September 1, 1993.

参 考 文 献

[1] 杨波. 现代密码学 [M] . 3 版. 北京：清华大学出版社，2015.

[2] 申兵，董新峰，徐兵杰，等. 随机数发生器及其在密码学中的应用[M]. 北京：国防工业出版社，2016.

[3] 谭浩强. C++ 面向对象程序设计 [M] . 2 版. 北京：清华大学出版社，2014.

[4] 谭浩强. C 程序设计 [M] . 5 版. 北京：清华大学出版社，2017.

[5] 陈恭亮. 信息安全数学基础 [M] . 2 版. 北京：清华大学出版社，2014.

[6] STALLINGS W. Cryptography and Network Security: Principles and Practice. 7th ed[M]. Pearson, 2016.

[7] SCHNEIER B. Applied Cryptography: Protocols, Algorithms, and Source Code in C, 2nd ed[M], Wiley, 1996.

[8] KATZ J, LINDELL Y. Introduction to Cryptography[M], CRC Press, August 31, 2007.

[9] FERGUSON N, SCHNEIER B, TADAYOSHI KOHNO. Cryptography Engineering: Design rinciples and Practical Applications[M]. Wiley, March 15, 2010.

[10] COHEN H. A Course in Computational Algebraic Number Theory, 3rd ed[M], Springer Verlag, September 1, 1993.

[11] WELSCHENBACH M. Cryptography in C and C++, 2nd ed[M]. Apress, July 17, 2013.

[12] STROUSTRUP B. The C++ Programming Language, 4th ed[M]. Addison-Wesley Professional, August 3, 2013.

[13] STROUSTRUP B. Programming: Principles and Practice Using C++, 2nd Edition. Addison-Wesley Professional, May 25, 2014.

[14] VANDEVOORDE D, JOSUTTIS N M, GREGOR D. C++ Templates: The Complete Guide, 2nd ed[M]. Addison-Wesley Professional, September 18, 2017.

[15] LIPPMAN S B, LAJOIE J, MOO B E. C++ Primer, 5th ed[M]. Addison-Wesley Professional, August 16, 2012.

[16] ECKEL B. Thinking in C++, Vol. 1: Introduction to Standard C++, 2nd ed[M]. Prentice Hall, March 25, 2000.

[17] ALEXANDRESCU A. Modern C++ Design: Generic Programming and Design Patterns Applied,1st ed[M]. Addison-Wesley Professional, February 23, 2001.

[18] GAMMA E, HELM R, JOHNSON R, etc. Design Patterns: Elements of Reusable Object-Oriented Software 1st ed [M]. Addison-Wesley Professional, November 10, 1994.

[19] MARTIN R C. Agile Software Development, Principles, Patterns, and Practices,1st ed[M]. Pearson, October 25, 2002.

[20] MARTIN R C. 敏捷软件开发：原则、模式与实践[M]. 邓辉，译. 北京：清华大学出版社，2003.